国家林业和草原局职业教育"十三五"规划教材

中国森林文化基础

（第2版）

屈中正　张艳红　范　适　著

中国林业出版社

图书在版编目(CIP)数据

中国森林文化基础 / 屈中正,张艳红,范适著. —2版. —北京:中国林业出版社, 2020.12(2025.2重印)

国家林业和草原局职业教育"十三五"规划教材

ISBN 978-7-5219-0337-9

Ⅰ.①中… Ⅱ.①屈… ②张… ③范… Ⅲ.①森林-文化-中国-高等职业教育-教材 Ⅳ.①S7-05

中国版本图书馆CIP数据核字(2019)第256891号

中国林业出版社

策划编辑:吴 卉
责任编辑:张 佳 孙源璞
电　　话:(010)83143561

课程信息

出版发行	中国林业出版社(100009 北京市西城区德内大街刘海胡同7号)
	E-mail:books@theways.cn
	电话:(010)83143500
经　销	新华书店
印　刷	北京中科印刷有限公司
版　次	2016年10月第1版 2021年1月第2版
印　次	2025年2月第4次印刷
开　本	787mm×1092mm　1/16
印　张	18
字　数	262千字
定　价	49.00元

未经许可,不得以任何方式复制或抄袭本书之部分或全部内容。

版权所有　侵权必究

《中国森林文化基础(第2版)》编写人员

主　编

　　屈中正　张艳红　范　适

副主编

　　李　蓉　谭新建　刘剑飞

编写人员(按姓氏笔画排序)

　　刘　旺　刘剑飞　许凌云　李　常
　　李　蓉　肖泽忱　邱向英　张艳红
　　张　翔　陈建平　范　适　郑新红
　　屈中正　顾裕文　廖晶晶　谭小雄
　　谭新建

第 2 版前言

2016 年，我们组织相关人员编写了《中国森林文化基础》一书，该书列入国家林业和草原局职业教育"十三五"规划教材，在具体的实践中，对于景区在探索森林文化内涵、挖掘森林文化方面起到很好的指导作用，在业界获得了良好的口碑。

森林是三大生态系统之一，有着丰富的生物资源和奇特的生态环境，以其丰富而独特的品性满足人们多样的文化需求。森林作为陆地生态系统的主体，具有生态、经济、社会、文化等多种服务功能。党和国家从生态文明的角度对森林给予高度的重视。习近平总书记在十九大报告中指出：坚持人与自然和谐共生，必须树立和践行绿水青山就是金山银山的理念，坚持节约资源和保护环境的基本国策，像对待生命一样对待生态环境，统筹山水林田湖草系统治理。2019 年 6 月 26 日，中共中央办公厅、国务院办公厅印发了《关于建立以国家公园为主体的自然保护地体系的指导意见》，要求为加快建立以国家公园为主体的自然保护地体系，对现有的自然保护区、风景名胜区、地质公园、森林公园、海洋公园、湿地公园、冰川公园、草原公园、沙漠公园、草原风景区、水产种质资源保护区、野生植物原生境保护区（点）、自然保护区、野生动物重要栖息地等各类自然保护地开展综合评价，按照保护区域的自然属性、生态价值和管理目标进行梳理调整和归类，逐步形成以国家公园为主体、自然保护区为基础、各类自然公园为补充的自然保护地分类系统，提供高质量生态产品，推进美丽中国建设。

根据以上情况，为适应新形势的变化，我们组织相关人员对业态的新变化进行研讨，对教材进行修订，该书在继承原来的编写特色外，体现以下特点：第一，遵循专业教学标准要求，基本涵盖当前我国森林文化研究的最新成果；第二，更加强调理论与实践的结合，根据行业的需要，对国家公园、自然保护区、自然公园的文化进行重新审视和整合,增加了时代元素;第三,拓展了"大森林"的视野,着力文化内涵的挖掘,力求通过对文化元素的挖掘,让读者不仅看得到森林,也能走进森林。

  本书在修订过程中,得到各方面的大力支持,在编写的过程中,大部分材料来自于编者的一线调研和理论研究,同时吸取国内学者的最新研究成果。囿于编者的学识水平,本书可能存在值得商榷的地方,期盼各位读者批评指正。

编者

2019 年 10 月

第 1 版前言

我们伟大、辽阔、美丽的神州大地，是人类的发祥地之一。森林是这片壮美土地的重要景观。森林是人们贴近自然、增长知识、修身养性、净化心灵最理想的场所。林学创始人柯塔早在 19 世纪出版的《森林经理学》一书中就指出："森林经营的一半是技术，一半是艺术。"森林文化是一个古老而充满活力的课题，它伴随着人类社会的发展走过了漫长的历程，形成了具有自己独特风格和丰富内涵的体系，影响并推动着经济发展与社会文明进步。自 20 世纪 80 年代以来，我国关于森林的研究可谓硕果累累，但是从文化的维度出发，从人文资源的角度探索森林与文化关系的著述并不多见。这本书的编写历时 10 年，系统而又全面地从森林角度，以文化为轴心，探讨和研究中国森林与文化的关系。该书具有以下特点：第一，既注意"面"上的轮廓勾勒，又注意"点"上的深入剖析。全书紧紧把握和捕捉森林旅游资源各个领域，探寻森林多方面的文化内涵。该书揭示我国森林文相关的建筑、园林、宗教、民俗、饮食等方面所蕴涵的传统文化精髓，在编写过程中使用了大量的图片，图文并茂，形象生动，可读性强。第二，既注重森林文化历史沿革"纵"的剖析，又注意不同层面"横"的挖掘。编者从我国当代森林文化的实际出发，竭力寻找我国森林文化传统与现实的结合点，以科学性、知识性见长，既体现高雅文化层，又注意通俗文化层。在普及中国森林文化知识的同时，对与旅游有关的自然资源、人文资源也进行挖掘。第三，既侧重森林文化基础理论的研究与阐发，又有"大森林"的视野拓展与挖掘，注意共性与个性的统一。

作为湖南省森林生态旅游专业带头人、湖南省森林生态旅游专业教学团队带头人，编者带领团队成员近年来主持湖南省教育规划课题与湖南环境生物职业技术学院南岳学者项目，本书是集体智慧的结晶，也是研究成果的重要体现形式。全书由编者拟定编写大纲后，课题组成员先后多次召开会议，并根据我国森林发展的新形势及时更新内容。全书共分为 6 章,由屈中正统筹、修改定稿。第一章由屈中正编写;第二章第一节、第二节由张艳红编写,第三节由刘旺编写,第四节由李常编写,第五节由肖泽忱编写,第六节由廖晶晶编写,第七节由谭小雄编写,第八节由谭新建编写;第三章由曾惠敏、邱向英编写;第四章屈中正、范适编写;第五章由张翔、陈建平、刘剑飞编写;第六章第一节、第二节由李蓉、许凌云编写,第三节、第四节由顾裕文编写。

在编写过程中,湖南省林业厅、教育厅,湖南环境生物职业技术学院为本书的编写提供了科研立项资助;湖南环境生物职业技术学院党委书记罗振新研究员、院长左家哺教授等领导对本书的编写给予了很大的支持,在此,向他们表示衷心感谢!本书在编写过程中广泛参考并借鉴了国内外文学界、旅游界前辈和同仁们的研究论著及资料,也汲取了历史学界、哲学界同仁的研究成果,在此,特作说明并表示诚挚的谢意。由于该领域涉及的学科面极为广泛,尽管我们本着严肃、认真的科学态度来对待撰写工作,在挖掘中国森林文化的过程中做了大量的实地调研工作,但是囿于我们学识与实践的短缺,书稿中不免存在有待商榷的问题与不尽人意之处,期盼各位专家、学者、读者不吝批评指正。

编者

2016 年 6 月

目录

第 2 版前言
第 1 版前言

第一章　森林文化总论 ·· 001
　第一节　森林文化探源 ·· 003
　第二节　森林体验与文化的相互关系 ································ 013
　第三节　中国森林历史文化 ·· 020

第二章　森林文化 ·· 029
　第一节　山水文化 ·· 031
　第二节　森林书院文化 ·· 036
　第三节　山水文学 ·· 051
　第四节　森林碑刻文化 ·· 056
　第五节　森林楹联文化 ·· 062
　第六节　山水画的森林文化价值 ······································ 067
　第七节　园林建筑文化 ·· 074
　第八节　自然保护地与森林旅游 ······································ 096

第三章　神话传说、宗教文化与森林 ································ 105
　第一节　神话传说 ·· 107
　第二节　佛教 ·· 117
　第三节　道教 ·· 139
　第四节　基督教、伊斯兰教 ·· 163

第四章　饮食文化与森林 ·· 179
　第一节　饮食文化 ·· 181
　第二节　酒文化 ·· 194
　第三节　茶文化 ·· 201

第五章　民俗文化与森林 ······ 213
第一节　民俗文化 ······ 215
第二节　民族文化 ······ 218
第三节　祭祀文化与民间信仰 ······ 223
第四节　丧葬礼仪与森林 ······ 235
第五节　民间节庆与森林 ······ 245
第六节　附会与森林 ······ 248

第六章　生态文明与森林文化 ······ 253
第一节　森林生态文明概述 ······ 255
第二节　生态文明与森林文化 ······ 259
第三节　森林生态文明建设 ······ 264

参考文献 ······ 272

第一章
森林文化总论

【导读】我们伟大、辽阔、美丽的神州大地，是人类的发祥地之一。森林是这片壮美土地的重要景观。在中西文化中，由于有不同的发展背景，不同国家和地区对森林有不同的理解和认识，随着交流的加深，世界范围内，对文化的认识逐步趋于认同。森林文化是指人对森林的敬畏、崇拜与认识，是建立在对森林认识及其各种恩惠表示感谢的朴素感情基础上，反映人与森林关系的文化现象。

第一节　森林文化探源

一、文化的定义

文化是指一个国家或民族的历史、地理、风土人情、传统习俗、生活方式、文学艺术、行为规范、思维方式、价值观念等。文化是一种社会现象，是人们长期创造形成的产物。文化同时又是一种历史现象，是社会历史的积淀物。文化作为人类社会的现实存在，具有与人类同样长久的历史，正是因为文化内涵丰富、历史溯源永久，国内外学者广泛研究，从不同的角度给予文化数百种定义，以至于到目前为止还没有形成统一的定义。

"文化"是中国语言系统中古已有的词汇，又在近代中西文化交汇中延生出新的内涵。现在通用的"文化"一词是近代国人在翻译西方相关语汇时，借用我国固有的"文""化"及"文化"等词汇加以创造而成的。

据考证，在我国的汉字文化中，"文"本义为纹，是指各色交错的纹理。《说文解字》称："文，错画也，象交文。"引申为：包括语言文字在内的各种象征符号，进而具体化为文物典籍、礼乐制度与德行对称的"道艺"等，进一步引申为美、善、文德教化，与"武"对称。"化"的本义指事物动态变化的过程，为"改易、生成、造化"，是指事物形态或性质的改变，后引申为教行迁善之义。

《周礼正义》卷三"观乎天文，以察时变；观乎人文，以化成天下"，是"文化"一词见于中国典籍的开始。西汉以后，"文"与"化"合成一词，"文化"正式作为专有名词使用至今。例如，"圣人之治天下也，先文德而后武力。凡武之兴，为不服也；文化不改，然后加诛"。在汉语系统中，"文化"就是"以文教化"，表示对人的性情的陶冶，品德的教养，属精神范畴。可见，在我国古代的文献中，"文化"并不存在现代意义的"文化"内涵，大体是宗法王朝所实施的文治教化和社会伦理规范，仅局限在社会人伦方面。

在世界历史上，最早把文化作为专业术语使用的是英国人类学之父——泰勒(公元1832—1917年)。他在1871年出版的《原始文化》一书中对文化做的定义是："所谓文化或文明从广义人类学意义上看，是由知识、信念、艺术、伦理、法律、习惯、习俗以及作为社会成员的人所需要的其他能力和习惯构成的综合体。"虽然这一定义并未揭示文化的内在本质，但是对后世关于文化的定义给予了启迪。对文化概念进行系统详细考察和整理的是美国文化学者克罗伯和克拉克洪。他们于1952年发表了《文化的概念》，对西方当时收集到的160多个关于文化的定义做了梳理与辨析，在此基础上对文化作下列解释：

> 文化由外层的和内隐的行为模式构成，这种行为模式通过象征符号而获致和传递；文化代表了人类群体的显著成就，包括它们在人造器物中的体现；文化的核心部分是传统的（即历史地获得和选择的）观念，尤其是它们所带来的价值。文化体系一方面可以看作是行为的产物，另一方面是进一步的行为的决定因素。[①]

由于东西方对文化的理解有着十分明显的差异，加上对文化概念越来越丰富的新的理解，到20世纪末，关于文化的概念已经有200余种解释。人们在具体对待和使用这一概念的时候往往赋予不同的内涵。根据文化的结构和范畴，我们把文化分为广义和狭义两种概念。

广义的文化指的是人类在社会历史发展过程所创造的物质和精神财富的总和。它包括物质生产文化、制度行为文化和精神心理文化三个方面。

物质生产文化指人类物质生产过程中及物质生产的实体性、器物性成果。

制度行为文化指的是人类在社会实践中建立的各种规章制度、组织形式以及在人际交往的历史中形成的风俗习惯。

精神心理文化指的是人类在社会实践和意识活动长期孕育而成的价值观念、思维方式、道德情操、审美趣味、宗教感情、民族性格等。

狭义的文化指的精神方面，如衣食住行、风俗习惯、生活方式、行为规范等。

从以上看来，我们对文化可作以下理解：首先，文化是一种社会现象而非自然现象，文化是全人类共同的财富，是人类社会活动所创造的，为社会普遍共有而非专属个人；其次，文化是人类智慧和劳动的结晶，体现在人类创造的所有物质和精神产品中。

二、森林文化

（一）森林文化的定义

森林文化是一个古老而充满活力的课题。它伴随着人类社会的发展走过

---

① 傅铿. 文化：人类的镜子——西方文化理论导引[M]. 上海：上海人民出版社，1990.

了漫长的历程，形成了具有独特风格和丰富内涵的体系，影响并推动着经济发展与社会文明进步。林学创始人柯塔在19世纪出版的《森林经理学》一书中指出："森林经营的一半是技术，一半是艺术。"森林文化是人对森林的敬畏、崇拜与认识，是建立在人类对森林认识及其对森林给予的各种恩惠表示感谢的朴素感情基础上，反映人与森林关系的文化现象，包括技术领域的森林文化与艺术领域的森林文化两大部分。技术领域的森林文化是指合理利用森林而形成的文化现象。除造林技术、森林利用习惯外，还包括各地在传统风土习俗中形成的森林观和回归自然等适应自然思想；艺术领域的森林文化是指反映人对森林的情感、感性的具体作品，如诗歌、绘画、雕刻、建筑、音乐、文学等艺术作品。

广义的森林文化，指的是在长期社会实践中，人与森林、人与自然之间建立起了相互依存、相互作用、相互融合的关系，并由此而创造了物质文化与精神文化的总和。换句话说就是人类在社会实践中所创造的与森林有关的物质财富和精神财富的总和。

狭义森林文化，指的是人类社会形成的与森林有关的社会意识形态，以及与之相适应的制度和组织机构、风俗习惯和行为模式。

(二)森林文化内容界定

森林是人们贴近自然、增长知识、修身养性、净化心灵最理想的场所。在人类文明的不断发展中，形成了由竹文化、花文化、茶文化、园林文化、森林美学、森林旅游文化等若干分支，构成了森林文化不断发展的架构体系。

图腾与社祀文化 人类对山林动物、植物的图腾崇拜源于原始自然宗教意识。中国古代以动物、植物命名的部落、地名和姓氏不胜枚举，新石器时代石崖壁画中不仅有森林动物的形象，也有对植物顶礼膜拜的图案，崇拜逐渐发展为社祀。这类对动物和植物的崇拜在客观上对森林起到了早期的保护作用。

树木与竹文化 进入文明社会之后，人们对木、竹已不止简单的崇拜与利用，而是与丰富多彩的精神生活相结合，渗透到文学、音乐、绘画等诸多艺术领域，并且不少树种成为独树一帜的特有文化，如茶文化、松文化、竹文化等。

花卉文化 文明社会阶段，人们在重视花卉的实用价值外，还将花卉作为观赏、馈赠之物，以及文学艺术的创作题材，形成了多种花卉文化，如菊文化、梅文化、兰文化、牡丹文化等。

园林文化 中国园林文化是一种综合性文化,是中国传统文化中的一颗明珠。它是文明社会的产物,是世界园林三大系统(中国、西亚和古希腊)的发源地之一。其"虽由人作,宛自天开"的人工与自然相结合的园林艺术风格,在世界园林艺术中独树一帜,并曾对欧洲园林艺术形成了影响。

隐士文化 进入阶级社会后,一些逃世遁命的隐者、失意的政客和清高的文人,厌倦了城市的喧嚣,向往林栖山居,或登岭长啸、抚琴高歌,或耽爱山水、歌咏自然,或于山间耕作自给、安贫乐道,或著书立说、传诸后代,形成了隐士文化与早期森林游憩文化。

三、与森林文化相关的几个概念

(一)旅游的定义

旅游主要是一种社会经济现象,在本质上是文明发展所形成的生活方式,是一种文化现象,是人类物质文化生活和精神文化生活的组成部分。当"人猿揖别",古猿走出莽莽林海,在地面上直立行走之际,人类便攀登高山峻岭,涉渡江河流溪,穿越林海,开始了生存之旅。我们的先民为生存而奔波、迁徙,过程中产生的周游世界的幻想。中国古代文化博大精深,自古以来就有其发生、发展的土壤和历史。神农尝百草、舜帝南巡苍梧,在人类思维发育尚未成熟、语言文字还未完全形成的原始社会,虽无旅游和区分旅游的符号和标志,却已经有对"旅"与"游"的追求和形式。

"旅""游"二字在中国出现得很早。我国古代文人一直有通过旅游审美而达到的那种自由自在、逍遥无为的精神境界和由此而来的对待世界的审美态度。"旅"在《说文解字》、唐代孔颖达《周易正义》、清代段玉裁《说文解字注》中均有论述。在中国古代,"旅"是一个有目的的功利性活动,具有时间空间的双重属性。唐代孔颖达《周易正义》对"旅"的解释是:"'旅者'客寄之名,羁旅之称;失其本居,而寄他方,谓之为旅。"从这段解释来看,离开本土家室而外出的异地活动,都可以称为旅。在我国古代,"游"是浮行于水,含有行走的意思。本义是同陆上活动有关的行为,同时指谙习水性的人在水中的自由活动。其本身就是包含有顺应自然,适意而行的意味,具有无意志,非理智的超功利的旅游的特征。

据考证,"旅游"一词首次出现于我国南北朝时南朝诗人沈约的《悲哉行》:

> "旅游媚年春，年春媚游人，徐光旦垂彩，和露晓凝津。时嘤起稚叶，蕙气动初频。"

唐代诗人韦应物、张籍、白居易等在诗歌中对旅游一词已经广泛使用。

作为现代意义上的旅游概念，人们曾从不同角度予以定义。人类的生存和发展包含着人类社会的自然生存、自然发展与社会生存、社会发展两层含义。人类社会首先是个自然的生存物，它与自然界的其他物质一样，遵循着自然的发生发展规律。人类社会的社会性生存与发展，是指人类社会区别于其他自然物的不同的生存和发展需要。人类不仅要求有能够满足人类作为自然物生存和发展所需要的自然环境，人类还要求这些自然环境悦目、有序，能够满足其自由活动等的需要。旅游活动是人类的生活需求之一，是高品位和格调的消费方式，是精神追求和文化享乐的新型载体。在现代意义上，旅游是人们为了休闲、商务和其他目的，离开他们惯常的环境，到某些地方去以及在某些地方停留，但连续停留时间不超过一年的活动。

目前，国际上有关旅游的定义很多，公认的是旅游科学专家联合会通过的艾斯特(IST)定义，由瑞士学者汉泽克尔、克拉普夫提出的"旅游是非定居者的旅行和暂时居留而引起的现象和关系的总合"。从上述旅游的概念看出旅游主要由三个要素组成：离开惯常环境的旅行距离；停留时间不超过一年；旅行目的不是就业和移民。

(二)森林旅游释义

森林旅游是以森林生态环境为依托的生态旅游，以旅游业的可持续发展为指导思想，以环境保护为核心理念，以追求人与自然和社会的和谐统一为目标的一种旅游形式，是指一切能为旅游者提供游览、观赏、知识乐趣、度假疗养、体育锻炼、探险猎奇、友好往来的客体与劳务的总称。因这样一种旅游形式具有更加丰富的文化内涵，在文化旅游中独树一帜，作为独特的文化旅游形式而备受各国政府、旅游管理部门、旅游产品提供商的推崇和广大旅游者的青睐。

中华民族在漫长而无文字记载的史前社会中，原始神话编织的炎黄部落最早的生存环境分别是大西北的昆仑山与陕西岐山，在亲和自然环境的愿望驱动下，我们的先祖——舜巡视江南，探险苍梧，夏禹治水、历险九州等体现了早期人类依山为命的"刀耕火种"的生活。在生产力水平低下的原始社会，电闪雷鸣、风霜雨雪、毒蛇猛兽、流行疾病以及不可抗拒的自然灾害使早期为生存而进行奔波的人类受大自然的支配，而无法受到自身意志的支配，他们不得不从孕育自身的森林中走出,从游牧生活走向农耕生活,进而由农耕社会走向工业社会。

随着科学与社会的进步,在人类征服自然、改造自然的科学进步中,人类的生存条件不断改善,在环境中,森林无疑是最令人心旷神怡的了,它的博大、丰富、富于变化,满足着人类多方面审美情感的需要,给人们带来无限美好的想象。森林旅游所倡导的绿色休闲方式和理念,在我国日渐被大众所认可和接受,由此引发的旅游热潮也从一般的城市公园转向郊外的森林公园。我国地域辽阔,地貌变化复杂,林区自然资源极为丰富,加之我国林区特有的深厚的文化底蕴为森林旅游业的发展提供了一个广阔的舞台。1982年,我国第一个国家级森林公园——张家界国家森林公园建立。2019年6月26日,中共中央办公厅、国务院办公厅印发《关于建立以国家公园为主体的自然保护地体系的指导意见》,建立以国家公园为主体的自然保护地体系。未来,我国的生态旅游将主要依托国家公园、自然保护区、自然公园等发展,将旅游开发与生态保护有机结合起来。

(三)生态旅游

我国生态旅游始于原始社会后期,盛于唐、宋。据考证,我国在开展生态旅游方面具有悠久的历史。中华民族栖息繁衍在"筚路蓝缕,以启山林"的北半球东亚大陆,从元谋猿人、蓝田猿人、北京猿人等的化石发现,中华民族的祖先早在100多万年到几十万年前,已栖息在长江、黄河流域的崇山峻岭之中,并留下漫长的为生存所进行的"旅游"足迹。从旅游活动来看,评判旅游现象产生的原因要分析他的动机。生态旅游者的旅游目的地是"自然区域"或"某些特定的文化区域";从事这种旅游活动的目的是"了解当地环境的文化与自然历史知识""欣赏和研究自然景观、野生生物及相关文化特征";从事该项旅游活动的原则是"不改变生态系统的完整性""保护自然资源并使当地居民在经济上受益"。生态旅游(ecotourism)是由国际自然保护联盟(IUCN)特别顾问谢贝洛斯·拉斯喀瑞(Ceballas-Lascurain)于1983年首次提出的。他认为生态旅游作为常规旅游的一种形式,具备下列两个要点:一是生态旅游的对象是自然景观和社区历史文化遗产;二是生态旅游的对象不应受到损害。但是,"生态旅游"一词从出现到现在,不同的学者或组织从不同的角度给生态旅游定义,丰富、扩充和深化了生态旅游的内涵,但至今没有被广大学术界和社会所公认的定义。

自生态旅游的概念产生以来,国内外各级组织与学者近年来对生态旅游概念从不同角度进行定义，其中影响较大的有两个。第一个是1993年，国际生态旅游协会(TIES)把生态旅游定义为：游客到自然地区的一种负责任的旅行。这就说生态旅游是一种具有保护自然环境和维护当地人民生活双重责任的旅游活动。第二个是世界银行环境部和生态旅游学会下的定义：有目的地前往自然地区去了解环境的文化和自然历史，它不会破坏自然，而且它会使当地社区从保护自然资源中得到经济收益。

纵观国内外对此概念的深入研究，我们可以对生态旅游从以下四方面来理解：一是生态旅游是在保护比较完整的原始自然区域以及与之和谐相伴的特定的文化区域开展的；二是生态旅游强调对旅游地自然生态环境和人文生态环境的保护；三是生态旅游强调旅游地居民参与旅游开发并获益；四是生态旅游是实现可持续旅游的一种形式。

综上所述，本书采用了以下对生态旅游的定义：它是一种以可持续发展为指导思想，以环境保护为核心理念，以追求人与自然和社会的和谐统一为目标，以自然生态系统为观光游览对象，把旅游活动与生态环境保护和教育相结合，保护自然生态系统不受损害的旅游。①

四、森林文化的内涵及其特点

(一)森林文化的内涵

1. 现代森林文化表现出人类对森林的认识与审美关系

森林文化以生态理念、可持续发展理念作为它的核心，国内有的学者把它定义为对森林(自然)的敬畏、崇拜、认识与创造，以及建立在对森林各种恩惠表示感谢的朴素感情之上的，反映在人与森林关系中的文化现象。在现代人看来，森林作为人类生存环境中的重要组成，它的价值不仅在于提供林产品，现代森林旅游文化集中体现在现代人对于森林价值的认识及现代人对于森林的经营理念。森林不仅对人类有巨大的经济价值，有可直观感知的美学价值，还具有深厚的人文精神借鉴价值，具体表现的是指以森林为载体的人文精神，成为融入人类精神的一个文化符号。森林环境中的群体或个体，都能通过人的情感寄托与艺术加工而成为具有人文精神和人格力量的象征，展现了人们对森林的审美认知。

---

① 谢雄辉. 生态旅游内涵探析[J]. 桂林航天工业高等专科学校学报, 2007(4): 113-116.

2. 森林文化集中体现出对生态的关注

森林文化无论从物质层面、制度层面和精神层面，都将为生态危机的解决提供保障和支持。森林本身是一种生态、一种生命、一种生机。在物质层面上，森林除能向人类提供食物和能源，还可以向人类提供清新的空气。在精神层面上，森林能培养人的生态意识、生态情感、生态思维模式，在社会心理上形成主导性的生态文化模式，从而协调人与自然的关系，逐渐形成"生态人"的形象。所以，森林文化的生态性是森林文化最显著的特征之一。从目前全球性生态危机看，森林的破坏是一个极其重要的原因，占有举足轻重的地位。科学家断言，假如森林从地球上消失，陆地90%的生物将灭绝；全球90%的淡水将白白流入大海；生物固氮将减少90%；生物放氧将减少60%；同时将伴生许多生态问题和生产问题，人类将无法生存。

3. 中国传统文化心理成为中国现代森林文化的心理基点之一

森林景观蕴含的文化内涵，很大部分指的是传统文化，即在森林范围内，或存在着寺庙、道观，或者存在着一些名人遗迹、历史古迹等。这种文化共存使历史文化以一种独特的形式融入森林文化之中，成为森林文化中的一个组成因素，使得中国森林文化内涵具有历史文化的深刻内涵和历史的凝重感，这成为中国森林文化独特的亮点。

4. 森林旅游与传统宗教、哲学在文化上是一致的

民族的文化心理一直影响着历代人们的审美追求。森林文化与传统宗教、哲学在文化上是一致的。从中国魏晋时代旅游的勃兴以来，森林旅游即成为中国文人旅游的一个重要组成部分。在历史发展的过程中，逐渐形成了独特的对森林景观的审美追求，中国的传统哲学与宗教，无论是儒家、道家，还是佛道二教，都有一种生态倾向，表现出对自然的回归，讲究人与自然的和谐，崇尚天人合一，形成"比德"审美定式与追求人与自然的和谐、在自然中追求生命永恒意义的审美理想。

(二)森林文化的特点

森林文化诞生于人类在森林中进行的实践，是人类文明的重要内容。现代意义的森林文化的发展历史尽管很短，但是无论是我国还是世界上的其他各国，森林文化都是人类过去和现在所创造的与森林活动有关的物质财富和精神财富的总和。在森林体验过程中，自然景色或雄伟壮观，或奇绝灵秀，或妩媚多姿，或浩渺迷朦，无不给人以美的享受。森林文化具有以下特点：

1. 综合性

文化是一个大的范畴，包括人类社会历史实践过程中所创造的物质和精神财富的总和。人们对文化多角度、多侧面的研究也正说明文化内容丰富，外延宽广。从不同视角可以把文化进行细分，森林文化虽仅仅是其中的一个分支，但森林文化的内涵依然十分丰富，既涉及历史、地理、民族宗教、饮食服务、园林建筑、民俗娱乐与自然景观等客体文化领域；又涉及体验者自身文化素质、兴趣爱好、行为方式、思想信仰等文化主体领域；更涉及于森林相关的服务文化、商品文化、管理文化等。

2. 继承性

森林是人类文明的摇篮，是孕育文化的源泉之一，它保留了过去的生物、地理等方面演化进程的信息和文化，以其独特的形体美、色彩美、音韵美、结构美，对人们的审美意识、道德情操起到了潜移默化的作用，丰富了森林的人文内涵，具有极其珍贵的历史价值。正如中国文化几千年来不断融合外来民族文化的历史过程一样，森林文化也正是在南来北往的体验者和经营者带来各种异域文化冲击的过程中，实现着本土文化与外来文化的交流、融合。

3. 生态伦理性

人类受赐于自然，同样也受制于自然。森林文化作为以森林为背景的协调人与森林、人与自然关系的文化样态，本质上属于生态文化范畴，它是人类处理人与森林、人与自然关系时思维方式、行为方式的综合反映，是人类与森林长期相处形成和发展的文明现象，既具有社会属性，也具有自然属性。"以人为本，天人合一"是森林文化的最高境界，其本质和精髓体现为人与自然和谐相处。人们利用森林所特有的环境、奇丽的景观和美学价值为自身提供服务。森林文化所体现的不是一般意义上的社会伦理，而是将人与自然密切地联系起来，体现人与自然的和谐统一。

4. 地域性

我国自然资源十分丰富，森林文化的地域性，包括所在地民族特质，更多的是体现这一地域的地理和气候的特征。中国版图辽阔，森林类型多样。北方和南方，干旱和湿润，山地和海岛，各有不同类型森林分布，从而显示出不同地域森林文化的特征。

5. 民族性

森林文化的民族性指不同民族在认识和利用森林过程表现出的不同森林

背景和不同文化品位。诸多的少数民族,处于不同的历史背景和山地森林环境,其宗教、风俗、习惯、情趣,以及生活方式和生产方式在表达上显出个别性和差异性,正是这种个别性和差异性,造成了森林文化的多样性和丰富性。

五、研究中国森林文化的目的和意义

森林资源可分为自然风光和人文景观资源两大类。前者是大自然的杰作,包括名山奇峰、大川秀湖、流泉飞瀑、阳光海滨、珍禽奇兽、奇花异草、古木和珍贵树种等。后者是人类智慧的结晶,包括历史文物、文化遗迹、古典建筑、文化艺术、风土民俗、工艺特产、风味侍肴等内容。正是由于森林在人类审美中的重要地位,它已成为人类社会重要的审美对象。这对国家的经济发展将产生重要的影响。以森林旅旅游业为例,《2017 年中国林业统计年鉴》数据显示:全国森林旅游与休闲产业接待 31.02 亿人次,直接创造旅游收入 1.07 亿万元,占林业产业第三产业发展总产值的 76.54%,直接带动其他产业产值 1.11 亿万元。

森林旅游已成为我国林业第三产业中的龙头产业。在当今,建设生态文明的号角已经吹响,研究森林文化的意义尤为重大。

第一,有利于弘扬民族传统文化。民族传统文化往往为一个国家和地区所独有,很难模仿和复制。独特的文化内涵是我国森林文化的灵魂和生命力之所在。中华民族有着悠久的历史、灿烂的文化。5000 年的传统文化是我们取之不尽、用之不竭的精神食粮。森林文化植根于民族传统的基础上,有中国人特有的建筑、园林、雕塑、绘画、民俗风情以及中国人特有的思想观念、精神追求、审美追求、道德情操等。

第二,有利于加强生态文明教育,提升人们对森林的认知。森林有地球之肺之称,作为地球上可再生自然资源及陆地生态系统的主体,在人类生存和发展的历史起着不可替代的作用。森林是陆地生态系统的主体。我国的林业是自然资源、生态景观、生物多样的集大成者,拥有大自然中最美的色调,是美丽中国的核心元素,以国家公园为主体的自然保护地体系将在保护生物多样性、保存自然遗产、改善生态环境质量和维护国家生态安全方面发挥重要作用,是生态文明建设的关键领域,是生态产品生产的主要阵地。研究表明,陆地生态系统的生物量占地球生物量的 99%,森林生态系统的生物量又占陆地生态系统生物量的 90% 以上。研究森林文化有利于加强对森林的认知,对生态文明教育是重要的促进。

第三，有利于推动国家和政府对森林资源的开发利用和保护。恩格斯曾告诫人类："不要过分陶醉于我们对自然界的胜利。对于每一次这样的胜利，自然界都报复了我们。"森林像母亲一样哺育了人类，给人类提供了吃、穿、住的条件，但自从人类发展粗放牧畜和进行刀耕火种时起，森林便遭到了巨大的破坏。四五千年前，欧洲森林面积还占陆地面积的90%，现在只占50%。我国西北广大地区4000年前也覆盖着茂密的森林，如今林海湮灭，植被破坏。当前，在人口爆炸和农业过度开发的压力下，世界上森林以每分钟38公顷的速度在消失。据统计，我国的单位蓄积量不到日本的1/2、德国的1/4；人工林每公顷蓄积量也不到日本的1/4、德国的1/6。因此，加强森林文化的研究，有利于加强生态文明教育，提升人们对森林的认知。

第二节　森林体验与文化的相互关系

森林是人类的发源地，森林哺育了人类，千百年来，人类在与森林的接触中，对森林与文化的关系进行了探索，挖掘二者之间的关系，对于森林文化的繁荣，发挥我国传统文化的独特魅力具有现实意义。我们可以从森林文化物质、制度和精神层面探讨人们对森林的探索与文化创造活动。

一、森林体验

（一）物质层面体验

森林文化物质层面的体验是最为直观的。森林所承载的丰富资源，既是人们认知自然的对象，同时也是人们创造文化的基础，森林是人类从事生产活动、文化创造活动的天然宝库。从古至今，以森林所提供的资源，由人类智慧加工而留存于世的森林文化物质成果不胜枚举。

远古的森林里的"火"开启了人类文明；国家博物馆里展示着距今7万年旧石器时代人们的生产工具——大三棱尖状器，器具比较粗大，是用巨大的角页岩厚石片制成，横断面呈三角形，是用以挖掘

图 1-1　大三棱尖状器
（来源：中国国家博物馆官网）

根茎类植物的工具；跨湖桥遗址博物馆陈列着距今8000多年的最早独木舟展示了远古人们以大木凿舟将人类活动范围顺水域延展；以炎帝为代表的伟大先民，运用森林资源和智慧，"斫木为耜、揉木为耒、削桐为琴、织丝为弦"……创造性地生产了大量的森林文化物质成果。

图1-2　跨湖桥遗址博物馆的独木舟造型

（来源：http://travel.qunar.com）

图1-3　炎帝功绩图雕刻

（来源：www.meipian.cn）

现代社会森林里发生的人与自然的交互体验形成了更为丰富的物质成果，如我国东北、西南和南部三大林区所蕴藏的丰富药材资源：人参、鹿茸、林芝、菟丝子、皂荚、葛根、石斛等；人们在森林中搭建木屋，供在森林游憩的旅游者住宿；以树根、竹子、蝴蝶、昆虫等森林资源为材料制作的根雕、竹编、标本等形式的观赏品也属于森林文化的物质成果。

显然，森林文化的物质成果以森林环境、物质为基础，成果往往支持着人们的生产生活，即"为人所用"，亦有大量的森林文化物质成果以具体形态表现着森林文化更深层次的内涵。

(二)制度层面体验

人类在早期的森林生产生活体验中，感悟到自然是世界的神秘而伟大的力量，天上的风云变幻、日月运行，地上的山石树木、飞禽走兽，都被视为有神灵主宰，于是产生了万物有灵的观念。这些神灵既哺育了人类成长，又给人类的生存带来威胁；人类感激这些神灵，同时也对它们产生了畏惧，因而对这众多的神灵顶礼膜拜，求其降福免灾。从而在早期人类心理思维中形成了感悟人神沟通、上下交感的精神境界，以进贡上香、叩拜行礼等仪式性项目实现人神天地和谐共生的信仰欲念。而这些祭祀活动无论是对行礼流程，还是祭祀物品都有一定的规范，是制度层面的森林文化的早期体现。

图 1-4　澧县城头山遗址及其祭祀遗迹

(来源：http://www.chcts.net)

《后汉书·东夷列传》记载森林文化居民祭祀的主神是"大木"，即森林。"常以五月田竟，祭祀鬼神，昼夜酒会，群聚歌舞，舞辄数十人相随，踏地为节。十月农功毕，亦复如之。诸国邑各以一人主祭天神，号'天君'。又立苏涂，建大木，以县铃鼓，事鬼神……"从这段文字中可见，人们祭祀森林的时间为五月和十月，且设置了主祭，并有"立苏涂，建大木，以县铃鼓，事鬼神"的祭祀形式。

1959 年，武威磨嘴子 18 号汉墓出土木简 10 枚，史学界称之为"王杖十简"。王杖简是武威汉简的重要组成，其内容丰富，记载明确，既有尊老养老、高年赐王杖的明确命令，也有抚恤鳏寡孤独废疾之人的具体法规，这里所说的王杖因杖头饰有鸠鸟，也被称为"鸠杖"。在对大自然的观察中，人们发现鸠鸟是一种性情温顺柔弱的鸟，吃起东西来很自在，轻易不会被噎住，因而把鸠鸟用来象征养老敬老，希望年迈的老人能如同鸠鸟一样，进食不噎，健康长寿，并通过制度的形式对社会的养老敬老行为进行推崇。

图 1-5　鸠杖

(来源：中华遗产 2017 年第 05 期，http：//www.dili360.com/ch/article/p593523eace0ac49.htm)

(三) 精神层面体验

历史学家阎崇年在《森林帝国》中提出依据不同的经济文化特征划分我国古代五种基本经济文化类型，即农耕文化、草原文化、森林文化、高原文化和海洋文化，认为在历史上，这五类文化彼此之间交错复杂，森林文化中有游牧、也有农耕，草原文化中有森林、也有农耕，农耕文化中有游牧、也有森林。而森林文化以其独特的经济生产方式背景，在为中华民族留下大量物质、制度文化宝藏的同时，也留下了具有勇敢、协作、开放、坚韧宝贵的精神文化财富。

森林文化之勇敢性，森林中居住的早期人类以狩猎为衣食之源，时常要面对凶猛禽兽，只有勇敢搏斗的猎民才能生存并收获猎物，狩猎者尚武且勇敢；森林文化之协作性，生产力尚不发达的狩猎时期，人们以围猎为主要方式，从四面八方围堵捕获猎物，需要人们协同合作；森林文化之开放性，比较而言，森林文化的生产范围远远大于"三十亩地一头牛"的农耕生产方式，狩猎的猎人们骑马驰骋山林，往往需要在方圆数百里的范围内追捕猎物，这种开阔的境地形成了森林文化开放性的特征；森林文化之坚韧性，森林地域的地形状态往往比农耕地域更为复杂，形成的地域性气候也因地形的复杂而更为恶劣，因此，在森林生产生活需要人们具有更强的耐劳品格和坚韧毅力。

森林文化精神层面的文化内涵与其他类型文化的相互交融、相互补充、相互借鉴、相互借鉴、相互推进，从而形成了中华民族文化共同发展的繁盛局面。

森林文化的精神层面内涵往往凝练了地域亦或民族的人文性格特征，并通过森林文化物质层面和制度层面加以体现，如人们敬畏森林崇敬自然，则"善起舞，其曲折多战斗之容"，在民族歌舞里表现射猎之姿，或用"砍伐大木，岂能骤折""棒打狍子瓢舀鱼子，野鸡飞到饭锅里"来概括森林文化自然生态与社会生活的经验。

二、森林体验与文化

(一) 森林旅游活动的文化属性

1. 森林旅游主体的文化属性

就其实质，旅游者投身旅游活动，主要是为了追求精神文化的满足，旅游活动主要属于精神文化活动的范畴。森林旅游主体的文化属性表现如下：

文化是森林旅游的灵魂 中国先秦思想家墨子提出的"食必常饱，然后求美；衣必常暖，然后求丽；居必常安，然后求乐"，说明了人类在满足生存需要的基础上产生高级需求的必然。旅游者的旅游行为是一种文化消费行为，其外出旅游的动机和目的在于获得精神上的享受和心理上的满足。森林旅游作为一种跨时空的社会性活动，其根本动力在于人们追求精神文化上的满足。森林旅游活动是综合性的文化活动，它体现了旅游者对某种文化的追求。吃、住、行、娱、游、购是旅游活动的六大要素，这六大要素无一不和文化结合在一起，无一不渗透着丰富的文化内涵，如果剔除森林旅游活动中的文化内涵，森林旅游活动就是一个空壳。

文化动机是森林旅游者最基本的旅游动机 旅游者参与旅游活动是为了满足某种需要，不同的旅游者有不同的需要。旅游者投身旅游活动，主要是为了追求精神文化的满足，旅游活动主要属于精神文化活动的范畴，文化因素在森林旅游业发展中起主导作用。从世界和国内旅游业发展的实际情况看，文化因素在旅游业发展过程中起着越来越重要的作用，森林旅游业发展要上一个新水平、新台阶，必须要有文化的支撑。例如，就旅游资源来讲，与意大利、法国、埃及相比，英国并不拥有多少令人叹为观止的历史名胜；与巴西雨林、西班牙海滨、瑞士风光相比，英国地理风貌也显得平庸，但英国人很善于对旅游资源中的文化因素进行开发和利用，如王室文化、博物馆文化、戏剧剧院特色文化等，使英国变成为一个旅游资源富有的国家，从而极大地推动了英国旅游业的发展，旅游现已成为英国最重要的经济部门之一。

2. 森林旅游客体的文化属性

旅游活动的产生和普及，归因于人类的社会活动。旅游资源按基本成因和属性，可分为自然资源和人文资源两大类。森林以其物种的多样性、丰富性、富于变化而能启发人们丰富的想象，成为文艺作品重要的背景和素材来源，从而丰富着人们的精神需求。现代社会中，森林以新的方式进入到我们的社会生活中，这些方式超越了简单的物质需要，是在精神性需求的层面上发生的。简而言之，是以人的方式，或者说是以文化的方式参与到人的社会生活中。森林旅游资源中的人文旅游资源，无论是实物形态的文物古迹还是无形的民族风情、社会风尚，均属于文化的范畴。"人化自然"与"自然人化"由各种自然环境、自然要素、自然物质和自然现象构成的自然景观，只有经过人为的开发利用，才能由潜在旅游资源变为现实的旅游资源，即使是自然美，也必须通过鉴赏来反映和传播，而鉴赏是一种文化活动，因此，自然旅游资源同样也具有文化性。

3. 森林旅游媒体的文化特征

森林旅游媒体是指帮助旅游主体圆满完成旅游活动的中介组织，即向森林旅游主体提供各种服务的旅游部门和企业，森林旅游媒体的文化特征的重要特征是信息的可转换性。在森林旅游中无论是旅游传播媒体、还是旅游交通、住宿、旅游产品、餐饮等无不打上文化的烙印。森林旅游中介体文化是旅游主体文化和客体文化的媒体，是主客体文化的桥梁。在旅游活动的全过程中，旅游中介体文化起着重要的作用，没有旅游中介体文化，旅游主客体文化无法交流。单从森林旅游的自然资源内容来说，旅游媒体可以将旅游信息从一种状态转化为另外一种状态，可以将物质信息转化为文字信息，并将一切信息转化为符号系统。例如，风景秀美的国家森林公园的各种旅游资源，我们可以将各种旅游景点用电视、电影来表现。森林旅游媒体在森林旅游资源的信息传播中可以将一切旅游信息在时间和空间上进行流动和变化。

（二）文化的森林旅游功能

1. 文化的本质决定了文化的森林旅游功能

森林旅游从整体上看是一种以自然资源为主要对象的旅游活动，但是随着人类社会活动的加入，我国的森林旅游资源无不与人文资源紧密联系，自然资源与人文资源的共生，成为森林旅游的核心内容。

第一，使森林旅游产品和文化合二为一、融为一体。文化使森林旅游中打上了人类活动的印记。在我国旅游史话中，一直存在"景借文传"的佳话。自古以来，我国历史文化中的山水田园诗歌就与森林旅游与文化结下不解之缘。我国众多的名山大川，吸引人们去寻觅探幽，古代文人更是为应试而涉足青山绿水，或为走终南捷径而隐居山林。在这一系列活动中，有关森林的诗词、散文、游记、传说迭出，形成祖国森林旅游文化的重要组成部分。古代帝王在太平盛世或天降祥瑞之时的祭祀天地的大型典礼，形成封禅仪式，使原始的森林与祖国文化紧密相连，这体现文化是人的创造物，而不是自然物，它是一种社会现象，而不是自然现象。

第二，为游客提供了广泛参与的可能。文化是人类社会活动所创造的、为社会所普遍享用的，具有强烈的大众性。森林作为物种的集中地，是生物多样性最集中的体现，这种生物多样性是激发人的好奇心、启发人思考、推动人去探索自然奥秘最有力的动力之一。森林是人类的发源地之一，原始人类只有勇敢地去面对各种困难，才能在森林这样复杂的生存环境中生存下去，否则就将被险恶的环境所淘汰。在现在森林旅游活动中，随着条件的改善，在面对复杂的危险时，人们很容易感到孤独和恐怖，这时人往往最渴求他人的帮助。森林培养了人们的合作意识，这为人与人之间的合作提供了必要的基础。

第三，极大扩充了森林旅游的文化含量。文化不是游离存在的，它体现在人们的社会实践活动的方式之中，体现在所创造的物质产品和精神产品中。在快节奏的现代社会，森林成为旅游目的地是因为森林旅游的文化含量。由于森林富于形象感，它的色彩丰富，形式富于变化，它能够使人感觉赏心悦目，紧张的心情能够得到释放，在广泛开展的森林旅游活动中，文化是旅游传播的重要支撑，文化使森林这种纯自然的资源打上了多彩的人文要素，也为人类陶冶情操提供精神支持。例如，欣赏自然地貌之美，没有美学知识将使森林旅游索然无味；没有宗教常识将使旅游者对森林中的寺庙的欣赏所得无几；没有建筑园林知识，将对森林旅游中的诸如亭、台、楼、阁的欣赏停留在外行看热闹的行为中。

2. 文化的基本类型决定了文化的森林旅游资源的存在形式

从广义的文化概念来讲，每种文化都存在物质要素、行为要素、心理要素三个方面的要素。森林旅游资源也不例外。

森林旅游文化的物质要素 作为旅游目的地，森林旅游文化的物质要素部分主要指森林旅游者可辨识的物质实体。它的物质要素主要体现在景观生

态上。这些美的事物通过森林旅游者的视觉、听觉等来感受，又转化为一种感性认识。在中国"天人合一"思想的支配下，人们返璞归真、寄情山水而形成审美过程中，旅游者最大限度让自然山水参与到日常生活中，形成天地造化的森林景观，构成了富有文化内涵的审美意趣。

森林旅游文化的行为要素　森林旅游的行为要素在制度层面包括森林旅游活动中的各种社会规范和约定俗成的习惯定势。主要体现在森林旅游者的行为与当地的民俗风情上。在可持续发展基础上指导下的森林生态旅游，在21世纪最初的20年里，旅游人数大幅增长，全球旅游总人数中有一半以上的旅游者要走进森林。"崇尚科学，珍爱生命，走进大森林，回归大自然"已成为新时期人们最理想的休闲方式和生活时尚。

森林旅游文化的心理要素　森林旅游的行为要素主要体现在宗教情绪、道德情操等地方特色文化上。我国地域辽阔，地貌变化复杂，林区特有的深厚的文化底蕴，为森林旅游业的发展提供了一个广阔的舞台，同时也促成不同文化的交流，对于身处异域的旅游者来说，在森林旅游的活动中，他们大都抱有认识异域文化的愿望和好奇心，利用一切机会到林区感知差异的生活行为，从而达到文化上的认同感。

3. 文化的基本特征决定了森林文化的基本特征

文化作为人类出创造的物质与精神文明成果，具有地域性、民族性、时代性、继承性、变异性特征。在我们生存在地球上，人们将生存环境概括为："三山六水一分田"。指的是地球上山地面积占3/10，水域面积占6/10，田地（平原面积）占1/10。从此看来，森林是人类生存的重要环境。人类面山而居，或择林而处，形成森林旅游文化的特征。由于我国幅员辽阔，森林覆盖茂密，在围绕森林的生存环境中，形成不同的生活习惯，使得森林旅游文化表现了"千里不同风，百里不同俗"的地方特色。在森林旅游过程中，人们对森林的审美需求和审美能力不断发展，森林文化也随之不断丰满、完善，森林旅游的可持续发展，将促进森林文化的可持续发展。

第三节　中国森林历史文化

一种行为或者或活动的产生，离不开内在动机。现代森林文化是在现代文明土壤中兴起的。森林文化作为文化的一种形式，在今天备受关注。20世纪80年代以来，人类回归自然的普遍的心理追求带来文化上的影响，成为文化的追求。现代人们在协调人与自然的和谐之时,形成了独特的森林文化理论。

一、中国森林文化发生与发展

森林文化不但是人类文化与文明的组成部分,也是人类文化的起源之一,是一个古老而充满活力的课题。它伴随着人类社会的发展走过了漫长的历程,人类在和森林的反复相互接触中,形成了具有自己独特风格和丰富内涵的体系,可以划分为森林对人类的支配、人对森林的适应、人对森林文化支配和人对森林文化再认识四个时期:

漫长的原始社会时期,森林对人类的支配占据了比较长的时间,活动在森林中的人类生产力水平低下,很难改造自然;人对森林的适应时期包括了奴隶社会和封建社会时期,这一阶段人类生产水平有了很大幅度的提升,森林顺应人类社会发展,为人类生产生活活动以及不断增长的人类需求提供资源,同时人类也在逐渐适应森林的过程中,创造丰富的成果丰富森林文化;人对森林文化的支配时期主要是近现代,我国具体是指第一次鸦片战争到20世纪90年代之间,科学技术的迅猛发展,人类对森林自然环境的改造能力空前提升,全世界范围内出现了人们为实现经济发展而妄自尊大的对自然环境的支配性,甚至毁灭性的改造,出现了大量的自然危机;随即,人对森林文化在认识的时期也到来了,20世纪90年代至今,人们不断反思环境危机,对森林重新有了深入的认识,生态文明时代拉开新篇章。

二、各时期中国森林文化的主要特点

(一)森林对人类的支配时期

在漫长原始社会时期,社会生产力始终处于很低的水平,微弱的人类活动对森林自然环境来说几乎可以忽略不计,但生产技术并不是停滞不前,在缓慢地发生着变化。按照传统的历史分期,原始社会可以分为旧石器时代、中石器时代和新石器时代。如果按照生产技术发展水平,则可以分为以采集、狩猎为生的时代和以农业、畜牧业为生的时代。

原始社会在相当长的历史时期都是以石器作为主要的生产工具,在我国每一处原始遗址的发掘都会伴随着大量石器工具的出土,旧石器时代,人类使用森林里的天然石块通过敲打成扁砾石以形成刃口,这样"加工"石器带有很强的随机性,而且比较适用于简单的采集作业,效率极低。旧石器时代晚期，开始出现磨制的石器和骨器，制作较为精巧的工具增添了食物的来源，如捕鱼，此外还增添了装饰功能。

新石器时代驯化了森林里野生生长的谷物，形成了水稻，产生了农业，于是也发明了用于农业生产的工具，如石制、骨制和木制的耜锄，人类开启了由刀耕火种向农业迁移的生产方式——先以石斧砍伐地面上的树木等植被，草木晒干后用火焚烧，经过火烧的土地变得松软，不翻地，利用地表草木灰作肥料，播种后不再施肥，一般种一年后需要更换地点重新耕种。原始人类的粗耕改变了土质结构，提高了土地的肥力，从而提高了粮食产量，一定程度上改善了自己的生活，但新石器时代的农业产量并不能完全形成对人类生存的保障，因此，人们并未停止狩猎和采集活动，此时发明的弓箭和鱼钩都极大地增强了人类的捕猎能力。

整体来看，由于极其低下的生产力水平和恶劣的自然环境，早期原始人类挣扎在死亡的边缘线上。当时人类求生十分困难，考古发掘早期人类遗址洞穴中15岁以下的孩童占40%，也就是说很多原始人类都活不到成年。因此，这一时期人类的最基本的需求就是能够生存下来，在农业出现以前，原始人类的食物来源是完全没有保障的，所处地区内猎物的减少和可食用植物的匮乏使他们常常陷入灭绝的境地，寻找食物成为最迫切的任务，人类会因寻找能提供更多资源的森林领地而整体性地进行早期的迁徙。农业产生后，人类生活虽有所改善，但仍然依赖森林提供的资源，生产生活活动依然受到森林野生猛兽和恶劣自然天气的威胁，因而森林支配人类依然是这个时期的主体，人类通过劳动创造的早期森林文化成果相对其他时期要少，文化表现形式较简单，涉及领域相对较少。

（二）人对森林的适应时期

进入奴隶社会和封建社会时期，人类早已积累了大量认识自然，运用森林的生存经验，落后的石器生产工具早已被坚硬的金属材质所代替，生产力的大幅度提升，生活质量也得到了根本性的改变。经验告诉人类，森林提供了丰富的资源，而平坦广阔的大地能更方便于农业主体的生产活动，因此，人类走出森林，将从森林自然环境中习得和创造的文化，发展到了科学、文化、艺术、政治等更为丰富的领域中。

我国古代的中原大地虽是以农业为主体的生产方式，能够基本保持人地关系的协调，但是中国以木结构为主的建筑形式和封建社会后期的人口压力，导致某些地区对森林环境的过度索取，引发了严重的生态危机，而基于对森林自然环境的观察与生活经验的长期积累，古代中国人靠直觉思维方式，建立起自己独特的哲学体系，生成了"天人合一"的生物宇宙观。《易经》指出"天"之道在于"始万物"，"地"之道在于"生万物"，而"人"之道在于"成万物"，认为天、地、人三者各有其道，而又相互对应、联系成为中国哲学异于西方的最显著特征。

显然，在"天人合一观"影响下的地域范围内，智慧的中国古人形成了取用于天的经济模式和朴素节俭的生活理念。中华民族创造的农耕文明被国际史学界称为"新石器时代的革命"，这种文明顺天应命、企盼风调雨顺、需要营造和谐的环境，人们守望田园辛勤劳作，致力于更多的农业丰收；这种文明的教育唯耕唯读，没有竞争、侵犯和掠夺的培养输入；这种文明更能以平和的心态去欣赏自然，在书法、绘画、篆刻、园艺等领域中再现自然意境。同样，基于对森林自然意境的欣赏和适应，人们"见素抱朴，少私寡欲"，追求朴质纯真的生活方式，早在春秋时期，俭朴就是明君志士充上电公德，孔子把"欲而不贪"作为五美之一（五美：温、良、恭、俭、让），这是人与自然和谐共存的重要理念，森林自然环境能提供的一切资源都是有限的，这些有限的资源无法满足人们无限的欲求，这种在现代社会看来都十分适用的发展观念，中华民族的祖先已经理解得十分透彻了。

简而言之，中华民族选择了发展农耕文明的道路，也在生产生活活动中，以顺应自然，与自然和谐相处中，创造了对现代生态文明都具有启示作用的森林文化精神层面的丰富的文化内涵和文化成果。

（三）人对森林文化支配时期

在封建社会末期，当中国还在踽踽独行的时候，西方世界已掀起了近现代产业革命的滔天浪潮，产业革命的出现加速了历史的进程，对社会生活的方方面面都产生了深远的影响。这场革命开始于纺织工业的机械化，以蒸汽机的广泛使用为主要标志，蒸汽机的运用很快推广到采矿、冶金、机械、化工、海陆交通运输等各工业行业，极大地提高了劳动生产率，加之对利益无限放大的追求，资本家推进生产规模扩大，社会生产力的迅速发展使城镇规模也随之不断扩大。

很快，鸦片战争把革命的影响带到了中国，保守封闭的中国与西方世界有了较多的接触，近现代城市的标志——工业相继在一些大、中城市出现，对城市发展产生了影响，使近现代城市化的触角深入到山地区域，这也意味着工业与城市的排放的污染物开始了对中国腹地的宁静森林的侵扰。抗日战争和国内解放战争结束后,新中国迎来了渴望已久的加速发展期,这一时期从全国的城市体系发展战略考虑,在中西部地区修铁路、建工厂、开矿山、进行了大规模的工业建设和城市建设。较之于前一时期,建筑、施工技术的提高,使人类能够改造自然环境以建造居住环境的能力今非昔比,首先是对地形的平整,古代凭借人力和简单的机械平整一块场地需要耗费大量的工时,而现代社会对土地使用的多样化欲求,使机械化的开辟活动干劲十足,修建劳动密集型的工厂炸药和各种工程机械,能够在很短的时间内将山头削平,将沟壑填满,过去建筑受材料和结构所限,其体量不大,与森林自然环境呈现一种依附关系,而现代建筑由于技术的发展,总面积和高度都大大增加,冲破了自然地理面貌的限制,占据了城市意象的主导地位。

现代社会的进步在带来政治、经济、文化繁盛景象的同时,也因背离原有"天人合一"观,突破取用于天的经济模式的同时,无限放大现代生活欲求,遗弃了朴素节俭的生活理念,人口压力、自然灾害、生态环境等问题不断出现。人口急剧增长,但森林自然环境的承载力却是恒定不变的,所能提供的物质又在逐渐减少,随着社会生产力的发展,城市化加剧,城市所在自然环境将难以满足越来越多的人越来越高的物质需要,森林所具有的改善环境质量的调控能力也因森林面积缩小以及环境调节压力过大等问题而显得有些"力不从心",泥石流、沙尘暴、酸雨等灾害和环境问题如影随形,影响人们身体健康的同时,成为影响社会经济的高额成本和可持续发展的阻碍。看似人在足够发展的技术支持下,有了支配、征服自然的能力,而事实是人类的妄自尊大、一意孤行终将导致自然生态系统失衡从而给自然界和人类的可持续发展蒙上阴影。

(四)人对森林文化再认识时期

人对森林文化的再认识实际上是人对自身行为进行反思的过程。工业革命以来,自现代文明诞生,人类的文明得到迅猛的发展,城市化水平越来越高,在城市化与工业化的进程中,现代文明的历史就是一部人类与自然的和谐关系被进一步打破,人类掠夺式地向大自然索取的历史,人类在发展与环境保护相背离的道路上走了近300年的历史。工业文明的双刃剑既给人类带来了前所未有的福音,也产生了各种各样的环境问题,特别是人类生存环境的恶化问题。以我国为例,2018年末,我国城市化率达到59.98%,一半人口已经生活在城市。大自然也因此以其独特的方式警戒人类,人类也开始越来越理解自然对于人类生存与发展的作用与意义,不断追求人与自然的和谐与统一。国际上最早进行森林文化研究的是德国。德国在19世纪初就开展了森林文化的教育与研究，并在此基础上提出了近自然林业的思想。20世纪，森林文化的教育与研究在欧洲各国普遍开展。加强生态建设，维护生态安全，是21世纪人类面临的共同主题，也是经济社会可持续发展的重要基础。

当代森林文化重要的标志之一就是森林公园体系的建立。1982年张家界国家森林公园建立，这是我国建立的第一个森林公园，拉开了当代森林旅游的序幕。截至2019年，全国各级国家级森林公园897处。数据显示，1993年至2014年，我国森林公园年接待游客人数一直保持两位数的增长。仅在2018年，国家级森林公园的接待人数就达到10亿人次。人们重新回归森林，回归自然，感受森林野趣，解读森林生态价值，领悟自然给予的人生启示，探索人与自然和谐相融的真理，森林旅游的诞生丰富了森林文化的内涵。以国家公园为主体的自然保护地体系的建立，将使自然资源、天然林得到更好的保护，也将进一步证明人类正以一种前所未有的智慧、大度和宽容，为我们自己也为其他各物种提供更和谐的生活家园。

以生态文学、森林教育为典型代表形式，社会对生态文明教育的重视和普及达到前所未有的程度。

生态文学的大背景是工业社会，它对当代最突出的生态问题发出了警告和质问，含有深刻的哲理和思索，生态文学的出现，也使得作为意识形态的脱离经济社会的现实的文学艺术，转变到真实反映人类所面临的生存危机上来，体现的是人们的负责任的态度和良知，是对我们人类自身的整体关怀。

现今的森林教育主要针对幼儿和青少年，各类自然博物馆、森林公园、地质公园以知识讲解、森林研学等专项活动形式帮助参观学习的学生了解自然知识，并对他们进行生态文明教育，更为典型的森林教育形式是悄然兴起的森林学校，2015年四川省甘孜藏族自治州丹巴县中路乡一座传统藏式大院掩映再藏寨的森林中，成为登龙云合森林学校，大院里的两栋房子经过改造取名"自然""自在"，中间的田地取名"自我"。寓意人们能在自然中找到自信和自我，并自在地生长，200平米的"自然"建筑，是学校校区即功能区：餐厅、浴室、图书馆、多功能活动厅一应俱全，除此之外，还有温室植物玻璃房和星空观测室，主要开展自然教育活动，寓意在大自然的灵动中，找回遗失的自我。学校以这两栋房子作为基点，结合周边的田园、森林、草场，形成一个丰富多元的开设"共享自然""乡村环境""文化传承与创新"等专项课程的室内外教学和活动空间体系。

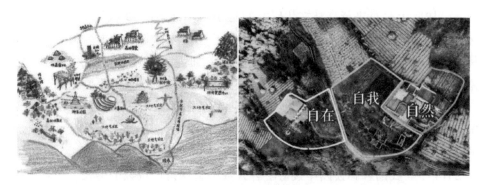

图1-6 四川省甘孜藏族自治州丹巴县中路乡凳龙云合森林学校
（来源：百家号——教育空间设计
https://baijiahao.baidu.com/s?id=1654811668501419898&wfr=spider&for=pc）

在森林文化的历史实践中，人们历经考验，受自然环境熏染、启迪，感知自然精神，结合自身生活阅历，抒发生活情感，领悟出璀璨的哲学思想。儒家学说创始人孔子在游历众多名山大川后提出了"仁者乐山，智者乐水"的山水哲学思想。人们从对森林动植物的观察中，领悟出一叶知秋、疾风知劲草、根深蒂固、木秀于林，风必摧之等哲理。此外，还有散落于典籍、诗词歌赋、神话、谚语中的诸多森林哲思，如合抱之木、生于毫末、恭敬桑梓、南橘北枳、一树十获、"前人栽树，后人乘凉""山重水复疑无路，柳暗花明又一村"等。事实上，人们在森林中的学习，更易于深刻领悟大自然的精妙与智慧，才能在与自然的思想交会中真正意义上认识自己、解放自己，并享受和创造时代赐予的生态文明。

阅读链接　中国森林旅游资源基本情况

（一）野生动物资源

我国幅员辽阔，丰富的自然地理环境孕育了无数的珍稀野生动物，使我国成为世界上野生动物种类最为丰富的国家之一。据统计，我国约有脊椎动物6266种，占世界种数的10%以上。其中兽类500种，鸟类1258种，爬行类412种，两栖类295种，鱼类3862种。许多野生动物属于我国特有或主要产于我国的珍稀物种，如大熊猫、金丝猴、扬子鳄、蟒山国家森林公园的烙铁头等；有许多属于国际重要的迁徙物种以及具有经济、药用、观赏和科学研究价值的物种。这些珍贵的野生动物资源既是人类宝贵的自然财富，也是人类生存环境中不可或缺的重要组成部分。

（二）野生植物资源

我国野生植物种类非常丰富，拥有高等植物3万多种，居世界第3位，其中特有植物种类繁多，约17000余种，如银杉、珙桐、银杏等均为我国特有的珍稀濒危野生植物。我国有药用植物11000余种和药用野生动物1500多种，又拥有大量的作物野生种群及其近缘种，是世界上栽培作物的重要起源中心之一，还是世界上著名的花卉之母。①

(三)我国可供利用的森林资源

1. 自然保护区

又称"自然禁伐禁猎区"(sanctuary)，自然保护地(nature protected area)等。国际上一般都把1872年经美国政府批准建立的第一个国家公园——黄石公园看作是世界上最早的自然保护区。自然保护区往往是一些珍贵、稀有的动、植物种的集中分布区，候鸟繁殖、越冬或迁徙的停歇地，以及某些饲养动物和栽培植物野生近缘种的集中产地，具有典型性或特殊性的生态系统；也常是风光绮丽的天然风景区。我国的自然保护区可分为三大类：第一类是生态系统类，保护的是典型地带的生态系统。第二类是野生生物类，保护的是珍稀的野生动植物。第三类是自然遗迹类，主要保护的是有科研、教育或旅游价值的化石和孢粉产地、火山口、岩溶地貌、地质剖面等。

2. 森林公园

森林公园是以大面积人工林或天然林为主体而建设的公园。中国的森林公园分为国家森林公园、省级森林公园和市、县级森林公园等三级。自1982年9月我国批准建立第一处森林公园以来，至今已有各级森林公园3200多处，规划总面积占陆地国土总面积1.87%，其中国家级森林公园897处。②

3. 风景名胜区

截至2015年12月，自1982年起，国务院总共公布了8批、225处国家级风景名胜区。省级风景名胜区、市县级风景名胜区，总面积占国土面积的1%以上。它们大都以山为主体，以森林为依托，是开展森林旅游较理想的场所。

4. 植物园

植物园(the botanical garden)是调查、采集、鉴定、引种、驯化、保存和推广利用植物的科研单位，以及普及植物科学知识，并供群众游憩的园地。植物园是按照植物分类的生态原理配置植物和建立展区，从而构成大小不同的植物群落和多层次的植物景观。在我国，武汉植物园、华南植物园和西双版纳植物园又因其区位、科研、战略资源保护等因素被喻为三大核心植物园。

5. 国营林场

国营林场是国家培育森林资源的林业生产单位，又称林场。林场的主要任务是扩大森林面积，提高森林质量，充分发挥林地生产潜力；同时它还是治理国土、改善生态环境，培育后备用材资源的主要力量，对于改变森林分布、改造自然面貌、满足林产品消费具有重要作用。

---

① http://baike.so.com/doc/1866479-1974108.html
② http://www.taihainet.com/news/media/social/2016-02-11/1668835.html

习题

1. 1982年我国第一个国家级森林公园——(　　　　)国家森林公园的建立。
2. 谈一谈研究中国森林文化的目的和意义。
3. 本书将中国森林文化历史划分(　　)、(　　)、(　　)和(　　)四个阶段。

第二章
森林文化

【导读】森林文化是人类文化的重要组成部分,无论是建筑文化,还是园林文化无不反映出中国人民的勤劳和智慧。中国古代建筑以独特的结构体系、优美的艺术造型和丰富的艺术装饰享誉中外,在世界建筑史和文化艺术史中写下了光辉的一页,受到了各国建筑大师、艺术家和广大体验者的高度赞赏。中国园林运用叠山、理水、动植物、建筑等营造出独特的氛围,并充分运用各种构景手法来达到"虽由人作,宛若天开"的效果。

第一节　山水文化

所谓"山水文化"，就是山山水水中蕴涵和引发的文化现象。山水，是人类的安身立命之所，构成生态环境的基础，为人们提供了生活资源；山水，又是人们实践的主要对象，人们在这个广阔的舞台上，从事着多方面的形形色色的活动。山水文化作为人类特有的创造，是人与自然环境交互作用的结晶。据统计，我国大山名山主峰达779座，既有高插云天的世界屋脊，又有连绵起伏的莽莽林海，也有奇峻峭险的山岳，还有幽邃秀丽的层峦叠嶂，构成各种异彩纷呈的奇山胜景。人们在利用和改造自然的过程中也改善自身，使自身的感觉和思维能力不断提高。在此基础上，我们的先人逐渐对自然界产生了审美需求，以审美态度对待山水，与之建立起审美关系。

一、中国山水文化的形成及本质

从人文地理学角度看，中国远古时期的地貌为中国山水文化的形成存续了得天独厚的条件：欧亚大陆东部，太平洋西岸，深入大陆腹地，背山面海。对中国而言，山水美是一种精神价值，是人与自然之间所建立起来的亲善而又和谐的关系的特殊体现。中国山水文化，就是我们的先人在长期实践中与山水形成各种对象性关系的产物，凝聚着一代代炎黄子孙的意向、智慧、力量和情感，展示出对于真、善、美的不断追求，这宝贵的财富是自然和历史对中华民族的厚赐。

人与山水之间审美关系的建立和发展，本质上是人类文明发展的表征。在我国文化发展史上，我们的先人超越实用观点和宗教观点而以审美观点看待自然，把山水作为审美对象，这是一个长期的逐步发展的历史过程。山为"硬"，水为"软"，两者构成了基本的阴阳；看势则山静水动，亦为阴阳；观态则山高耸水低流，仍为阴阳。一山一水，只消无穷分形，似乎矛盾，却融洽得体，进退授受，互为生机，成就了山水之间的中国人的和谐天地。《周易》的一个基本观念，就是天与人是相通的，认为山川等自然现象的"象"昭示着人事，人们可以从中得到启示。人们的审美意识逐渐觉醒，对山水的审美需求随之发展，这在中国山水文化形成过程的意义是不可估量的，渗透在山水文化的各个方面。

从中国山水文化的形成，可以清楚地看到它的本质。简言之，山水文化是以山水为载体或表现对象的文化。从哲学意义上说，山水文化就是人化的山水，是人的本质力量的对象化的结晶，其中包括实用的、认知的、宗教的、审美的层面，它们之间相互联系，彼此制约，或使山水改变面貌，或使山水人情化，孕育出多种多样的山水文化现象。作为主体的人的本质力量，他的感知的能力和掌握对象的能力，制约着他的需求和目的。他只能按照自己现实的需求和目的，选择对象不同的局部、方面、层次作为开展对象活动的客体。由于主体本身的需求、目的和对象化能力不同，指向同一客体的对象性活动就有不同的意义，建构起不同性质的对象关系。随着社会的发展，人类文明不断推进，人们掌握自然的能力逐步提高，人与山水的关系也越来越丰富多彩，因此，山水文化总是处于继往开来不断发展之中。

二、中国山水文化的特点和形态

西方文化体系中，对山水的关注更多是其自然属性。而中国山水文化观蕴含着活态的、动态的历史，在东方山水审美中，山水概念中蕴含了丰富的文化深意，通常以山水园林、山水诗歌、山水书画等为载体，"山水"一词早在文学语言里被用作风景的代称。

较之西方文明的"强调以人为中心和人的内在价值，将山水客体化"，中国山水文化视人类为山水自然的组成部分，泯除主体和客体的差别，达到人与自然交融、天人合一的理想状态。在古代，以徐霞客"性灵游"为例，其审美主体赋予自然山水以灵性，活化山水，进而与天地精神往来；在当代，李泽厚先生认为"中国园林是人的自然化和人化的自然"，前句是世界人类的共性，后句是中华民族的特性。此外，中国山水文化在审美中强调山水自然风光的隐喻和象征性，审美载体既是物质实体亦有精神层面，情景互融为最高境界。

中国山水文化是一个庞大的家族，内容和形态丰富多彩，包括以山水为载体的文化形态和以山水为表现对象的文化形态。从以山水为载体的形态来说，又可分为山文化和水文化。山没有水犹如人没有眼睛，缺乏灵性。

所谓山文化，就是以山为主要载体的风景名胜。在我国目前主要体现为国家森林公园为代表的风景名胜。山文化具有悠久的历史，《尚书·盘庚》中就有记载："古我先王适于山。"远古时代，我们的先人就以山为活动场所。中国的许多名山声誉远播，都有各自独特的文化内容。它们因所蕴涵的主要文化内容不同，而成为不同个性的名山。最著名的有五岳、佛教名山、道教名山、风景名山等。

中国山水文化是以山水为表现对象的文化现象。这是人们从审美需求出发，以对山水的审美体验为基础而创造出来的，是人们的审美创造的结晶。这一形态的山水文化，包括山水园林、山水诗文（含书院文化）、山水绘画等。

1. 园林文化

园林文化在我国有悠久的历史。我国园林史上，有皇家苑囿和私家园林两大类。汉代的皇家苑囿开始模仿自然山水，反映人们对自然山水的欣赏。自汉代以后，私家园林逐渐发展起来。从此彼此参照，相互渗透，至明清发展到高峰。我国园林也被称为山水园林，明邹迪光《愚公谷乘》作出"园林之胜，唯是山与水二物"的论断，强调园林通过掇山理水体现山水之美，而众多中国古典园林的典型代表通过园中假山、水池、花木、建筑的组合，讲究诗情画意，追求意境的创造，表现出自然与人文的高度融合，成为表现中国山水文化精神的综合艺术品，经过长期的造园实践，形成了完善的园林艺术理论和精湛的造园技巧，使中国山水园林在世界园林史上独树一帜。

2. 山水诗文

山水诗文自魏晋南北朝时期兴起以后，到了唐代进入了成熟期，取得了辉煌的成就。汗牛充栋的山水诗，从各个方面发掘和体现了中国山水之美，也扩大了风景名胜的影响。张若虚的《春江花月夜》，以月照春江情景交融的意境而使无数读者为之倾倒，开启了山水诗的新曙光。李白"一生好入名山游"，许多名山胜水都有他留下的诗篇，令人为山川的神奇秀丽而惊叹，为山水诗创作开拓了广阔天地。杜甫对祖国山水也倾注了无限深情，他写的《望岳》《登岳阳楼》等堪称千古绝唱。孟浩然和王维被誉为唐代山水诗派的双璧，高适和岑参则以描绘塞外风光著名。在他们的倡导和影响下，中国历代山水诗异彩纷呈，许多风景名胜区都引来了历代著名诗人的吟赏，山水诗在中国文学史上蔚为大观。与山水诗并驾齐驱，描摹山水的游记也渐渐发展起来。唐代的元结起了承上启下的作用，而奠定基础的当以柳宗元为代表，宋代诸名家各辟蹊径，明清山水小品绚丽多彩，一直发展到当代而历久不衰，各具时代特色的名篇佳制层出不穷。在各种形态的山水游记中，大致可分为两大类：一类重在抒情和议论；一类重在考察和写实。前者的特点是使山水役于人，将山水视为表情达意的手段。后一类的特点是探索山水的"真"、把对大自然的热爱体现在忠实地描述山川地貌上。《徐霞客游记》可说是这方面的杰出代表，发扬了郦道元《水经注》开创的传统，又吸取了陆游《入蜀记》的经验，其"志在问奇于名山大川"的精神，达到了科学和文学的完美的融合。

3. 山水绘画

山水绘画是以山水为表现对象的又一重要审美创造领域。在世界上，中国是山水画出现最早的国家。"五代画坛居首位，两宋成大观。南董巨，北荆关，李范双子座，郭熙啸林泉。更兼晞古刘马夏，刚劲千秋传。元朝写意达峰巅，文人柱其间。仲圭黄鹤继痴翁，高逸有倪瓒。前吴门，后新安，明清派纷立，论战掀狂澜。正宗四王才力薄，奇崛二石看。"《中国古代山水画二十讲》作者潘杨华以此词高度概括了山水画流变发展的过程。历代山水画的大师们，既重视"外师造化"，又强调"中得心源"，主张采山川之灵，向大自然探求画理和画法，留下了灿烂的富有民族特色的山水画遗产。近代以来，吴昌硕、黄宾虹、张大千、刘海粟等，又把山水画推向了新高峰，使之具有新的时代特色。中国山水画，是绚丽的山水孕育出来的，而又使山水得到审美表现。

图 2-1 《中国古代山水画二十讲》

总之，中国山水文化以人化的山水的面貌出现，呈现出不同形态的美。它是美丽的景观和辉煌的文化的结晶，与哲学、宗教、美学、文学、建筑、雕塑、绘画、书法、音乐以及科学技术等都有密切关系，使多种文化现象融为一体。

三、中国山水文化的继承与发展

中国山水文化保留着历史的足迹，又是了解中国文化及其发展的特殊的窗口。中国山水文化具有多层面的价值。中国自古就有"读万卷书，行万里路"之说，把游历与读书相提并论。当今世界，旅游越来越普遍地成为人们的一种重要的生活内容，人们以这种活动来满足高层次的需求。我国风景名胜区遍及全国各地，旅游资源极其丰富。中国山水文化的研究，揭示出我国风景名胜固有的独特魅力，帮助人们真正地认识和欣赏山水之美，激发起人们强烈的感情，从而吸引更多的人游览我国风景名胜，热爱我国风景名胜。许多风景名胜区都保留着丰富的实物资料，生动地体现出不同时代的文化特色。发掘中国山水文化的这一层面的价值，是弘扬中华文化的一条重要的途径。发扬中国山水文化中蕴涵的优秀民族传统，这是它更深层面的价值。

在人与自然山水的关系上，中国山水文化体现出的一种主导的积极的精神就"天人合一"也就是从人出发，重视人与自然山水的和谐与协调。社会在进步，文化是一个不断创造的动态系统。今天，发扬中国山水文化的优良传统，既应积极地维护原有的遗产，又需开拓新的山水文化。这就需要立足于当前的现实，从新时代的高度去理解人与山水的和谐与协调，把它视为现代化建设的有机组成部分，提升到美化人类生态环境的高度去进行研究和规划。主要在于对自然山水的科学掌握和审美掌握的结合上使中国山水文化在继承民族传统的基础上得到新的发展。

在新的历史条件下，随着工业的发展，旅游业的兴起，风景名胜区环境污染日益严重，一些自然景观和人文景观遭到破坏，越来越引起人们的关注和忧虑。1994年4月16日《文汇报》上发表了万润龙的《流泪的明珠》，这篇中国风景名胜区的污染报告，以具体的事实揭示了国家许多重点风景名胜区的情况。自东北的松花江到西南的滇池，几乎都受到了严重的污染。环境的污染，风景名胜的破坏，既损害人民群众的健康，又使风景名胜黯然失色。

继承与发展中国山水文化，对于总结中华民族与山水之间关系的经验和教训，深化人们对中国风景名胜区的价值的认识，提高环境意识和加强保护风景名胜的自觉性有重要意义。

体现在中国山水文化中的天人合一思想，应当在新的历史条件下继承和发扬。这种天人合一观，以人为自然的一部分，视自然为人的亲友，认为人与自然血肉相连，主张适应自然，能动地改造自然，追求人与自然的和谐。它是我国古人处理人与自然关系的主导思想，反映出保护自然的良好愿望。全球性日益严峻的环境问题，使人们认识到以自然为敌的危害性，因而天人合一的思想得到了人们的赏识。我们继承和发扬中国山水文化的优良传统，追求人与自然和谐的观念也应有新时代的内容和特色。古人的人与自然和谐的观念是在小农经济的基础上形成的，主要着眼于个人与自然的适应和协调，有其不可避免的时代的局限性。在那时的社会经济条件下，尽管古人有保护自然的合理愿望和思想，却没有能力真正实现人与自然的和谐，局限于顺应自然的阶段。在当前新的历史条件下，新的情况也会引发出新的问题，诸如环境污染、生态平衡的破坏、对风景名胜的损害等。这些问题的解决，既要有正确的思想观念，同时还要依靠科学技术的发展。所以，我们继承发扬天人合一思想，既要强调人定胜天，又需吸取西方的征服自然的观念，促进科学技术的发展进步。

总的说来，当代中国山水文化的建设，必须适应新的现实要求，在继承和创新中发展，建设具有民族特色和时代特色的山水文化。在这个基础上，还应当充分发挥各自的独创性。

第二节　森林书院文化

书院是中国历史上一种重要的文化、教育组织。唐代安史之乱以后，随着进士科地位的上升，使人们日益重视读书作文，并兴起了隐居读书、习业山林寺院的风尚。受佛教禅林寺院的影响，一些有识之士在山林胜地创办了书院。由于禅林大师讲经说法，四方僧徒、信士云集于此，这些私人藏书、读书的书院逐渐演化为学者讲学授徒，士子读书求师并进行学术研究的专门教育机构，具有了学校性质。书院也成为我国森林文化的一道重要景观。

一、中国古代书院的起源与发展

书院的萌芽可以追溯到汉代，与"精舍、精庐"有一定的继承关系。当时的出版技术水平很低，私家讲学皆由口授，因而只能将他们当作书院的前身，不能说是真正的书院。

书院这一名称始于唐代，它源于私人治学的书斋与官府整理典籍的衙门，即书院有民间和官府两大源头。民间书院源于个人的书斋，与书斋不同的是它向社会开放，成为公众的场所，儒生、道士、和尚皆可出入其中，由私密至公众，是书院从书斋中脱颖而出并走上独立发展的关键一步。书院的另一个源头是由官府设立的丽正、集贤书院，由整理图书典籍的机构脱颖而来，朝廷玄宗开元六年(公元718年)在中书省设丽正书院，后于开元十三年(公元725年)改称集贤书院。随着纸张的大量使用和雕版印刷术的发展，书籍越来越多，必须建造较大的院子来安置藏书，以方便读书人，于是就产生了真正意义上的"书院"。

真正具有聚徒讲学性质的书院，起源于庐山国学，人称白鹿国学，地址在江西庐山，为著名的白鹿洞书院的前身，陆游的《南唐书》中就有关于庐山国学的记载。这个时期的书院的大多建于形胜之区，如田将军书院的"满庭花木"、邻家竹笋，四川南溪书院的"风景似桃源"等。即便择址欠佳，也必设法补救，栽花、植木、移竹、运湖石，以改善环境，如李群玉书院就曾栽种二小松，以求"细韵"长伴读书声。这说明早期书院的建设者们已经确认自然对人的陶冶之功，特别重视人与周围环境的协调。这里既有丛林精舍、道家宫观的影响，更有"天人合一"的儒者追求。作为儒家士人，他们不想坠入西天极乐世界，也不想挤入神仙之列，于是就择胜而居，潜心读书，寄情山水，修炼身心。这正是唐代中后期书院大量出现的一个重要原因。

书院的大发展应该说在宋代，北宋经过一段时间的休养生息，国力日益强盛，散居于草野之中的读书人，产生了强烈的晋升要求，希望通过读书获得功名。而朝廷忙于武功，一时顾不上文教，更缺乏财力办足够多的学校来满足各地仕子的要求。因此，各地名儒、学者和地方官吏纷纷选址山林，兴建书院，书院在这种历史契机下兴盛起来，形成我国书院教育的第一个高潮，出现了著名的"宋初四大书院"。雕版印刷术的推广和活字印刷术的发明，为公私藏书创造了极大的便利。各书院的支持人和地方管理努力经营书院，聚集图书，北宋王朝也给一些书院颁赐大量的图书。到了北宋后期，统治者为了更为直接掌握人才，十分重视科举，大力振兴学校教育，冷落了书院。在这种背景下，书院开始冷落。

到了南宋，风气又发生转变。首先，北宋后期的兴办的官学很快变成科举的附庸和政治斗争的工具，日益腐败起来；其次，学校开支全部由官方负担，而这是官府内有农民起义的忧患，外有辽、金入侵的威胁，财力实在是捉襟见肘，办学经费往往十分不足；再次，以朱熹，陆九渊为代表的理学在社会上日益风行，理学家们的讲学活动活跃起来，于是又出现了一个大办书院的高潮。南宋的书院实际上是讲研理学的书院，理学主要靠书院来传播。当时书院的社会地位很高，影响很大，发展十分迅速。

元朝统治者从蒙古南下中原后，处于缓和阶级矛盾，进行文化控制的需要，对书院采取了保护、提倡和加强控制的政策，使得书院一方面在数量上得到发展，遍及于全国许多地区；另一方面，由于政府任命书院的教师，控制书院的招生、考试及学生的去向，政府拨学田给书院，使书院官学化的倾向越来越严重，许多书院甚至已经完全被纳入了地方官学系统，与路、府、州、县学校一样，成为科举的附庸，丧失了书院淡于名利，志在问学修身的初衷。

明清两代书院继续发展，即使明朝政府曾四次明令毁废书院，清初也有一段沉寂，但仍未能扼制书院的迅猛发展，单就数量几乎已遍及全国。明清的统治者，加强了对书院的控制，使书院由私学蜕变成了官学，被纳入了科举系统。

清末，书院和科举一样不适应社会的变化，戊戌变法期间，人们在改革科举的同时，也把批判矛头指向书院。光绪二十七年（公元1901年），清廷发布上谕，重申改书院为学堂，从此书院制度失去了其存在的法律基础。作为科举的附庸，1905年当科举被宣布废除后，书院也彻底消失。

纵观书院的历史，我们发现书院的发展几乎与科举的变迁同步，唐中期，科举制经过初唐的草创，达到更为完备的时候，书院产生了；宋代是重文轻武，进士备受荣耀的岁月，书院兴盛；清代，科举穷途末路被废除，书院也同时结束。书院因科举盛而兴，因科举衰而亡。

二、我国书院文化的基本内涵

我国古代书院，都是以封建思想为指导，宣扬占据统治地位的儒家学说。历代书院聚集了大批文人学者，其中许多是有名的学者，他们不但讲学授徒，而且进行学术研究，著书立说。如宋代朱熹在书院的教学中，大大发展了理学。清代学者黄宗羲、钱大昕、段玉裁等人，既是书院的山长，也是考据学家。他们往往利用书院的丰富藏书，做了大量的学术研究工作，为我国古代的学术研究工作作出了贡献。古代书院因教学内容、学术流派、地域位置的不同而有所差别，或致力于辞章，或致力于小学，或致力于经济，或偏重于采纳地方著作，各具特色。如岳麓书院规定学生"日讲经书三起，日看纲目数页，通晓时务物理，参读古文诗赋"。再如，清代四川彭县的九峰书院，教材除"五经"、《四书集注》外，还读《四书讲义》《周易折中》《明史》《论孟疑义》等。近代西学东渐，不少书院适应社会变革，更新教学内容。洋务派张之洞在湖北武昌建立两湖书院，在"中学为体，西学为用"思想影响下，设置了经学、史学、地理、数学、博物、化学及兵操等课程，并有相应科目的藏书。综合起来我国古代书院有下列教育思想和特点：

1. 书院教育重在培养学生做人

书院教育的目的在于培养学生明"理"，遵循"仁、义、礼、智、信"的封建道德规范和道德品质，达到"明人伦"。要求学生通过"存天理、去人欲"的学习修养过程，具备完善的封建人格。著名的《白鹿洞书院学规》是南宋理学家朱熹制定的，这是我国书院发展史上第一个比较完整的、纲领性的学规，不仅对于当时及以后的书院教育，而且对于官学教育都产生过重大影响。在此学规中，朱熹明确提出书院的教育方针是实施"五教"："父子有亲，君臣有义，夫妇有别，长幼有序，朋友有信。"(《孟子·滕文公上》)为实现这个方针，朱熹提出了为学、修身、处事和接物的重要原则。为学之序："博学之，审问之，慎思之，明辨之，笃行之。"(《中庸》)修身之要："言忠信，行笃敬，惩忿窒欲，迁善改过。"(《白鹿洞揭示》)处事之要："正其义，不谋其利，明其道，不计其功。"接物之要："己所不欲，勿施于人，行有不得，反求诸己。"从学规中的这些观点可以看出，书院教育的目的就是为了让人明"理"，即懂得做人的规范。先是通过学、问、思、辨的为学过程明白道理，再将这些道理应用到各人"修身""处事""接物"之中去，尽管它所强调的是封建等级和封建伦理道德，但它能够摆脱当时科举制度的束缚，使教育不再成为科举的附庸，而致力于"穷天理""明人伦"以及学生个人人格品质的完善，这不能不说是封建教育史上的一大进步。在强调学生明"理"的同时，书院教育特别重视"力行"，通过"行"达到道德品质教育的目的。朱熹认为，知行二者，缺一不可。他说"故圣贤教人，必以穷理为先，而力行以终之""知与行常相须，如目无足不行，足无目不见。论先后，知为先；论轻重，行为重"(《白鹿洞揭示》)。可以看出，书院在进行道德品质教育的过程中，一方面，注重让学生深入学习封建道德规范的"理"；另一方面，要求学生把"理"与实际生活紧密联系起来，身体力行，以"明理"指导"力行"，以"力行"促进"明理"，即把学到的封建伦理道德知识付之于自己的实际行动，转化为道德行为，达到完成封建道德品质教育过程的目的。

2. 古代书院教育要求学者立志

志是心之所向，对人的成长至为重要，古代书院教育正是认识到了这一点，所以非常重视学者树立志向。早在我国古代战国后期的教育论著《大学》里就提出了大学之道的"三纲""八目"，而作为"八目"的"格物、致知、诚意、正心、修身、齐家、治国、平天下"的递进过程，不仅仅是知识上的由小到大和认识上的由浅入深，更是中国古代知识分子处世立志、学为圣贤思想的概括，这一思想在书院教育中直接体现为学者立志。朱熹说："问为学功夫，以何为先？曰：亦不过如前所说，专在人自立志。""学者大要立志，才学便要做圣人，是也。"认为人有了远大的志向，就有了前进的目标，能"一味向前，何患不进"。如果不立志，则目标不明确，前进就没有动力，"直是无着力处"。他强调立志的最终目的是要成为圣人。和宋代书院相比较，明朝书院教育则带有很强的政治色彩，要求学者密切关注社会政治，注重树立政治理想，著名的东林书院就是其杰出代表。这种理想教育也直接体现在顾宪成为书院题写的对联上："风声雨声读书声声声入耳,家事国事天下事事事关心。"他认为:"官辇毂,志不在君父。官封疆,志不在民生,居水边林下,志不在世道,君子无取焉。"强调书院教育教学不能脱离"世道",而仕人君子必须树立合理的政治理想,造福于民。这种思想延续演化到清朝学者黄宗羲的著作中,已变成为"天下为主、君为客"的社会理想,他直言指出"为天下之大害者,君而已矣"。

3. 书院教育提倡自由讲学

重视学术交流。古代书院主要是某一学派或某一学者传播自身学说思想的场所,在其发展过程中,形成了许多的学术流派,观点不一,纷争不断,但书院并不相互攻击、相互贬低。而是允许不同的学派自由讲学。许多书院洞主甚至主动邀请不同学术流派的大师到自己主讲的书院来讲学。例如,南宋时期,朱熹和陆九渊是两个不同学术流派的代表,朱熹的思想是一种客观唯心主义,主张"理""气"二元论,认为两者杂然相存而成,且"理"是第一性的,凡物莫不有理,人性就是"理";而陆九渊的思想却是一种主观唯心主义,主张"心学",认为"宇宙便是吾心,吾心便是宇宙""此心此理,实不容有二"。尽管二人学术思想有很大分歧,但朱熹曾特邀陆九渊到白鹿洞书院讲学,并称赞其讲学"切中学者深微隐痼之病",使"听者莫不竦然动心焉",还把其讲稿刻石为记,以达到切磋交流的目的。这种不囿门户之见的开明思想和做法,成为长期以来学术史上的美谈。书院完备的"讲会"活动是不同学派自由讲学、辩论交流的具体形式。"讲会"活动始于南宋,在明代逐步制度化、组织化。明代一些影响较大的书院都制订了有关"讲会"的一些具体规定,对"讲会"的宗旨、仪式、时间、过程等做出了明确规定。如著名的东林书院制定的:"每年一大会……每月一小会……每会推一人为主,说《四书》一章。此外有问则问,有商量则商量。凡在会中,各虚怀以听。即有所见,须俟两下讲话已毕,更端呈请,不必搀乱。"这种有组织的学术交流,便于各学派师生互相印证所学心得体会,互相辩论,从而推动学术研究的繁荣发展。在自由听讲方面,书院不但允许学生择师入学,而且欢迎各层次的人士自由参加讲会活动。顾宪成在东林书院讲学时,四方学者"闻风向附,学舍至不能容"。顾宪成认为"四方学者不远万里寻师交友,济济一堂。互相切磋,声应气求"。可以"广见博闻,耳目一新,精神自奋"。这种提倡自由听讲的做法,不仅有利于求学者开阔视野,促进学术的交流,还使书院的学术讨论延及社会各界,对树立书院的社会形象，扩大书院的教育影响范围起了重要的作用。

4. 古代书院中教师教书育人

学生尊师重道。书院教师大多能身先垂范、以身作则，以自身的实际行动作为学生做人、为学的榜样，他们对学生关怀备至，充满爱心，尽其所能传道、授业、解惑。"其教人也，至诚谆悉，内外殚尽"正是书院教师的这种精神使他们得到学生的普遍尊敬。书院的学生以与老师交流为荣，对老师感情深厚，他们有的常年追随老师左右，不但学习知识，还学习做人，处处以老师作为仿效的榜样。有些学生在老师去世后，继承师业，他们自建书院、广招门徒，以继续传播、研究和发展老师的学说。书院强调对学生进行道德品质教育，并将此作为学生为学的根本，这值得当代教育借鉴。

三、古代书院发展过程中形成的长江文化

中华民族悠久的历史，创造了光辉灿烂的文化。距今 5000 年前，我们的祖先就已经在黄河下游两岸生活，他们以捕鱼、狩猎、采果为生。大约在公元前 3000 年以前，经历黄帝、颛顼、帝喾、唐尧、虞舜五个时期，史称五帝时代。先民们知道熟食，有了粗笨的工具，生产方法由渔猎进步到畜牧，创造了奴隶社会灿烂的文化。到了商代，我们的祖先移居到黄河中下游，这里气候温和，植物繁茂，生产方法已由畜牧业进步到农业，并开始了定居生活，文化与教育在先民的实际生活中产生。到了春秋战国时期，奴隶制正向封建制过渡，战国七雄都在企图吞并其他六国而统一中国。这时各种矛盾纵横交错，尖锐复杂，迫使人们酝酿、讨论，并且尽快做出答案。于是各阶级、各阶层的思想应运而生，他们从各自的立场出发，代表着不同的阶级或阶层的利益，提出各种各样的治国牧民方略，从各方面进行理论探讨。这个时期，百花齐放，百家争鸣，以洛阳为中心，方圆五百里为半径，创造了丰富多彩的中原文化。在教育上，百家争鸣丰富了教育理论，促进了教育理论的发展。

中国古代早期北方作为中国政治经济和文化的中心，与北方大面积的森林覆盖密切相关。当时地处北方的黄河流域，尤其是陕西、山西、河南、河北等地，到处都是大森林。周、秦、汉、隋、唐的建都地陕西关中、陕南、陕北三大自然区，均富于森林。"蓝田猿人"时代，秦岭北麓的渭河谷地，遍布原始森林，同蓝田人一起生活着的剑齿虎、剑齿象、爪兽等伴生动物就是一个证明。"陈家窑时期"，从出土的动物化石分析，当时有形体硕大、生性凶悍的森林动物，也有善于奔跑的草原动物。这说明在蓝田时代，关中既有

上下连片、一望无际的大森林，也有水草丰茂的大草原。西周时，各类原始大森林依旧。山西、河南、河北等地原始森林也不亚于陕西。而且北方多煤田，这就证实了北方早期大森林多。大森林有调节气候的作用，所以，早期北方比南方更温暖更湿润，农作物也更茂盛，土质也好，所以较之南方，更适宜人群居住，更有利于文化的发展。中国早期北方有黄河，南方有长江，但北方有大森林，而南方少有大森林，故北方发达，而成为经济和文化的中心。

由于古代北方的常年征战、大兴土木、狩猎厚葬、焚烧、砍伐森林变为农田等，北方的森林遭到严重破坏，造成水土流失，各类自然灾害频发。继而造成了北方经济的日益衰落，经济的落后必然带来文化落后。

而从东晋开始，南方沿海各国有了较大的发展。尤其是长江流域一带，楚、越、吴等地都有了较大的发展，过去南蛮的荒芜之地呈现一派欣欣向荣的景象，由于山高水长的南方地区开化较晚，适宜躲避战乱，故历次大的社会动荡发生后，人们往往向南方逃离，加上南方地区固有的气候温和、江河湖泊众多、适宜于农作物生长等良好的自然条件，一旦拥有较高文化的士人大量迁居于此并加以开发利用，经济便开始增长。随着经济的发展，中国文化的重心也就在这一过程中逐渐向南方迁移。

到了12世纪，金的入侵和南宋的偏安，进一步强化了封建经济南盛北衰的格局。从东晋开始的"文化南移"现象，到了宋代文化重心已经由黄河中下游移到长江中下游，这种文化重心的变迁至南渡以后完成。历经数千年封建社会的演变、历史变革以及生产力的发展，特别是近现代以来的百余年间，近代化的工商业浪潮和现代化的物质文明，赋予了长江流域文化发展的世纪机遇。长江文化在大浪淘沙的历史流变中其精英部分日渐得以彰显，终至成为中华民族又一占主导地位的文化。

纵观书院的发展史，无论是从其数量还是从其质量上看，长江流域的书院都大大高于黄河流域，以宋代六大著名书院为例，除嵩阳书院和应天府书院属河南境内外，其余白鹿洞书院、岳麓书院、茅山书院、石鼓书院全在长江岸边的江西、湖南、浙江境内[①]，唐、宋、元、明、清五个朝代的变迁，长江流域共产生了1000多所书院，从质量上看，中国著名的书院也大都建在长江中下游地区。以清代的114名状元为例，长江中下游的状元共有89人，占总人数的80%以上；其他地区不过25名。这与我国文化南移分不开。长江文化主要由位于长江上游四川盆地的巴蜀文化、长江中游江汉平原的荆楚文化

---

① 罗昌智.学术论坛[J].理论月刊，2004(8).

以及长江下游三角洲的吴越文化构建而成。它的发展基于长江流域得天独厚的自然条件、文化氛围和特殊的思维品质。

(一)长江文化得以持续发展，有赖于良好的自然条件

距今约5000~6000年前，我国气候普遍为温暖湿润的状态，从辽河到珠江广阔的土地上生长着喜温的植物和动物。东亚大陆温暖湿润的气候延续到公元前世纪开始转变。东亚大陆的变化总趋势是由温暖趋向凉爽，并且，温暖时期越来越短，程度越来越弱，寒冷时期越来越长，强度越来越大。长江流域的气候从而基本保持了温暖湿润的状态，有利于古代社会经济的发展。在植被方面，长江流域的新石器文化虽发生较早，较之黄河流域来说，对天然植被的开发却较晚，有些地区天然植被转变为栽培植被，至早发生在北宋以后，甚至元明以后。东晋南朝时，各地分别实行了保境安民的政策，南朝梁萧为荆州刺史，励精图治，广辟屯田，长江下游刘宋元嘉年间。及至五代，南方的地方政权莫不如此，农业生态得以保持良好状态，使长江流域的社会经济，无论在深度和广度上都得到了长足的发展。在水系方面，约5000~6000年的历史过程，长江、黄河都发生了许多变化，但黄河的变化对流域内社会经济造成的破坏是极为严重的，几千年来中华民族为它付出了难以估量的代价。长江的河性与黄河大不相同，水量充沛，相对稳定，长江流域较为良好的植被及地质的构造，天文、人文与地理的相关性，为人类的开发提供了一个有力有效的补偿机制，使长江流域的居民积蓄了雄厚的经济实力，形成自保的条件。

(二)长江文化得以持续发展，有赖于浓厚的文化氛围与日益昌盛的文教事业

长江文化得以持续发展，有赖于宽松活跃的人文环境与思维创新的原动力。自夏、商、周三代以来，长江流域就是一个族类纷繁、文化混杂的地方。由于这个原因，同时因远离中央之故，形成了思想比较活跃，风气比较自由的社会气氛。造成了新文化因素易生长，旧文化因素易保存的良好生态。培养了思维不落窠臼，处世积极进取的精神。例如，西汉中期儒学成为正统，而长江流域不断产生反正统的"异端"；杨雄反对迷信鬼神，否定长生不死的观念；桓谭《新论》的批判矛头直接指向董仲舒等构建的神学体系；王充《论衡》中"天道无为"的观点则否定了儒家的"天命观"，深刻地批判了儒学思想；宋仁宗时期的"庆历党争"，体现了以范仲淹为代表的南方地主阶级不满现状，锐意改革的精神。元代，长江流域知识分子，尤其东南知识分子受到种族与

阶级的双重压迫，他们从思想上摒弃了跻身仕途的人生追求，在更加广阔的天地中寻找新的人生价值，这个时期，长江下游涌现出一批创造的巨匠与思想的先驱，他们蔑视儒家伦理纲常，强调"自我"的价值，表现了对封建社会的反叛。明清时期长江流域更是新思想、新观念的温床，此时产生了实学四大家顾炎武、黄宗羲、方以智、王夫之以及维新思想的先驱魏源、龚自珍等，他们批判程朱理学，反对封建专制，提倡科学、民主、进步，为古老的中华文化向近代工业文明过渡提供了理论基础，他们的经世之学到了中国社会面临转型时，变而为以图强为目的的西学，使经世致用的思想由注重"治内"转向"师夷"和"御外"。

长江流域的文化呈活跃之气象与历年来的重教传统分不开。据记载，秦汉以来长江流域重视教化的风气逐渐形成。汉景帝时，蜀郡守文翁"仁爱好教化"，他挑选优秀的小吏亲自饬历，并派往京师，广泛学习知识。他还在成都设立官学，从属县招收弟子，所招收的弟子可以享受种种优待，并免除徭役，于是社会形成"争欲为学官子弟，富人至出钱以求之"的风气。所以文翁设立的学校是中国最早的郡级官学，他采取的教育措施，对蜀地产生了深远影响。长江中游，东汉刘表也曾设立学官，博求儒士，王粲在《荆州文学记官志》里说荆襄道化大行，使士人"负书荷器，自远而至者，三百有余人"。由于刘表的提倡，荆襄地区的知识分子十分活跃，学术空气非常浓厚，成为六朝学术的先驱。与此同时，长江下游不少地方同样重视人才的培养，丹阳太守李忠"起学校，习礼容"。会稽太守张霸提倡教化，使得"郡中争厉志节，习经者以千数，道路但闻诵声"。

秦汉以来南方重视教育的风气，不仅使长江流域的巴蜀、荆襄、淮南、吴越成为当时文化最为发达的地区，而且影响深远。隋唐时期，南方尚文重教蔚为风气，如中游袁州（今江西宜春）举郡上下重视知识，唐诗谓"家家生计只琴书，一郡清风似鲁儒"。这种重学问，乐教化的传统在科举上产生了显著的效果，由于教育的普及，长江流域许多地区的文化水平有了较大的提高，人识律令，不只是社会上层的教养，农工商僧道，或牧童村妇，也能口诵古人的语言。宋元时期南方不同方式、不同层面而又十分兴盛的教育事业，有力地推动了文化的发展，深化了长江流域人民的人文素养。明代的教育，达到了自汉代以来中国古代教育最完善最成熟的高度，其中书院教育和私学仍以南方为发达，它们深受生长并盛行于长江流域的阳明学派的影响，尤其江南书院成为思想文化的渊薮。私学之著者以王守仁在江西等地推行的乡约教化为代表，他的《南赣乡约》在当时影响深远。书院则以越地的稽山书院、楚地的白鹿洞书院、岳麓书院和吴地的东林书院最为著名。明中叶以来由书院倡导的教育思潮，导发了明清之际启蒙教育、实学教育的兴起，为长江流域，抑或说为中国古代教育向近代教育的历史过渡准备了条件。维新时期，长江流域最突出的变化发生在教育领域。维新派认为"挽世变在人才，成人才在学术"并且强烈要求废科举，兴学校。当时上海产生了一些很有影响的新式学校，如南洋公学、育才书塾、三等公学、女子经正学堂等。长江中游推行新政最得力的湖南也创办了时务学堂。

四、天下书院

东晋以来，隐居读书、习业山林寺院的风尚日益兴起，受佛教禅林寺院的影响，一些有识之士在山林胜地创办了书院，从此书院在我国森林文化中形成一道靓丽的文化景观。"天下四大书院"是由南宋的书院建设者们提出的概念，不仅其所指各不相同，称呼也有三大书院、四大书院的不同。在此，我们主要谈及有代表性的五大书院和其他书院。

（一）岳麓书院

位于湖南省长沙市岳麓山东侧，为我国古代四大书院之冠，1988年1月13日被国务院批准为第三批国家重点文物保护单位。书院始建于北宋开宝九年（公元976年），历经宋、元、明、清各个朝代。到了晚清（公元1903年），岳麓书院改为湖南高等学堂，至今仍为湖南大学下属的办学机构，历史已逾千年，是世所罕见的"千年学府"。

图2-2　岳麓书院

岳麓山自古就是文化名山。西晋以前为道士活动地；东晋陶侃曾建杉庵读书于此；六朝建道林寺；唐代马燧建"道林精舍"。唐末五代智璇等二僧为"思儒者之道"，在麓山寺下，"割地建屋"，建起了"以居士类"的学舍。北宋开宝九年（公元976年），潭州太守朱洞采纳刘鳌的建议，由官府出资，在原僧人办学的遗址上建立起了岳麓书院。大中祥符八年（公元1015年），宋真宗亲自召见山长周式，亲书"岳麓书院"匾额。两宋之际，岳麓书院遭到战火的洗劫。乾道元年（公元1165年），湖南安抚使知潭州刘珙重建岳麓书院，他还延聘著名理学家张栻，加强了岳麓书院在南宋教育和学术上的地位，使该书院达到了全盛时期，学生达到1000人。当时有民谣"道林三百众，书院一千徒"，将书院称为"潇湘洙泗"，并将它与孔子在家讲学的地方并称。公元1275年元兵攻破长沙，岳麓书院被付之一炬。元统治者统一全国后，潭州学正刘必大主持重建岳麓书院。元末战乱再起，岳麓书院又于至正十八年（公元1368年）毁于战火。明初重视地方官学的复兴，而不倡导书院教育，全国书院颇废，岳麓书院也因此沉寂了百余年。到清康熙（公元1662—1720年）年间，书院又有大的复兴。康熙以"学达性天"赐给岳麓书院；乾隆（公元1736—1795年）也赐书"道南正脉"匾额。弘治七年（公元1494年）长沙府通判陈钢终于使岳麓书院基本恢复旧貌。从明宣德开始，岳麓书院主体建筑第一次集中在中轴线上，主轴线前延至湘江西岸，后延至岳麓山巅，配以亭台牌坊，于轴线一侧建立文庙，形成了书院历史上亭台相济、楼阁相望、山水相融的壮丽景观。这一时期，岳麓书院的讲学、藏书、祭祀三大功能得到了全面的恢复和发展，奠定了现存建筑基本格局。清末实施新政，废书院而兴学堂，岳麓书院于清朝光绪二十九年（公元1903年）被湖南巡抚赵尔巽奏废为湖南高等学堂。1981年，岳麓书院开始大规模修复工程。1986年10月，在历经5年大修后，岳麓书院正式对外开放参观。

（二）白鹿洞书院

白鹿洞书院位于江西九江庐山五老峰下，三山环绕，一水中流。在唐代时原为李渤兄弟隐居读书处。李渤养有一只白鹿，终日相随，所以人称白鹿先生。南唐升元年间，白鹿洞正式辟为书馆，称白鹿洞学馆，也叫"庐山国学"。宋代理学家，教育家朱熹为南康（今星子县）郡守时，重建书院，并亲自在这里讲学，他曾亲订洞规，置田建屋，延请名师，充实图书。淳熙八年（公元1181年），著名哲学家陆象山也来到白鹿洞书院讲学，书院也因之而闻名天下。自朱熹之后，白鹿洞书

图2-3　白鹿洞书院

院与岳麓书院一样，成为宋代传习理学的重要基地。元代末年，白鹿洞书院被毁于战火。19世纪末期，我国的政治、经济发生急剧的变化，出现了教育改革的热潮。光绪二十四年（公元1898年）年清帝下令变法，改书院为学堂。白鹿洞书院于光绪二十九年停办，洞田归南康府（今星子）中学堂管理。宣统二年（公元1910年），白鹿洞书院改为江西高等林业学堂。1959年列为江西省

文物保护单位。1988年公布为全国重点文物保护单位和国家二级自然保护区。白鹿洞书院群山环抱，其中有朱熹书刻的"白鹿洞""枕流""自洁"等字，贯道溪中的岩石上，题刻有"白鹿洞""隐处""钓台""漱石""流杯池"等。

(三) 嵩阳书院

嵩阳书院，位于河南省登封市，因坐落于嵩山之阳，故名，是宋代四大书院之一。嵩阳书院原名嵩阳寺，创建于北魏太和八年(公元484年)，隋大业年间(公元605年)更名为嵩阳观。宋代理学的"洛学"创始人程颢、程颐兄弟都曾在嵩阳书院讲学，此后，嵩阳书院成为宋代理学的发源地之一。乾隆皇帝游历嵩山时，曾留下"书院嵩阳景最清，石幢犹记故宫铭"的诗句。在我国历史上，嵩阳书院以理学著称于世，以文化赡富，文物奇特名扬古今。宋仁宗景祐二年(公元1035年)，更名为嵩阳书院，以后一直是历代名人讲授经典的教育场所。明末，书院毁于兵火，历经元、明、清各代重修增建，鼎盛时期，学田1750多亩，生徒达数百人，藏书达2000多册。

图 2-4 嵩阳书院

清代末年，废除科举制度，设立学堂，经历千余年的嵩阳书院教育走完了书院历程。2009年，古老的嵩阳书院再次焕发青春，成立郑州大学嵩阳书院。

(四) 应天府书院

宋初书院多设于山林胜地，唯应天府书院设于繁华闹市，历来人才辈出。应天府书院又称睢阳书院，前身南都学舍，原址位于河南省商丘县城南，由五代后晋杨悫所创，后来他的学生戚同文继续办学。北宋立国初期，急需人才，实行开科取士，睢阳学舍的生徒参加科举考试，登第者达五六十人之多。文人、士子慕戚同文之名不远千里而至宋州求学者络绎不绝，出现了"远近学者皆归之"的盛况，睢阳学舍逐渐形成了一个学术文化交流与教育中心。宋真宗时，追念宋太祖应天顺时，开创宋朝，公元1005年将其发迹之处宋州

图 2-5 应天府书院

(今商丘)改名应天府。公元1008年，当地人曹诚"请以金三百万建学于先生(杨悫)之庐"，在其旧址建筑院舍150间，藏书1500卷，并愿以学舍入官。公元1009年，宋真宗正式赐额为"应天府书院"。宋仁宗时，公元1043年将书院改为南京国子监。此后，在应天府知府、著名文学家晏殊等人的支持下，进行了大发展，范仲淹掌管应天府书院时，总结先师戚同文的教学方法，为书院制定出一系列学规，要求"为学次序"和"读书次序"，初步形成了宋初河南书院教育的基本宗旨。历朝虽有人曾重修书院，但未能成功，今天应天府书院只剩下残存的建筑，供人瞻仰。

(五)石鼓书院

石鼓书院为中国古代四大书院之首，位于湖南省第二大城市——衡阳市石鼓区，海拔69米。书院蒸水出环其右，湘水挹其左，耒水横其前，三水汇合，浩浩荡荡直下洞庭。"衡州八景"有"石鼓江山锦绣华""朱陵洞内诗千首""青草桥头酒百家"三景集聚于此。石鼓书院是一座历经唐、宋、元、明、清、民国六朝的千年学府，书院屡经扩建修葺，苏轼、周敦颐、

图2-6　石鼓书院

朱熹、张栻等人在此从教，书院培育了王夫之、曾国藩、彭玉麟、杨度、齐白石等对中国历史产生重大影响的名人。

石鼓书院始建于唐元和五年(公元810年)，迄今已有1200多年历史。原址在衡阳石鼓山，当时衡州(今衡阳市)秀才李宽在合江亭旁建房，取名为"寻真观"，这是石鼓书院的雏型。宋代太平兴国二年(公元978年)，宋太宗赵匡义为之赐"石鼓书院"匾额和学田；宋至道三年(公元997年)，衡州郡人李士真在石鼓书院内开堂讲学、广招弟子，使石鼓书院成为正式的书院。宋仁宗景二年(公元1035年)，曾担任集贤殿校理之职的刘沆，在衡州任知府，他将石鼓书院的故事上报给天子，宋仁宗阅后，便赐额"石鼓书院"。因为石鼓书院"独享"两度被宋朝天子"赐额"的殊荣，而步入石鼓书院的"壮盛"时期，成为当时与睢阳(又名应天府书院)、岳麓、白鹿洞齐名的全国著名的四大书院之首。咸丰三年(公元1853年)，曾国藩、彭玉麟在衡州创建湘军水师，驻石鼓，石鼓书院近处的水面成为中国近代海军的摇篮。清光绪二十八年(公元

1902年），石鼓书院改为衡阳官立中学堂。1944年7月，石鼓书院在衡阳捍卫战中毁于日寇炮火。2006年6月，衡阳市政府重修石鼓书院。

(六) 其他书院

温州永嘉书院森林养生基地位于温州市国家4A级风景区楠溪江，它是历史上"永嘉书院"的重建，是一个以永嘉学派为背景，以商道文化为根基，贯穿历史和未来的地方文化展示平台。也是一个集山水旅游、休闲度假、艺术交流、教育培训于一体的大型综合体。基地依托永嘉书院景区丰富的森林资源，以深厚的传统文化为背景，围绕静态康养、运动康养、中医药康养、文化康养四大功能区块进行规划布局，目前已建成人

图2-7 永嘉书院

文景观26个、文化展馆4个、运动体验项目21个、健身养生游步道17公里（包括平地游步道、斜坡游步道和登山游步道），开发了32个涉及静态康养、运动康养、中医药康养、文化康养的森林康养产品，建成了森林食品、康养住宿、文化交流、教育培训体验等配套设施，能提供养生、住宿、餐饮、会务、休闲、娱乐等全方位服务。是目前温州地区硬件设施最齐全、康养产品最丰富、活动形式最多元的森林康养基地。

五、中国文化对外传播的重要桥梁——书院

中国书院制度向域外输出的起始时间，目前尚难断定。从我们所掌握的资料来看，书院走向世界起始于明代。正统四年（公元1439年）即朝鲜世宗二十一年，朝鲜李氏王朝君臣借鉴中国宋代的书院制度发展其教育事业，为书院输出的重要标志。

海外书院的分布范围，主要是东亚、东南亚这一中国文化圈内。海外书院的创建者可以分为两类：一类是寓居海外的华人，在异族文化的氛围中，这些人因为侨居异国他乡，对母体文化有一种执着的依恋，于是就兴办起很多以传播中华文明为首务的华侨书院。另一类则是外国人，这些外国人之所以移植中国书院于其国土之上，主要出于两方面的原因：一是在吸收中华文明的过程中，将其视作一种传播文化的管线；而在长期的发展过程中，它本

身也成为当地文化的一个有机组成部分，完全本土化。这方面最成功的例子是朝鲜半岛和日本。朝鲜李氏王朝四百余年间的经营后，书院遍布南北各地，直至今天，朝鲜一千元的纸币上还印着陶山书院图案和在院中传播朱子学的著名思想家、教育家李冕的画像。在日本，江户时代称作书院的学校就有佐贺藩多久邑的鹤山书院、多度津藩的弘滨书院、大沟藩的腾树书院、大洲藩的止善书院、大阪的德书院、和田藩的育英书院、弘道书院、时习书院、崇德成章书院、温故书院、博文书院、尚德书院等十余所。外国人移植中国书院的另一个原因是想将其作为中西文化交流的管线，这方面最典型的代表是意大利那不勒斯城的圣家书院。圣家书院亦名家修院，又名中国学校（Collegiodei Chinese）中国人则称其为文华书院，它的创始人是马国贤（公元1632—1745年）。马国贤原名Metteo Ri pa，意大利天主教布教会（一作传信部）教士，康熙四十八年底（公元1710年）抵达澳门，次年奉召北上，以画家身份进宫，成为中国皇宫画师，以长于雕琢绘塑而得康熙皇帝器重。他热心传教，并主张培养中国籍神职人员。康熙六十一年（公元1722年），在北京为罗马布教总会设立了第一个机关。次年，雍正皇帝登基，他请求辞职回国，得到批准之后，遂于十月（公元1723年）带着谷文耀等四名中国学生西行返国。回国八年之后，他终于征得罗马教皇同意，在那不勒斯创建培养中国人的书院，自任总管，直至乾隆十年（公元1745年）逝世为止。书院最初以专收中国留学生为目的，后来兼收有志到远东传教的西方人、土耳其人。经费由教会负责，学生毕业后授予学位。

与圣家书院类似的还有日本东京的亦乐书院，它是日本明治三十二年（公元1899年，即清光绪二十五年）日本教育家嘉纳治五郎创建、专门接纳中国留学生的教育机构。其时日本已经完成学习西方的明治维新，迅速强大起来，并刚刚将大清帝国打败（公元1895年）。甲午战败，使中国知识阶层普遍感到非学习西方开始近代化进程不可，同文同种的日本自然成了当年中国人学习西方的榜样，他们纷纷东渡扶桑，开始了救亡国图存的探索。亦乐书院正是在这种背景下应运而生的，它是中国人透过日本人学习西方，以进行中西文化交流的机构。

走出国门的书院，从本质上讲，只是这一制度的输出或者说移植，它和本土的学院血脉相承，其基本的文化功效保持不变，但由于受移植时代、移植地区、移植人及其移植动机等诸多因素的影响，它和本土的书院又有着很多区别。一般来讲，这种区别依其大小可以划分为三大类：在华侨聚居区，由华侨创建的书院因为建院的主要目的是使侨胞及其子弟不忘根本，它和本土书院没有太多区别；在中国文化圈内的东亚地区，处在吸收中国文化的时期，其所创建的书院，从内容到形式都与本土人看齐，但又不乏特点，如韩国书院的注重祭祀、日本书院的强调刻书出版等，而当这些地区转而学习西方时，它为中国留学生建立的书院就与当地受到西方教育制度影响的学校更接近了，上文提到了东京亦乐书院就是这样；在西方由西方人建立的书院，如意大利的圣家书院（文华书院），它的建立是为学习西方文化的中国人提供服务，其内容形式离中国本土书院的距离相对来讲就要远一些。

习题

1. 简述中国古代书院发展历程。
2. 简述文化南移现象与森林的关系。

第三节　山水文学

中国山水文学的本质意义是乐生精神，即以生乐，乐对人生。中国古人笃信"体物悟道"式的山水自然美观，它集中体现了中国古代对客观世界的宏通意识与对自我生存的豁达状态。山是封建文人的生命绿色，处境再困，悲苦再重的古代文人，一旦步入山水清境，与天地自然之相歙通就神泰气畅寻味到人生的欢乐价值。森林文化在一定程度上包含山水文化，以山水游记和山水诗为代表的山水文学是我国灿烂的古代文学宝库中的一份值得我们重视的宝贵遗产。

一、悟乐生于山水

自魏晋文人发现自然美的独立、自在，并倾心于山水创作之后，山水成为人生化苦为乐的净化之所，形成了文人的一种心灵超脱模式：苦生—山水—乐生。山水能诱发乐生精神，这是因为文人之作为人，兼具了自然人、社会人、文化人三重属性，而山水兼具形态美、氛围美、律动美等多重美感，能够赋予文人丰富愉悦与启迪，导引文人彻悟生命的美好与归宿。

首先，山水大自然千姿百态，五光十色，其新、奇、怪、特足以耸人耳目，其声光形色足以怡人心神，任何一个健康的"自然人"都能凭借其五官感受到这种形态美的魅力，何况才学游历均超常人的文人墨客，他们自然更能领略到美与乐与生的玄妙对应。荀子已有"美意延年"（《荀子·致士》）之说，后世山水作家更是纵情歌颂山水大自然的亲和乐趣，如左思《招隐》云："非必丝与竹，山水有清音。"李清照《怨王孙》云："水光山色与人亲，说不尽，无穷好。"

其次，山水大自然有纯洁宁静的氛围美，对于目睹身历着社会上的尔虞我诈，特别是官场上的勾心斗角而身心疲惫的那些文人来说，这无疑是涤垢疗伤、恢复心理平衡的"灵丹妙药"，有助于他们振奋精神重新投入拯世济民的斗争。

二、得自由于山水

自由是伴随着文明进步与日俱增的人生基本欲求。山水文学所焕发的生命精神中，最具人格价值的是山水自由。中国古代三纲五常、国律、族规、家法犹如一条条束缚人的绳索，封建文人在这样的大背景下，不自由是可想而知的。魏晋名士云泉风流的划时代意义，就在于将庄子的"逍遥游"由理念妙想转化为人皆可为的人生实境。山水自由就成为历代俊杰不懈的追求，也成为历代山水文学的永恒主题。

(一)山水自由是自我宣泄的人身自由

封建士人内受忠君报国的传统鞭策，外受三纲五常的制约。山水自然之美，以一种超越功利，不事装饰的至美，对于人生理想处于封建专制压迫之下的知识分子而言，山水具有无比巨大的吸引力。仕途遇挫时，产生逃避社会思想的古代知识分子投身大自然后，把整个身心融入到自然美的境界中，忘却人间一切忧愁，从而领略到自然万物所赋予的美的享受。例如，汉魏六朝时期，社会的动荡不安，文人雅士崇尚淡泊，礼佛养性，"采菊东篱下，悠然见南山"表现了陶渊明的从容与超脱。

(二)山水自由是排除顾忌的思想自由

历代山水文学中，凡是传诵千古的名篇杰作，大多数是志士仁人的愤世之作。在思想统治下挣扎的封建文人，大多吸取儒家与道家的影响，在如何实现"达则兼济天下，穷则独善其身"的人生目标中，在政治抱负得不到实现的现实人生中，他们最终找到了借景抒情，借以达到排遣烦忧的方式。例如，宋神宗熙宁二年(公元1069年)，王安石推行新法的改革，遭到大地主、大官僚的坚决反对，没几年就被罢相退居。一首题名《泊船瓜洲》的诗中"春风又到江南岸，明月何时照我还"带来了特殊层面的含义，表现他希冀明君圣主的热望和再召唤，实现他新政措施带来的富国强兵的目的。

(三)山水自由是返璞归真的精神自由

"文章千古事、得失寸心知",喧嚣的官场,激烈的人生是古代士大夫,佳人雅士,倦意尔虞我诈的社会的主要因素。在归隐山林,投入个性化人生的过程中,他们挣脱名利索拘束,进入无拘无束、无物无我的精神境界,追求天人合一的境界,满足其精神上和心理上高层次的追求。古代文人回归自然,悠然自得,天人合一,物我两忘的生活态度,更为现代都市人提供了一种全新的生活态度,可以为今日社会流行的旅游文化或旅游经济,甚至休闲文化和假日经济的建设提供帮助,给人们从一个新的角度,即生态审美的角度,去亲近大自然,发现和审视大自然的美。

(四)山水自由是独立发展的个性自由

"诗意栖居"这句荷尔德林的诗句在海德格尔的阐述以后广为流传,成为人类个性完美发展的向往,人类发展的最终结果就是所有社会成员的个性充分自由的发展。在我国,山水自由显示了古代士人的一种独特处事方式:在意念中,把山水视为独立的净地乐土,人与自然之间超越了物我两分的相对状态。这种"天人合一"的境界便是古代山水诗人诗意栖居的表现。历览千古文学,只有在醉吟山川时,山水自由才能作为封建文人唯一真实拥有的人生自由。李白曾在他的《独坐敬亭山》中这样写道:"众鸟高飞尽,孤云独去闲。相看两不厌,只有敬亭山。"陶渊明归隐山林后也写出了:"结庐在人境,而无车马喧。问君何能尔,心远地自偏。采菊东篱下,悠然见南山。山气日夕佳,飞鸟相与还。此中有真意,欲辩已忘言。"的佳句。这种启迪于自然山水的生命意识,导引文人热爱山水,寄情山水,逍遥山水,使自己活得更为坚韧与充满生趣,最大限度地满足对自由人生的憧憬。

三、古代山水文学作品的导览

我国是有着5000年历史的文明古国,森林资源非常丰富。拥有长城、古运河、敦煌石窟、曲阜孔林、北京故宫府人文景观;桂林山水、黄山奇景、三峡风光等天然景致。这些奇山丽水、名胜古迹,通过山水文学文学作品的描写、介绍,其一景一物、一山一水,无不熔铸于作品的咫幅寸土之中。分布在我国众多的名胜古迹和自然风景区的名胜楹联、匾额题刻等是山水间最常见也是极富意味的点景艺术,它们辅以风格各异的书法,点缀在奇山秀水、楼阁亭台之间,或状写眼前景,或抒发心底情,或探求"画外"境,或谈古论今，具有点化、美化和深化景点之功效。古代山水文学作品与森林的关系表现如下：

首先，表现对森林资源的形象描绘上，摹写山水，摹写自然。山水文学所反映的内容，是一种活生生的、富感召力的森林资源，往往是触景而生，融情于景，记实和抒情紧密相结合。作家们游踪广布，佳作迭出，他们以文学描写的笔法，详尽地记载游历或旅途见闻（包括游览历程、山川景物、名胜古迹、风土人情以及有关的历史事实、民间传说等）。《诗经·葛覃》写女子准备回娘家的故事，第一节起兴，集中笔力摹绘山中景物：

> 葛之覃兮，施于中谷。
> 维叶萋萋，黄鸟于飞。
> 集于灌木，其鸣喈喈。

朴素的笔法有如素描中的白描或线描，把半山上的一植一动、一色一声勾勒出来。又如唐代诗人李白的《望庐山瀑布》：

> 日照香炉生紫烟，遥看瀑布挂前川。
> 飞流直下三千尺，疑是银河落九天。

这是唐代大诗人李白五十岁左右隐居庐山时写的风景诗，为七言绝句。诗歌前两句描绘了庐山瀑布的奇伟景象，既有朦胧美，又有雄壮美；后两句用夸张的比喻和浪漫的想象，进一步描绘瀑布的形象和气势，可谓字字珠玑。形象地描绘了庐山瀑布雄奇壮丽的景色，反映了诗人对祖国大好河山的无限热爱。

其次，表现在森林景点认识的归属上，归依山水，归依自然。较之"摹写山水"而言，"归依山水"更进一步，诗人或主体化而为物，身体与心灵归向自然。陶渊明的《饮酒二十首·其五》：

> 结庐在人境，而无车马喧。
> 问君何能尔？心远地自偏。
> 采菊东篱下，悠然见南山；
> 山气日夕佳，飞鸟相与还。
> 此中有真意，欲辨已忘言。

"结庐在人境，而无车马喧"诗起首作者言自己虽然居住在人世间，但并无世俗的交往来打扰。为何处人境而无车马喧的烦恼？因为"心远地自偏"，只要内心能远远地摆脱世俗的束缚，那么即使处于喧闹的环境里，也如同居于僻静之地。"问君何能尔？心远地自偏"中的"心远"是远离官场，更进一步说，是远离尘俗，超凡脱俗。它既包含自耕自食、俭朴寡欲的生活方式，又深化为人的生命与自然的统一和谐。"采菊东篱下，悠然见南山。山气日夕佳，飞鸟相与还"此四句叙写诗人归隐之后精神世界和自然景物浑然契合的那种悠然自得的神态。

第三，表现出"天人合一"的哲思与审美。"天人合一"不仅是中国古代哲学家追求的境界，也构成了中国山水文学的精神底蕴。这种物我一体的思维方式正是中国古代山水文学的灵魂，也可以说是中国古代山水文学高度发达的根本原因。如宋代文学家苏轼的《浣溪沙·游蕲水清泉寺》：

> 游蕲水清泉寺，寺临兰溪，溪水西流。
> 山下兰芽短浸溪，松间沙路净无泥，潇潇暮雨子规啼。
> 谁道人生无再少？门前流水尚能西！休将白发唱黄鸡。

此词描写雨中的南方初春，表达作者虽处困境而老当益壮、自强不息的精神，洋溢着一种向上的人生态度。上阕写暮春三月兰溪幽雅的风光和环境，景色自然明丽，雅淡清美；下阕抒发使人感奋的议论，即景取喻，表达有关人生感悟，启人心智。全词即景抒慨，写景纯用白描，细致淡雅；抒慨昂扬振拔，富有哲理。这首词体现了词人以顺处逆的豪迈情怀，政治上失意后积极、乐观的人生态度，催人奋进，激动人心。

第四，表现在对森林体验者的导游、兴游作用上。人类在森林中的审美，是一种捕捉美感的高级精神活动。美感的捕获主要靠山水名胜的优美度，同时也要靠文学作品对这些山水名胜的诗情画意描写。艺术加工后的山水文学使人们得到的美更趋原始性。例如，山水诗亦凭借其深广的历史文化内涵，富有民族气魄的艺术魅力，远播四方的名人效应，它犹如高明的导游，善于引导游人选择最佳的视点、视角、视界，展开美的想象翅膀，透彻领略景点的氛围美、形色美与神韵美。以白居易的名诗《钱塘湖春行》为例：

> 孤山寺北贾亭西，水面初平云脚低。几处早莺争暖树，谁家新燕啄春泥。
> 乱花渐欲迷人眼，浅草才能没马蹄。最爱湖东行不足，绿杨荫里白沙堤。

这首诗采用"移步换景"的手法，从不同的角度摄取镜头，以清丽的语言，把初春的西湖描绘得准确生动，由听觉到视觉，由仰视到俯视，由远而近地描绘出早莺鸣叫、新燕衔泥、乱花迷眼、浅草没蹄的早春景色，犹如一组移步换形的风景画，流露出诗人在"行"中观赏的欢愉喜悦心情。全诗以游踪为线索，行文走笔，自然洒脱，描绘出一幅景色鲜明的春游图，并在行、停、望、思中蕴含着诗人特有的审美视觉和审美情趣，俨然一篇个性鲜明、雅俗共赏的导游词。

习题

诗词赏析

1. 请赏析唐朝诗人王湾的诗歌《次北固山下》：

   客路青山外，行舟绿水前。
   潮平两岸阔，风正一帆悬。
   海日生残夜，江春入旧年。
   乡书何处达，归雁洛阳边。

2. 请赏析宋代文学家苏轼的《定风波·莫听穿林打叶声》：

三月七日，沙湖道中遇雨。雨具先去，同行皆狼狈，余独不觉，已而遂晴，故作此词。莫听穿林打叶声，何妨吟啸且徐行。竹杖芒鞋轻胜马，谁怕？一蓑烟雨任平生。料峭春风吹酒醒，微冷，山头斜照却相迎。回首向来萧瑟处，归去，也无风雨也无晴。

第四节 森林碑刻文化

碑刻是在我国森林中常见的一种旅游资源，是我国珍贵的文化遗产。在我国辽阔的土地上，名山大川与古刹寺庙遍布碑刻，碑刻是书法与镌刻的综合性艺术，也是森林文化中一道亮丽的景观。

一、碑的起源与发展

《说文》提到："碑，竖石也，从石，卑声。"最早出现于周代。在古代，人们把立于宫、庙、殿、堂门前的用来标记日影及拴马匹的石柱称为碑。后来，在人死入葬时，人们在墓坑竖立石桩——碑，并凿上孔，作为行葬时使用的一种工具。随着时代的变化，人们在立于墓旁的石碑上面镌刻上纪念或说明文字，为死者歌功颂德，就出现当今意义上的墓碑。

碑在秦代称为刻石，到汉代才称为碑。在我国，碑刻不仅仅指的是"立石"，也包括埋在地下的墓志，和可在山石上的摩崖、题名和石经等。狭义的碑刻是指为某一事件人物专立的纪念石，文字或以纪事或以颂德，是一件不可移动的独此一件的文物。广义范围的碑刻是从最初没有文字系棺用的竖石，发展到后世的文字碑、造像等。

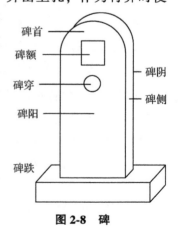

图 2-8 碑

其起源有三种说法：

第一，指宫寝库序中庭测日景之石。《仪礼·聘礼》："东面北上，上当碑。"汉代经学大师郑玄说："宫必有碑，所以识日景，弓阴阳也……"

第二，庙中系牲之石。《仪礼·祭义》："既入庙门丽于碑。"

第三，墓所下棺之大木，形如碑。《仪礼·檀弓》："公室视丰碑，三家视桓楹。"郑玄注："丰碑，斫大木为之，形如石碑。"我国古代秦始皇于二十八年（公元前219年）登泰山，刻石纪功，只称"刻石"，未尝称"碑"。据近人马衡《凡将斋金石丛稿·中国金石学概要》记载，"刻文于碑"肇始于东汉之初，而盛于桓、灵之际，碑遂为刻辞而设。最初之碑，有穿有晕。汉碑中碑额下凿的一个圆孔，直径在10厘米以上，称为"穿"。题额刻于穿上晕间，偏左偏右，各因其势，不必皆在正中。碑文则刻于额下，偏于碑右，不皆布满。魏、晋以后，穿晕渐废，额必居中，文必布满，皆其明证也。

所谓"碑穿"：石碑最早的作用只是为了安葬的方便，便于棺木入土，所以最早的石碑上方有一个圆圆的洞，称为"碑穿"，就是穿绳引木用的。所以，当棺木入土后，这块石头也就完成了他的历史任务。

碑身刻字从东汉以后普及。碑的正面谓"阳"，用于刻碑文；碑的反面谓"阴"，用于刻题名；碑的左右两面谓"侧"，亦用以刻题名。也有碑阳、碑阴均刻碑文的，有的碑文过长，从碑阳至碑侧、碑阴旋转而刻的。碑首称"额"，为标题，篆文居多。四周多刻有蟠螭（chī）、蟠龙等。汉代以后，称长形刻石为"碑"，称圆首形或形在方圆之间、上小下大刻石为"碣"。

二、碑的形式

1. 墓志

是埋在墓内的墓碑，上面记载死者的姓名、籍贯和生平。东汉末期，曹操严禁立碑。晋武帝时曾发布诏书："碑表私美，兴长虚伪，莫大于此，一禁绝之。"因此，人们为祭悼亡者，出现了墓志。目前知道标明为墓志铭的方形墓志以刘宋大明八年（公元464年）刘怀民墓志为最早。北魏以后，方形墓志成为定制，下底上盖，底刻志铭，盖刻标题。此外，有的在砖上写或刻死者的姓名、籍贯、生平，也属墓志范围。

图 2-9　刘怀民墓志

2. 石经

将儒家经典刻在石上以传世。始于东汉熹平四年（公元 175 年），史称《熹平石经》。其他较著名的有《正始石经》《唐开成石经》《蜀石经》《北宋石经》《南宋石经》《清石经》等。至今，唐《开成石经》存西安，《清十三经》刻石存北京国子监，比较完整。

3. 摩崖石刻

指刻有文字的山崖、石壁等天然石。据清叶昌炽考证，远在商、周时代已有摩崖出现。汉以后出现著名的摩崖有《昆弟六人造冢地记》《石门颂》《通阁道记》《西狭颂》《析里桥秆阁颂》《杨淮表记》等，集历史、文学、书法、镌刻于一体，是中华传统文化重要组成部分。现存石刻佛经有山东泰山、徂徕山，山西太原风峪，河北北响堂山等处，其中以北京房山云居寺石经最为著名。

4. 经幢

古代宗教石刻的一种。创始于唐，一般为八楞柱状，也有六楞、四楞或用多块石刻堆建而成。柱上有盖大于柱径，上刻有垂幔、图案等；柱身刻经文和佛像等。经幢形制甚多，名称也多，如称"石柱""八楞碑""八佛头""宝幢""花幢"等。"幢"字亦有作"幢"等。经幢高者逾寻丈，小者不过径尺。经幢上文字一般为楷书，隶书、篆书甚为难得。

图 2-10　开成石经　　图 2-11　北京房山云居寺石经　　图 2-12　四面经幢座·唐代

5. 其他

除上述类别还有画像石墓、题咏题名等类石刻。韭山国家森林公园现存石刻 17 处，这些石刻多为纪游纪事之作，或为题咏、题名之类。其书法风格各异，流派纷呈，真、草、隶、篆、魏碑等体应有尽有。石刻中最早的一处为唐元和三年的纪游题名。最具盛名的当属苏东坡题刻的"玉蟹泉"三字。

三、碑文书体的变化

碑作为一个历史的载体，记录了汉以后文字演变的历史及文字的书法艺术，成为研究文字发展演变的重要资料。

战国时期，石鼓文是目前最早的石刻文字，字体介于大篆小篆之间，是商周青铜器铭文向秦始皇统一文字的过渡。

秦时，小篆体成为全国统一的文字，以峄山、泰山、琅琊山刻石为代表。

西汉继承秦代书法，但逐渐变篆为隶，隶书成为汉代碑文的主体。西汉晚期至东汉初期，隶书处于演变阶段，此时隶书尚无撇捺，如《扬量买山地记》《穆孝禹碑》等。东汉顺帝以后的隶书，方才彻底脱尽西汉含篆的笔划，为汉隶鼎盛之期。其书法上承秦篆，下启魏晋隋唐正楷。汉隶书法笔画刚健又不失阴柔，方劲沉着、古朴厚重。至东汉末年，已走向平板刻画，失去汉隶之神韵。《谷朗碑》《司马芳残碑》等为半隶半楷之字体，是由隶书演变为楷书的开始。

图 2-13　泰山刻石

西晋始，隶书更为平板刻画。东晋南迁，书法由隶变楷渐多，达到高峰。如《王兴之墓志》《颜谦妇刘氏墓志》等。此时，书法名家王羲之、王献之等多为楷与行草。

南北朝时期，行楷成熟。如《爨龙颜碑》是楷书石刻的最早作品，而梁代《肖颈碑》为书法家贝义渊书，是成熟的楷书。

隋代《龙藏寺碑》《曹植碑》及《苏孝慈》《董美人》等墓志的碑文融南北为一体，开唐书之先导。唐朝的书法达到空前的高峰，真草隶篆四体具备，欧柳颜赵各领风骚，书法艺术臻于完善。唐代碑刻众多，成为后世摹练书法的范本。如虞世南《孔子庙堂碑》，欧阳询《皇甫诞碑》《九成宫碑》，褚遂良《伊阙佛龛铭》，颜真卿、柳公权的书法碑。

唐以后，书体变化不大，碑刻的考据价值低于前代，宋以后帖学发展，形成新的门类。著名的西安碑林就是北宋元二年（公元 1087 年）为保存唐代的"石台孝经"和"开成石经"等历代碑刻而兴建的。西安碑林收藏的唐代名碑中较著名的有：僧怀仁集王羲之书而刻成的《大唐三藏圣教序碑》，欧阳询书的《皇甫诞碑》，褚遂良书的《同册三藏圣教序碑》，颜真卿书的《多宝塔碑》《颜氏家庙碑》，柳公权书的《玄秘塔碑》，欧阳通书的《道因法师碑》，史维则书的《大智禅师碑》，李阳冰书的《三坟记碑》等。

图 2-14　曹植碑

图 2-15　多宝塔碑

四、碑刻的森林旅游文化价值

碑刻作为历史文化的见证和遗存，是古代记事、铭记、造像、装饰建筑物等的物凭，它们记录了古代的社会政治、经济、文化、科技、军事、艺术、民族往来、宗教活动等方面的情况，兼具文物与史料价值，类型多样，而其中载有林木相关信息的碑刻，被统称为涉林碑刻。涉林碑刻对所在地的真实纪事，其内容涉及其所在区域森林植被的分布与变化、民俗文化等，在滁州山欧阳修《醉翁亭记》碑刻中记载了对北宋时山周围地区的森林植被分布变迁情况。挖掘古代碑刻中风物传说、名人故事等人文历史资源，可以扩大人们对人类历史、地理、书法艺术、生活等方面的知识，可以极大地充实当地的森林文化资源，形成地方特色，提升品牌。同时对林木景观和小区域的生态环境的改善有着积极作用。在我国，具有文化价值的碑刻主要有两大类：

一是古代文人墨客在旅游途径中，留下的大量诗文碑刻。它们有感于山川地貌的神奇以及风土人情的异趣，于是写下许多著名的诗文、游记，并书刻于石碑、摩崖上，或题名于寺塔以记游踪。据说，这种游踪题名的习惯可能与唐代的"雁塔题名"有关。

二是历代封建帝王祭祀名山大川以祈求消灾避祸。出于维护自己的统治的目的，历代统治者往巡游全国各地，游山玩水、寻胜访古、树碑立传、显扬神威，留下了许多碑刻。如秦始皇游泰山留下的"泰山刻石"；杭州"西湖十景""钱塘八景"，就是清康熙、乾隆巡游江南时咏诗品题、建亭树碑而保存下来的名胜古迹。

五、碑刻文化举例

1. 雁塔题名

指的是唐代中期以后兴起的一个风雅的习俗，即每年的新科进士在曲江、杏园游宴之后要登临大雁塔，并题名塔壁留念。这最早要溯源于唐中宗神龙年间，进士张莒游慈恩寺，一时兴起，将名字题在大雁塔下。不料，此举引得文人纷纷效仿。尤其是新科进士更把雁塔题名视为莫大的荣耀。他们在曲江宴饮后，集体来到大雁塔下，推举善书者将他们的姓名、籍贯和及第的时间用墨笔题在墙壁上。这些人中若有人日后做到了卿相，还要将姓名改为朱笔书写。在雁塔题名的人当中，最出名的要算是白居易了。他27岁一举中第，按捺不住喜悦的心情，写下了"慈恩塔下题名处，十七人中最少年"的诗句。对读书的士子来说，雁塔题名就意味着跃登龙门，更意味着辉煌的前程。但后来，据说是唐武宗时的宰相李德裕不是进士出身，故深忌进士，下令取消了曲江宴饮，并让人将新科进士的题名也全数除去了。

2. 麓山寺碑

位于长沙市麓山岳麓书院南面护碑亭内(1962年建)。碑为青石，高272厘米，宽133厘米，圆顶。有阳文篆额"麓山寺碑"四字，清晰无损，碑文28行，每行56字，共1400余字。字体楷书。因年久碑面风化，部分断裂，现存1000余字。碑文叙述自晋泰始年间建寺至唐立碑时，麓山寺的沿革以及历代传教的情况。词章华丽，笔力雄健，刻艺精湛。唐开元十八年(公元730年)，著名文学家、书法家、篆刻家李邕撰文、书丹并镌刻，因文、书、刻三者俱佳，故有"三绝碑"之称。又因李邕曾官北海太守，故亦称之为"北海三绝"碑。是长沙市尚存最早、价值最高的碑刻。麓山寺碑曾为历代艺林、文豪所推崇，宋代米芾于元丰三年(公元1080年)专程前来临习，并刻"襄阳米黻同广惠道人来，元丰庚申元日"16字于碑阴。

习题

1. 碑的形式有哪些？

2. 介绍碑文书体的变化情况？
3. 碑刻的森林旅游文化价值体现在哪些方面？
4. 说说你熟悉的森林公园中代表的碑刻。

第五节　森林楹联文化

对联，雅称"楹联"，俗称"对子"。是我国独有的传统文学形式，为人民群众所喜闻乐见。在众多的森林景点中，有山必有水，有水必有桥，有桥必有亭，有亭必有联，有联必有匾，构成了我国民族独特的人文景观。森林自然环境优美、具有一定规模和游览条件。我们在各处风景名胜旅游的时候都会发现，很多有着历史积淀的风景区在景区大门上都会有楹联，这些楹联有的是古时就保留下来的，涵盖政治、宗教、祭祀、居住、生活、娱乐、劳动、社会、经济、教育等多方面领域，弥补文字、历史等纪录之不足。

一、对联的产生与发展

(一)对联的产生

一般认为，对联是由骈文和律诗派生出来的，其产生已有一千多年历史，可谓源远流长。对联的产生有两个主要条件：汉字文化与古代挑符习俗。

1. 汉字文化孕育对联

汉字是记录汉语言的符号，它有形、音、义诸方面的特点，汉字是一个字一个音节，整齐分明，容易形成字数相等的对偶句。为对联创作与书写提供了丰富生动的素材。在汉字字体演变过程中，先后出现了甲骨文、金文、篆书、隶书、楷书等字体，这为书法家们书写对联提供了多种形式，使得一副副对联各具特色，各呈姿态，有极高的艺术价值。可以说，没有汉字文化，就不可能有对联。

2. 古代的桃符习俗演绎为对联

悬挂桃符，是我国古代一种带有迷信或神话色彩的风俗。传说上古时，东海度朔山有巨大桃树，枝叶覆盖三千里，其东北方位有个缺口，为百鬼出入之门。门旁守着两武士神荼与郁垒，专门捉鬼，然后扔给老虎吃。随着社会的进步和文化的发展，"挂桃符"习俗也在变化，桃符板上开始题写有关辞旧迎新的对偶诗句，即所谓"桃符诗句"，也叫"楹帖"。

(二)对联的发展

对联是随着我国经济社会的进步和历史的进程而不断发展的。我国对联出现的具体时间不详,大约在晚唐与五代时期。据蜀《梼杌》记载,我国最早的春联是在五代。后蜀广正二十七年(公元964年)除夕,后蜀主孟昶叫翰林学士辛寅逊题写"桃板符",但是写出后他不满意,便自己动手写了一联:"新年纳余庆,嘉节号长春。"最早题写园林景物的对联也出于后蜀,大臣王瑶为成都南郊御花园中百花潭所题:"十字水中分岛屿,数重花外见楼名。"(曲滢生《宋代楹联辑要》)

北宋初期,广泛出现了应用性的春联和楹联,尽管当时春联仍称为"桃符",但已超越了压邪驱鬼的意向,而变成了表达人们某种心愿和情绪的特殊载体了。后来人们用纸代桃,将其贴在门扉,继而楹柱,而后书斋馆榭、亭台楼阁、奇观殿堂,应用范围不断扩大;同时内容上则由压邪驱鬼,迎春纳福扩充至婚寿喜庆、追悼哀挽,模山范水,抒怀言志。

明代是对联发展的黄金时期。明朝王公贵族,文人学士都喜欢对对子,写春联。对联创作在朝野上下形成风气,题联、赠联、联语对答非常活跃。

清代是对联发展的鼎盛时期。君臣的倡导,朝野的风靡,促成了对联作者与优秀作品的大量涌现。清人的对联创作在表现技巧上更加成熟,各种哲理联、格言联、讽刺联、劝世联,以及趣联、巧联,大量出现并广泛流传。

当代,对联仍在广泛流传与运用。对联作为一种应用文体现已在高考语文试题试中出现,历年春节联欢晚会上的春联也受到亿万观众喜爱。不仅中国人喜欢对联,外国人也对其情有独钟,越南、朝鲜、日本、新加坡等国家还保留着贴春联的风俗。

二、对联的分类

对联的分类可以从不同角度进行,作为对联的一种形式,名胜楹联是森林旅游文化中常见的一种。名胜楹联按其悬挂的地方和所写的内容,大致可分为四种:一是自然景观楹联;二是人文景观楹联;三是园林景观楹联;四是宗教景观楹联。

1. 自然景观楹联

往往配合着风格各异的书法艺术,点缀在名山胜水、亭台楼阁之间,为旅游者了解风景胜地的特色、领略欣赏自然风景之美,增添了诗情画意。如岳麓山爱晚亭一对联:

> 晚景自堪嗟，落日余晖，平添枫叶三分艳；
> 春光无限好，生花妙笔，难写江天一色秋。

该楹联把秋天的美好景色写得淋漓尽致，读来很有回味，漫山枫叶，一江秋色，给人的感觉是一望无际，有登高把酒的冲动。

2. 人文景观楹联

这种楹联大多是一些有思想的文人借一事、一人、一物、一景为由头，回顾历史，面对现实，作解剖式的思考，作多侧面的透视，悟得人生的真谛，评点世态的炎凉。这些楹联往往蕴含哲理，发人深省。如四川成都武侯祠中，当年四川盐茶使赵藩所撰的楹联：

> 能攻心则反侧自消，从古知兵非好战；
> 不审势即宽严皆误，后来治蜀要深思。

这一联既是对诸葛亮的评价，更是对统治艺术的总结，意味深长，可谓警世之言，所以为历代人士称道。旅游胜地都有丰富的文化内涵，而楹联中又常常会运用一些相关的典故。所以，在旅游中，想了解楹联、熟悉楹联、欣赏楹联，就要多关注旅游文学的楹联，也是丰富自身知识积淀，提高素养和文化底蕴的一个渠道。

3. 园林景观楹联

中国园林素有"世界园林之母"的美誉，园林中的楹联更是对园林景观起到了画龙点睛的作用，激发了旅游者的游园兴致。如苏州拙政园宜轩楹联：

> 爽借清风明借月，动观流水静观山。

该楹联写出了皓月当空的明丽和清风徐来的惬意以及领略山水的无限乐趣。

又如扬州何园楹联：

> 种邵平瓜、栽陶令菊、补处士梅花，不管它紫蛇红媪，但求四序常新，野老得许多闲趣；
> 放孤山鹤、观濠上鱼、狎沙边鸥鸟，值此际星移物换，惟愿数椽足托，晚年养未尽余光。

该楹联上联通过对三位隐士的追忆，表达了自己对隐居生活的向往，下联着意禽鸟的描述，表达了作者晚年颐养于园林的愿望。

4. 宗教景观楹联

在中国，许多道观庙宇的建筑物上刻挂着楹联，给人以欣赏、以启迪、以解颐。如南岳大庙古戏台楹联：

> 凡事莫当前，看戏不如听戏乐；
> 为人须顾后，上台终有下台时。

又如南岳半山亭玄都观楹联：

> 遵道而行，但到半途需努力；
> 会心不远，要登绝顶莫辞劳。

大多宗教景观的楹联一般都是对人世间世俗的一种劝解警醒，具有启迪意义。

三、古今名胜长联举例

长联，是我国森林旅游胜地的一道"亮丽景观"，用长联的传统文化表现形式，描写自然生态景观的特性，突出其文化独特内涵，提升其审美品位。下面择要介绍：

（一）湖南屈原湘妃祠联

> 九派会君山，刚才向汉沔荡胸，沧浪濯足。直江滚滚奔腾到，星沉龟赭，潮射钱塘，乱入海口间。把眼界洗宽，无边空阔。只见那庙唤鹧鸪，乱花满地，洲邻鹦鹉，芳草连天；只见那峰回鸿雁，智鸟惊寒，湖泛鸳鸯，文禽戢翼。恰点染得翠霭苍烟，绛霞绿树。敞开着万顷水光，有几多奇奇幻幻，淡淡浓浓，铺成画景。焉知他是雾锁吴樯，焉知他是雪消蜀舵？焉知他是益州雀舫，是彭蠡渔艘？一个个头顶竹蓑笠，浮巨艇南来。叹当日靳尚何奸，张仪何诈，怀王何暗，宋玉何悲，贾生何太息。至今破八百里浊浪洪涛，同读招魂呼屈子。

> 三终聆帝乐，纵亲觅伶伦截管，荣猿敲钟。竞响飒飒随引去，潭作龙吟，孔闻鼋吼，静坐波心里。将耳根贯彻，别样清虚。试听这仙源渔棹，歌散桃林，楚客洞箫，悲含芦叶；试听这岳阳铁笛，曲折柳枝，俞伯瑶琴，丝弹桐柏。将又添些帆风橹雨，荻露菱霜。凑合了千秋韵事，偏如许淋淋漓漓，洋洋洒洒，惹动诗情。也任你说拳椎黄鹤，也任你说盘贮青螺；也任你说艳摘澧兰，说香分沅芷。数声声手拨铜琵琶，唱大江东去。忆此祠神尧阿父，傲朱阿兄，监明阿弟，宵烛阿女，殿首阿小姑。亘古望卅六湾白云皎日，还思鼓瑟吊湘灵。

作者是清朝张之洞,曾任湖广总督。全联408字,上联主要描写江南龙舟盛况,涉及了壮阔的水景、江上小洲的花木、水禽;下联以古论今,再吊湘妃。全联饱蘸诗才笔触,写景寓情,凭怀古之幽思,跌宕激越,虚写景,实咏史,融历史人物、典故、风景、名家诗词为一体把君山的风光名胜描写得淋漓尽致,堪称联中一绝。

(二)四川青城山天师洞联

溯禹迹奠岷阜以还,南接衡湘,北连秦陇,西通藏卫,东峙夔巫;葱葱郁郁,纵横八百里舆图。试蹑屐登上清绝顶,看云岭光腾,红吞沧海;锦江春涨,绿到瀛州;历井扪参,须臾踏蜗牛两角。争奈路隔蚕丛,何处寻神仙帑库?丈人峰直墙堵耳!回思峨眉秋月,玉垒浮云,剑门细雨,尚依稀绕襟袖间。况乃夜朝群岳,圣灯先列宿紫天;泉喷六时,灵液疑真君唾地。读书台犹存芳躅,飞赴寺安敢跳梁!且逍遥陟檐萄岗,渡芙蓉岛,都露出庐山面目,难遽追攀。楼观互玲珑,今幸青崖径达。问当初,华堵姚墟,铜铸明皇应宛在;

自轩坛拜宁封而后,汉标李意,晋著范贤,唐隐薛昌,宋征张愈;烈烈轰轰,上下四千年文物。漫借瓴考前代遗徽,记宫临内品,墨敕亲颁,曲和甘州,霓裳同咏,鸾章翠辇,不过留鸿爪一痕。可怜林深杜宇,几番唤望帝归魂?高士传岂欺予哉!莫道赵昱斩蛟,佐卿化鹤,平仲驰骡,悉缥缈莫逯荒事。兼之花蕊宫词,巾帼共谁岩竞秀;貂蝉画像,侍中与太古齐名。携孤琴御史曾游,吹长笛放翁再往。休提说王柯丹鼎,潭峭趿鞋,那堪他沫水洪波,无端淘尽。英雄多寄寓,我亦碧落暂栖。待异日,龙吟虎啸,铁船贾郁定重来。

该联为李善济于1910年撰写,原题于天师洞,现移至建福宫,全联394字,上联描绘青城山"纵横八百里舆图"的壮丽景色,下联以"上下四千年文物"为中心,历数青城轶事,抒怀古幽思和人生抱负。

(三)昆明大观楼联

五百里滇池,奔来眼底,披襟岸帻,喜茫茫空阔无边。看东骧神骏,西翥灵仪,北走蜿蜒,南翔缟素。高人韵士,何妨选胜登临。趁蟹屿螺洲,梳裹就风鬟雾鬓;更蘋天苇地,点缀些翠羽丹霞,莫辜负四围香稻,万顷晴沙,

> 九夏芙蓉，三春杨柳。
>
> 数千年往事，注到心头，把酒凌虚，叹滚滚英雄谁在。想汉习楼船，唐标铁柱，宋挥玉斧，元跨革囊。伟烈丰功，费尽移山心力。尽珠帘画栋，卷不及暮雨朝云；便断碣残碑，都付与苍烟落照。只赢得几杵疏钟，半江渔火，两行秋雁，一枕清霜。

作者孙髯，字髯翁，号颐庵，原籍陕西三原县，自幼居昆明，清代民间诗人，学识渊博，但终生不仕清，自称："万树梅花一布衣"，死于乾隆三十七年（公元1772年）。该联最初由陆树堂以草书刻写，咸丰七年与楼同毁。现联是光绪十四年（公元1888年）云贵总督岑毓英托赵藩以工笔楷书刻写的。不是说它是最长的对联，而是指它在长联中是绝好的一副。该联语句洗练，气势不凡。上联写滇池风光，将静景写活，充满生机与诗情画意；下联从云南的历史入笔，历数汉、唐、宋、元等朝代对云南所用的"武功"，揭示封建王朝更替的规律。全联180字，被誉为"天下第一长联""四海长联第一佳者"。

习题

1. 简述对联的产生与发展。
2. 对联的分类有哪些？
3. 简述楹联与森林旅游文化的关系。

第六节　山水画的森林文化价值

我国的绘画艺术，历史悠久而丰富。从题材上看，中国画分为三个门类：人物画、山水画、花鸟画。其中人物画成熟最早，唐以前的绘画中，人物画是主要的形式，山水与花鸟市人物画的背景。山水画作为重要的画科之一，在我国简称"山水"，以山川自然景观为主要对象的中国画，它的题材和内容十分广泛。中国山水画非常强调"师造化"，即山水画家以大自然为师，要善于从大自然中汲取营养。古代山水画家大多遍游名山大川，留下许多名作。说明在山水画前行的过程中，始终与森林结下不解之缘。

一、中国山水画的发展史

1. 魏晋南北朝时期

由于国家分裂，政治紊乱，社会动荡不安，时局混乱导致各种文化在受到冲击的同时也得到交融，贵族子弟由于政权交替过快而无法实现治国抱负，因而出走江湖，隐于山水之间，游乐之风盛行，阮籍登临山水，竟日忘归；王羲之游山泛海，尝叹："我卒当以乐死！"反映了他们沉醉山水的情态。顾恺之说会稽山水"千岩竞秀，万壑争流"；王献之从山阴道上行，称"山川自相映发，使人应接不暇"，不仅仅这些诗句反映了人们对山水之美的丰富感受，当时的绘画虽只有简单线条，且多为神话或佛教人物，山水不是独立的绘画主题，甚至于人物比背景山水大很多，但依然是文人们诗意栖居的情怀表达。这一时期最具代表性的画家当属被称为"中国画史第一人"的顾恺之，在他的《洛神赋图》中，人物身着宽大华丽的衣袍，裙带飘逸，山水开始出现在画面中，成为画幅场景的自然转换，表明了当时文人对画作的关注已经开始注意到了人与自然场景的融合，如此，才有了后来的"罗丘壑于心中，生烟云于笔底"。

图 2-16　洛神赋图卷（局部）顾恺之

2. 隋唐

隋唐的绘画作品中，注意到山石、树木、人物、建筑的比例，改变了以往"人大于山，水不泛舟"的局面，除了使用简单的勾线笔法外，开始使用矿物颜料晕染，山水画大部分是青山绿水，虽然当时没有出现皴擦法，但墨色的浓淡亦表现了山的质地和光影。在运笔用墨上有了新的突破，出现了泼墨法和破墨法，进一步丰富了山水画的主题。根据宗炳所著的《画山水序》，展子虔的《游春图》是现存最早的山水画作品，它记录了人们在一篇春意萌发中惬意游玩的情境，以俯瞰视角，将远处山峦叠嶂，雾气缭绕，近处树枝浅簇花朵的场景描绘得美好祥和。而后，唐代的山水画主要成为两大流派。一是以李思训、李昭道父子为代表的青绿山水；二是以文臣王维为代表的水墨山水。青绿山水用笔细密烦琐，颜色以石青、石绿为主，有时施以金粉，使画面产生金碧辉煌的装饰效果。水墨山水以渲染为法，强调水墨效能的发挥，以"画中有诗，诗中有画"为最高境界。如传作王维《雪溪图》平淡天真，感情委婉，十分耐思。唐代张彦远说"曾见(王维)破墨山水，笔迹劲爽"(《历代名画记》)。两大流派的出现，体现了审美情趣向多元化的发展，它们都受到后世的推崇仿效。到了明代，董其昌以佛教禅宗南北之分来譬喻李思训、王维、称李氏为北宗山水的鼻祖，而将王维视作南宗山水的奠基人。

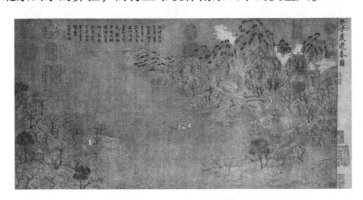

图 2-17　展子虔《游春图》

3. 五代

五代时期战乱纷繁，五代山水画继承唐末水墨山水之遗风，又自成南北两派。为以后山水画的发展定下了基本基调，其中分为两个派别，以荆浩为主创的北方山水画派和董源为主创的江南山水画派。北方山水画派以全景为主，整体风格宏大雄伟，荆浩在重要的山水画理论著作《笔法记》，提出了"六要"，即气、韵、思、景、笔、墨六个要素，在山水画领域发展了谢赫的六法论。而江南山水画派以风光特写为主，以江南真山实景入画，不为奇峭之笔，疏林远树，平远幽深，皴法状如麻皮（后人称为"披麻皴"），山头苔点细密，水色江天，云雾显晦，峰峦出没，汀渚溪桥，率多真意。

4. 宋代

宋代是我国传统山水画的高峰时期。宋太祖推翻了唐末五代之战乱，而独得天下，为了巩固自己的统治地位，他偃武修文，革新图治；到了太宗、真宗，又奖励文艺，人士蔚起，所以宋代有三百年的昌运盛世，这一时期宫廷美术全盛，画院规模齐备，名家层出不穷，佳作硕果累累。画家更加重视深入生活，创造了多种运笔方法，画面活泼，形成山水画的高峰。画坛上山水画最为突出，水墨格法空前发展，各种技法日趋完善，完全脱离了隋唐以来"先勾后填"之法，出现了讲究笔墨韵味的皴、擦、点、染等技法程式。山水画造景重造化、重理性，院体格法法度赅备，审美特色由政教、宗教精神逐渐转向人文精神。这一时期美学著述独到、艺术思潮活跃、绘画作品精湛，是中国传统审美文化的发展源头。

图 2-18　宋·王希孟 千里江山图

5. 元代

元代绘画中以山水画成就最高。山水画艺术，尤其是水墨山水画方面有了空前的大发展，后人评价元代的山水画为："潇洒简远，妙在笔墨之外。"元代山水画在注重皴、擦、点、染等技法，讲求法度的宋代绘画基础之上又有了重大发展。元代山水画不论是赵孟頫"水墨浑染点草草，绿荫环绕清高雅"的《鹊华秋色图》，还是黄公望"层峦叠嶂碧山青，杂木莽林气宏伟"的《天池石壁图》，或是倪云林"江上春风积雨晴，隔江春树夕阳明"的《江岸望山图》等，他们的作品都表现出了一种"简逸恬淡"的意境。

图 2-19　赵孟·鹊华秋色图

6. 明代

在中国古代绘画史上，明代山水画开启了一种新的绘画风尚与审美趣味，以倪瓒、沈周、陈洪绶、文徵明为代表的吴门画派"以元人笔墨运宋人丘壑"，将中国古典造型艺术中的最高成就——山水画推向了艺术的巅峰，其空间布局意识、运笔技巧、意境构成方式都达到了一个全新的境界。明代许多画家吸收宋元之长，形成以兼工带写为主要表现形式的创作方法，如娄东派、华亭派、金陵画派等，但面貌各有所具。

图 2-20　文徵明山水画

7. 清代

山水画势力最大的是号称"四王"的王时敏、王鉴、王翚、王原祁，他们受皇帝的赏识，其画被誉为"正统"的山水画。"四王"是摹古保守派的代表。他们强调"摹古逼真便是佳"。认为画山水要以元人笔墨，运宋人丘壑，而泽以唐人气韵，乃为大成。代表清代革新派的山水画家，有弘仁、髡残、八大山人、石涛，他们都出家做过和尚，故称"四大高僧"。

8. 新中国成立前夕

一批画家都吸取各家之长进行创作，技法也有些变化，但生活气息不够。新中国成立后画家深入生活实践，在传统的基础上开创了具有时代精神的新面貌，山水画更接近群众，画风出现了一派欣欣向荣、日新月异的新气象。

二、中国山水画的人文情怀与审美功能

（一）卧游畅神

宗炳的"卧游"说，基于"山水以形媚道"，亦即重视山水画的形式美。主张画家置身于山水中，仰观俯察，按照山水的本来面貌，依据一定的创造方法来进行描绘。同时讲究"应目会心""应会感神"，通过感官的感受，达到理性的认识。以致"嵩华之秀，玄牝之灵，皆可得之于一图"，达到"抚琴动操，欲令众山响"，欣赏山水画，使他的精神世界达于辽阔之境。

宗炳的"卧游"说，第一次明确地把山水画当作独立的欣赏对象，肯定了山水画的"畅神"功能，从美学上来说，即是肯定了表现自然美的山水画的艺术美，肯定了山水画的审美功能，标志着中国绘画美学发展的新的飞跃。

晚于宗炳大约700年的著名山水画家郭熙，在《林泉高致》中指出，人们"爱夫山水""渴慕林泉"，但不常得，而欣赏山水画，却可"不下堂筵，坐穷泉壑，猿声鸟啼，依约在耳；山光水色，晃漾夺目。此岂不快人意，实获我心哉"。同宗炳一样，他重视通过山水画的艺术美，来获得自然美，使人精神愉快。他还进一步提出，山水画须"可行，可望，可居，可游"，使欣赏者能够"见青烟白道而思行，见平川落照而思望，见幽人山客而思居，见岩洞泉石而思游"。就是说人们在欣赏山水画时，感到有如在画中游历，方可领略其"景外意"与"意外妙"，从中获得美感享受。郭熙把"可行，可望，可居，可游"当作山水画的审美标准。

郭熙之后，宋代苏轼、王诜，元代倪瓒都曾盛赞"卧游"的精神——从欣赏艺术美中获得自然美，始终贯穿在我国山水画的创作实践和欣赏活动中。"何须着屐寻山去，万壑千崖在此中。"

（二）禅宗逸趣

我国佛教的发展在唐朝最为鼎盛，"以儒释道"是禅宗中最为典型的特质，

而禅宗文化作为当时文化的主要表现形式深入人心。在思想上不注重过多的语言表达，而是以直观、顿悟为表现形式，这也正是佛家所讲的"内心超越"。钱穆曾有一段来阐释禅宗与艺术的关系讲的十分生动："唐代禅宗之盛行，其开始在武则天时代，那时唐代，一切文学艺术正是含苞待放，而禅宗却如早春寒梅，一支绝娇艳的花朵，先在冰天雪地中开出。"

被誉为诗佛的王维规避传统水墨画过于浓重的色彩表现，而使之趋向于清淡雅致，而这与我国清心寡欲的禅宗思想不谋而合。唐朝是水墨画的鼎盛时期，其最为鲜明的特征就是"诗中有画，画中有诗"，而这种诗画境界从水墨画中最能够得到体现。王维之前的水墨画通常都是以山水纪实为主，其中的感情不够细腻，而王维之后的山水画则呈现出一种别样的情怀，将感情融入山水之间，使山水画真正成为一种情感的寄托。

禅宗的精神，完全要在现实人生的日常生活中认取，他们一片天机，自由自在，正是从宗教束缚中解放而重新回到现实人生来的第一声。运水担柴，莫非申通。嬉笑怒骂，全成妙道。中国此后文学艺术一切活泼自然空灵脱洒的境界，论其意趣理致，几乎完全与禅宗的精神发生内在而很深微的关系，所以唐代的禅宗，是中国史上的一段"宗教革命"和"文艺复兴"。中国山水画中极富哲学思维，从画作中就能够感受到作者所追求和向往的一种"虚静"的美感，而我国古代很多知名的画家又是玄禅学家，因而在思维方式上会对画家产生不同程度的影响，而画家在内心上也同样追求这种境界，因而禅宗思维方式对人的思维产生极大的影响。

安史之乱后，社会动荡不安，一些文人墨客仕途坎坷，心灰意冷。然而，禅宗的"不执于念""不为外物所累"等思想非常切合这些人的心理，能够给人极大的心灵安慰和解脱。中国禅宗心法中的"无念为宗"等思想与这些文人的心理相契合，这也是文人对禅宗青睐有加的原因。

既要悟就要从本性上去体证，那么唯有"淡"才是悟的基础，唯脱俗才可以展现其真。有的是仕不如意而隐居山林，有的是因罢官而淡泊处世，有的本来就不仕之人，他们不再有"治国平天下""为生民立命"的激越意蕴，而是以出世的、虚无的、淡泊的心境观照世界，"与世淡无世""我心素已闲，清川淡如此"。此种心态与绘画者们对山水画艺术表现方式的长期探索相结合，以淡为美的水墨山水也就油然而生了。

以中国艺术本质来看，水墨山水当仁不让的是最符合这种自然精神色彩。禅宗的兴起导致了以"淡"为主题的审美理念，也促使了"自然""个性""心灵写照"的水墨山水的形成，这种以"淡"为美的水墨画便在唐朝开出了灿烂的花朵。

第七节 园林建筑文化

中国最早的古建筑已经使用木料作为建筑材料，后世帝王大都热衷于"大兴土木"，兴建富丽堂皇的宫殿，使中国成为世界上当之无愧的"木建筑"王国。与西方建筑相比，西方园林善于使用规则的几何图形表现人工美；西方教堂建筑通过高达表现人的渺小，使人在心灵深处形成震撼美，而中国建筑追求的是天人合一，人与自然和谐之美。在建筑史上，西方人评价我国的建筑师"占据广阔的大地"。在中国园林发展史上，中国建筑学家的智慧充分体现在造园上，园林并非中国特创，但是我国夺得了造园上"世界名园，以斯为母"的美誉。唐以前，我国的园林建筑史上是以皇家园林独步天下的时代；而后，江南私家园林出现。江南私家园林以苏州园林为代表；南方以岭南园林为代表。这些园林区别于西方的人工造作，体现了野趣与自然。

一、园林的概念

"园林"一词，见于西晋以后诗文中，如"暮春和气应，白日照园林"（西晋张翰《杂诗》）；"园林山池之美，诸王莫及"（北魏杨玄之《洛阳伽蓝记》评述司农张伦的住宅时）。唐宋以后，"园林"一词的应用更加广泛，常用以泛指以上各种游憩境域。在中国历史上，游憩境域因内容和形式的不同而名称不同。殷周时期，人们把以畜养禽兽供狩猎和游赏的境域称为"囿"和"猎苑"在秦汉时期，人们把供帝王游憩的境域称为"苑"或"宫苑"；把属于官署或私人的称为园、园池、宅园、别业等。如上林苑（以游猎山林与欣赏植物为目的的苑囿式园林，由秦始皇建立）。

在我国，园林指的是在一定的地域运用工程技术和艺术手段，通过改造地形或进一步筑山、叠石、理水种植树木花草、营造建筑和布置园路等途径创作而成的美的自然环境和游憩境域。园林包括庭园、宅园、小游园、花园、公园、植物园、动物园等，随着园林学科的发展，还包括森林公园、风景名胜区、自然保护区或国家公园的游览区以及休养胜地。

二、中国园林的发展简史

我国园林的兴建，早在始于公元前11世纪。从有文字记载的殷周的囿算起，中国园林已有3000多年的历史。在我国，园林历史源远流长，考古表明，早在皇帝时期，就有"玄圃"的存在，这是中国园林的开端。当时的"圃"是一块划定出来的地方，供在其中的动植物自由生长。尧舜时期，均安排了"虞官"，主要掌管山泽、苑囿、田猎。到了殷商时期，人们开始了"囿"的营造活动，从这一时候开始计算，我国园林艺术的历史有3000年以上的历史。

1. 商周时期

这是我国最早的造园活动时期，人们将园林称为"囿"和"圃"。"囿"内有高大的建筑，巍峨的殿阁，并饲养珍禽异兽。主要供奴隶主、帝王们游览、观赏和渔猎活动；当时的人们还在"囿"中挖水池、建设高台，开设鱼塘。"囿"和"圃"作为早期的园林，多为种植蔬菜或豢养禽兽的地方，主要作用在于畅舒身心，"园林"呈现的是简单粗糙的原生状态。"囿"。是中国古代供帝王贵族进行狩猎、游乐的一种园林形式。有文字记载的最早的囿是周文王的灵囿，它除了筑台掘沼为人工设施外，全为自然景物。《诗经·大雅》灵台篇记就对灵囿的经营及其景况进行了描述："王在灵囿，鹿鹿攸伏。鹿鹿濯濯，白鸟篙篙。王在灵沼，於牣鱼跃。"

2. 秦汉时期

"囿"改称为"苑"或者"苑囿"，是古代帝王的园林。经过春秋战国时期，随着人们对自然的关系由敬畏逐渐转为敬爱，我国园林在秦汉时期注意将自然景色引到"苑囿"中，使园林表现了模仿自然、反映自然的艺术成分。秦始皇时期的阿房宫与汉武帝时期的上林苑、建章宫为这一时期园林的代表。

上林苑　是汉武帝刘彻于建元二年（公元前138年）在秦代的一个旧苑址上扩建而成的宫苑。地跨五县，周围三百里，"中有苑二十六，宫二十，观三十五。"如有演奏音乐和唱曲的宣曲宫；观看赛狗、赛马和观赏鱼鸟的犬台宫、走狗观、走马观、鱼鸟观；饲养和观赏大象、白鹿的观象观、白鹿观；引种西域葡萄的葡萄宫和养南方奇花异木如菖蒲、山姜、桂、龙眼、荔枝、槟榔、橄榄、柑桔之类的扶荔宫；角抵表演场所平乐观；养蚕的茧观；还有承光宫、储元宫、阳禄观、阳德观、鼎郊观、三爵观等。上林苑有霸、产、泾、渭、丰、镐、牢、橘八水出入其中。上林苑中还有许多池沼，见于记载的有昆明池、镐池、祀池、麋池、牛首池、蒯池、积草池、东陂池、当路池、大一池、郎池等。其中，昆明池最为有名，据《三辅故事》：

> "昆明池三百二十五顷，池中有豫章台及石鲸，刻石为鲸鱼，长三丈。"
> "昆明池中有龙首船，常令宫女泛舟池中，张凤盖，建华旗，作濯歌，杂以鼓吹。"

建章宫 是汉武帝刘彻于太初元年(公元前104年)建造的宫苑。《三辅黄图》载："周二十余里，千门万户，在未央宫西、长安城外。"建章宫是秦汉时期最大的宫城。"其北治大池，渐台高二十余丈，名曰太液池，中有蓬莱、方丈、瀛洲，壶梁象海中神山、龟鱼之属"。这种"一池三山"的形式，成为后世宫苑中池山之筑的范例。

3. 魏晋南北朝

这是中国园林发展的重要时期，可以说是历史的转折期。由于社会的动荡不安，许多人因厌世而回避现实，他们绝大部分遁入山林，追求自然的田园生活。这一时期，不仅在城市打造园林，而且也出现了我国早期的寺庙。这一时期的皇家园林继承秦汉以来的规模宏大、装饰华丽的传统，代表是魏时建设的芸林苑。这一时期私家园林内的建筑不多，一般表现为茅堂草屋，竹篱柴扉。而寺庙园林适应参禅修炼的需要，以"深山藏古寺"为寺院园林惯用的手法。著名的有报恩寺、龙华寺、追圣寺。

4. 唐宋时期

隋唐结束了长期以来的战乱状态，社会经济繁荣，园林建设进入兴盛期。据宋人记载，洛阳一带的私家园林迅速发展，数以千计。中国的园林从最初的仿写自然美，到魏晋南北朝的掌握自然美，到隋朝的提炼自然美，到唐代已经发展成为自然美的典型化，最终发展为写意山水园阶段。据《洛阳名园记》记载，唐宋宅园大都是在面积不大的宅旁地里，因高就低，掇山理水，表现山壑溪池之胜。点景起亭，揽胜筑台，茂林蔽天，繁花覆地，小桥流水，曲径通幽，巧得自然之趣。这种根据造园者对山水的艺术认识和生活需求，因地制宜地表现山水真情和诗情画意的园，称为写意山水园。唐宋写意山水园开创了我国园林的一代新风，它效法自然、高于自然、寓意于景、情景交融，富有诗情画意，为明清园林，特别是江南私家园林所继承发展，成为我国园林的重要特点之一。典型代表是辋川别业。

辋川别业 唐代诗人兼画家王维(公元701—761年)在辋川山谷(蓝田县西南10余公里处)宋之问辋川山庄的基础上营建的园林，辋川别业营建在具山林湖水之胜的天然山谷区，因植物和山川泉石所形成的景物题名，使山貌水态林姿的美更加集中地突出地表现出来。原别业内有景20处，王维为此还写了一组著名的《辋川集》绝句，今已湮没。

随着山水画的发展，宋代许多文人画师不仅寓诗于山水画中，更建庭院并融诗情画意于山水园林中。在皇家园林方面，北宋的寿山艮岳集中表现这一特色：规模宏大、造型奇特，布局合理，叠石堆山，使太湖石的地位与作用都得到了提高与扩大。到了南宋，江南得到极大程度的开发，由于江南土壤肥沃，水源充足，气候条件适宜植物的生长，在造园上，江南私家园林更加注意和开发原有的自然美景，在造园处理技法上，或逢石留景，或建树当阴，依山就势，按坡筑亭，效法自然，形成中国园林的主流。沧浪亭是宋代私家园林的代表。

图 2-21　辋川图

艮岳　位于汴京（今河南开封）景龙门内以东，封丘门（安远门）内以西，东华门内以北，景龙江以南，周长约 6 里，面积约为 750 亩。它兴建于北宋政和七年（公元 1117 年），竣工于宣和四年（公元 1122 年）。初名万岁山，后改名艮岳、寿岳，或连称寿山艮岳，亦号华阳宫。公元 1127 年金人攻陷汴京后被拆毁。宋徽宗赵佶亲自写有《御制艮岳记》，"艮"为地处宫城东北隅之意。艮岳岗连阜属，西延为平夷之岭；

图 2-22　艮岳

有瀑布、溪涧、池沼形成的水系。在这样一个山水兼胜的境域中，树木花草群植成景，亭台楼阁因势布列。这种全景式地表现山水、植物和建筑之胜的园林，称为山水宫苑。艮岳突破秦汉以来宫苑"一池三山"的规范，把诗情画意移入园林，以典型、概括的山水创作为主题，在中国园林史上是一大转折。

沧浪亭　世界文化遗产，位于苏州市城南三元坊附近，在苏州现存诸园中历史最为悠久，始为五代时吴越国广陵王钱元璙近戚中吴军节度使孙承祐的池馆。宋代著名诗人苏舜钦以四万贯钱买下废园，进行修筑，傍水造亭，因感于"沧浪之水清兮，可以濯吾缨；沧浪之水浊兮，可以濯吾足"，题名"沧浪亭"，并作《沧浪亭记》。之后，沧浪亭几度荒废，南宋初年（12 世纪初）一度为抗金名将韩世

图 2-23　沧浪亭

忠的宅第，清康熙三十五年（公元1696年）巡抚宋荦重建此园，把傍水亭子移建于山之巅，形成今天沧浪亭的布局基础，并以文征明隶书"沧浪亭"为匾额。清同治十二年（公元1873年）再次重建，遂成今天之貌。沧浪亭虽因历代更迭有兴废，已非宋时初貌，但其古木苍老郁森，还一直保持旧时的风采，部分地反映出宋代园林的风格。

5. 明清时期

明代宫苑园林建造不多，且风格较自然朴素，继承了北宋山水宫苑的传统，主要集中在北京、南京、苏州一带。但官僚地主建造私家宅园的风气却很高涨。现存的有拙政园、留园等。清代宫苑园林一般建筑数量多、尺度大、装饰豪华、庄严，园中布局多园中有园，即使有山有水，仍注重园林建筑的控制和主体作用。清代园林的一个重要特点是集各地园林胜景于一园，采用集锦式的布局方法把全园划分成为若干景区，每一风景都有其独特的主题、意境和情趣。代表作有北京的颐和园、圆明园和承德避暑山庄。

拙政园 位于苏州市东北隅，始建于明正德四年间，为明代弘治进士、御史王献臣弃官回乡后，在唐代陆龟蒙宅地和元代大弘寺旧址处拓建而成。取晋代文学家潘岳《闲居赋》中"筑室种树，逍遥自得……灌园鬻蔬，以供朝夕之膳……此亦拙者之为政也"句意，将此园命名为拙政园。拙政园占地62亩，以水为布局主题，池水面积约占总面积的1/5，各种亭台轩榭多临水而筑。其突出特点是充分采用借景和对景等造园艺术，非常巧妙地把有限的空间进行分割和布局。它是目前苏州最大的古园林、我国四大名园之一。

图 2-24　拙政园

留园 是中国著名古典园林，位于江南古城苏州，以园内建筑布置精巧、奇石众多而知名。1961年，留园被中华人民共和国国务院公布为第一批全国重点文物保护单位之一。1997年，包括留园在内的苏州古典园林被列为世界文化遗产。留园是明万历年间太仆徐泰时建的，时称东园，清嘉庆时归观察刘恕，名

图 2-25　留园

寒碧庄，俗称刘园。同治年间盛旭人购得，重加扩建，取留与刘的谐音改名留园。留园占地约30亩，建筑数量在苏州诸园中居冠，厅堂、走廊、粉墙、洞门等建筑与假山、水池、花木等组合成数十个大小不等的庭园小品。其在空间上的突出处理，充分体现了古代造园家的高超技艺、卓越智慧和江南园林建筑的艺术风格和特色。

圆明园 坐落在北京西郊海淀区，与颐和园紧相毗邻。它始建于康熙46年（公元1709年），由圆明园、长春园、万春园三园组成。有园林风景百余处，建筑面积逾16万平方米，是清朝帝王在150余年间创建和经营的一座大型皇家宫苑。

"圆明园"是由康熙皇帝命名的，康熙御书三字匾牌悬挂在圆明园殿的门楣上方。"圆明"二字的含义是："圆而入神，君子之时中也；明而普照，达人之睿智也。"意思是说，"圆"是指个人品德圆满无缺，超越常人；"明"是指政治业绩明光普照，完美明智。

圆明园最初是康熙皇帝赐给皇四子胤禛（即后来的雍正皇帝）的花园。在康熙四十六年（公元1707年）时，园已初具规模。雍正皇帝于1723年即位后，拓展原赐园，并在园南增建了正大光明殿和勤正殿以及内阁、六部、军机处诸值房。乾隆皇帝在位60年，对圆明园岁岁营构，日日修华，浚水移石，费银千万。他除了对圆明园进行局部增建、改建之外，除在紧东邻新建了长春园，在东南邻并入了绮春园。至乾隆三十五年（公元1770年），圆明三园的格

图2-26 圆明园

局基本形成。嘉庆朝，主要对绮春园进行修缮和拓建，使之成为主要园居场所之一。圆明园于咸丰十年，即1860年的10月，遭到英法联军的洗劫和焚毁，至此，圆明园建筑、林木、砖石皆已荡然无存。中华人民共和国成立后，国家十分重视圆明园遗址的保护。1979年，圆明园遗址被列为北京市重点文物保护单位。

三、园林中的建筑及其文化价值

园林中的建筑种类浩繁，最常见也是最有特色的是厅堂、亭、台、楼、阁、廊、桥、榭、等建筑。

(一)园林中的建筑

1. 厅堂

厅堂是待客与集会活动的场所，也是园林中的主体建筑。"凡园圃立基，定厅堂为主。"厅堂的位置确定后，全园的景色布局才依次衍生变化，造成各种各样的园林景致。厅堂建筑的体量较大，空间环境相对开阔。

拙政园中园的布局以荷花池为中心，远香堂为其主体建筑，池中两岛为其主景，其他建筑大都临水并面向远香堂。

图 2-27 拙政园远香堂

上海豫园的仰山堂是一座临池水阁，下层是"仰山堂"，上层是"卷雨楼"。

图 2-28　上海豫园的仰山堂

苏州拙政园鸳鸯厅面阔三间，外观为硬山顶，平面呈方形，四隅均建有四角攒尖的精巧耳房。北厅为三十六鸳鸯馆，南厅称十八曼陀罗花馆。

图 2-29　拙政园鸳鸯厅

2. 亭

是中国园林中不可缺少的一种建筑，很早就出现在造园中，它是一种有顶无墙的小型建筑物。其特点是：四围开阔，造型小巧，是园林中常见的一种"点景"手段，有圆形、方形、六角形、八角形、梅花形和扇形等多种形状。亭子常常建在山上、水旁、花间、桥上，可以供人们遮阳避雨、休息观景，也使园中的风景更加美丽。

中国的亭子大多是用木、竹、砖、石建造的。如湖南长沙爱晚亭[清乾隆五十七年（公元1792年建）]与安徽滁县的醉翁亭（公元1046年建）、杭州西湖的湖心亭(公元1552年建)、北京陶然公园的陶然亭(公元1695年建)并称"中国四大名亭"。

爱晚亭　位于岳麓山下清风峡中,亭坐西向东,三面环山。爱晚亭位于湖南省岳麓山下清风峡中,始建于1792年,为岳麓书院山长罗典创建,原名红叶亭,后由湖广总督毕沅,根据唐代诗人杜牧《山行》诗句:"远上寒山石径斜,白云生处有人家。停车坐爱枫林晚,霜叶红于二月花。"改名"爱晚亭",经同治、光褚、宣统、民国至新中国成立后的多次大修,逐渐形成了今天的格局。抗日战争时期爱晚亭被毁,1952年重建,1987年大修。亭形为重檐八柱,琉璃碧瓦,亭角飞翘,自远处观之似凌空欲飞状。

图2-30　爱晚亭

醉翁亭　坐落于安徽省滁州市市区西南琅琊山麓,是安徽省著名古迹之一。宋庆历五年(公元1045年),欧阳修来到滁州,认识了琅琊寺住持僧智仙和尚,并很快结为知音。为了便于欧阳修游玩,智仙特在山麓建造了一座小亭,欧阳修亲为作记,这就是有名的《醉翁亭记》。"醉翁亭"因此得名。欧阳修不仅在此饮酒,也常在此办公。醉翁亭小巧独特,具有江南亭台特色。它紧靠峻峭的山壁,飞檐凌空挑出。数百年来虽屡次遭劫,又屡次复建。新中国成立后,醉翁亭列为省级重点文物保护单位,并多次整修。

图2-31　醉翁亭

3. 书房馆斋

东汉许慎《说文解字》释称:"斋,戒洁也。"言下之意是,斋乃清心洁净之处。这是古人读书时所追求和要达到的清静雅致,避尘绝俗最高之境界。古人大多喜欢用斋、堂、屋、居、室、庵、馆、庐、轩等字来命名书房,如蒲松龄的"聊斋"、纪晓岚的"阅微草堂"、刘禹锡的"陋室"、陆游的"老学庵"等,其中"斋"是古人书房最常用的字之一。馆可供宴客之用,其体量有大有小,与厅堂稍有区别。斋供读书用,环境当隐蔽清幽。筑式样简朴,常附以小院，植芭蕉、梧桐等树木花卉。

4. 台

它可以是单独的建筑，也可以是许多附属建筑物的台基，有些是连建筑物都没有的台基。《尔雅》"观四方而高曰台，有木曰榭"，故"台榭"时常连用。如《礼记》"五月可以居高明，可以处台榭"。据中国史籍记载，比较有名的台建筑有：商纣王筑的鹿台；周文王的灵台（在长安西北40里，高2丈，周420步）；春秋战国时期楚灵王的章华台（台高10丈，基广15丈）、河南登封观星台等。其作用在于或眺望游览，或传递烽火，或观测天象等等。

河南登封观星台　位于登封市告成镇，嵩山风景名胜区的八大景区之一，由元代杰出的科学家郭守敬在周公姬旦的测景台旧址基础上建立起来的天文台，是我国现存最古老的天文台，也是世界上最著名的天文科学建筑物之一。观星台是一座高大的青砖石结构建筑，由台身和量天尺组成，台身形状是覆斗状，其作用是"昼参日影，夜观极星，以正朝夕"。中华人民共和国成立以后，对观星台台体和有关文物进行了加固维修。1961年，国务院规定登封观星台为全国重点文物保护单位。

图 2-32　登封观星台

5. 楼阁

是两层以上金碧辉煌的高大建筑。可以供游人登高远望，休息观景；还可以用来藏书供佛，悬挂钟鼓。在中国，著名的楼阁很多，如湖南的岳阳楼、临近大海的山东蓬莱阁、北京颐和园的佛香阁、江西的滕王阁、湖北的黄鹤楼等。

岳阳楼　位于岳阳古城的西门之上，素有"洞庭天下水，岳阳天下楼"之盛誉。它高三层、达25.35米，飞檐盔顶，纯木结构。其气势之壮阔，构制之雄伟，堪称江南三大名楼之首。它是在三国"鲁肃阅军楼"基础上一代代沿袭发展而来。北宋滕子京重修岳阳楼时，认为"楼观非有文字称记者不为久，文字非出于雄才巨卿者不成著"。于是，他便请当时的大文学家范仲淹写下了名传千古的《岳阳楼记》，岳阳楼才真正闻名于天下。

图 2-33　岳阳楼

滕王阁　位于江西省南昌市西北部沿江路赣江东岸，因初唐才子王勃作《滕王阁序》让其在三楼中最早天下扬名，故又被誉为"江南三大名楼"之首。始建于唐永徽四年（公元653年），为唐高祖李渊之子李元婴任洪州都督时所创建。因李元婴在贞观年间曾被封于山东省滕州故为滕王，且于滕州筑一阁楼名以"滕王阁"，后滕王李元婴调任江南洪州，又筑豪阁仍冠名"滕王阁"，此阁便是后来人所熟知的滕王阁。滕王阁主体建筑净高57.5米，建筑面积13 000平方米。其下部为象征古城墙的12米高台座，分为两级。台座以上的主阁取"明三暗七"格式，即从外面看是三层带回廊建筑，而内部却有七层，包括三个明层，三个暗层，加屋顶中的设备层。

图 2-34　滕王阁

黄鹤楼　位于湖北省武汉市。相传始建于三国时期，曾被毁多次，自三国时建成以来，屡建屡毁，光明、清就毁了7次，光绪年间就毁了一次。现楼为1981年重建，楼址在蛇山头。主楼高49米，共五层，攒尖顶，层层飞檐，四望如一。底层外檐柱对径为30米，中部大厅正面墙上设大片浮雕，表现历代有关黄鹤楼的神话传说；三层设夹层回廊，陈列有关诗词书画；二、三、四层外有四面回廊，可供游人远眺；五层为瞭望厅，可在此观赏大江景色。附属建筑有仙枣亭、石照亭、黄鹤归来小景等。

图 2-35　黄鹤楼

蓬莱阁　位于蓬莱市区西北的丹崖山上，1982年被国务院公布为全国重点文物保护单位，面积32 800平方米，包括三清殿、吕祖殿、苏公祠、天后宫、龙王宫、蓬莱阁、弥陀寺等几组不同的祠庙殿堂、阁楼、亭坊组成的建筑群主体建筑建于宋朝嘉祐六年（公元1061年），阁中高悬一块金字模匾，上有清代书法家铁保手书的"蓬莱阁"三个苍劲大字。自宋嘉裕年间起，历代都进行了扩建重修。秦始皇访仙救药的历史故事和八仙过海的神话传说，给蓬莱阁抹上了一层神秘的色彩，因而古来即有"仙境"之称。

图 2-36　蓬莱阁

6. 廊

廊是园林中联系建筑之间的通道，是园林游览路线的重要组成部分，它不但可以遮阳避雨，还像一条风景导游线，起到组织景观，分割空间、增加风景层次的作用，可以供游人透过柱子之间的空间观赏风景。廊的设计变化多样，按结构可以分为：双面空廊、单面空廊、复廊、双面廊、和单支柱廊。这种廊两侧均为列柱，没有实墙。按廊的整体造型和地形环境等可以分为：直廊、曲廊、回廊、水廊、桥廊。

北京颐和园中的长廊，是中国园林中最长的廊，代表了中国长廊的最高水平，全长728米，共273间，也是中国廊建筑中最大最负盛名的长廊，1992年吉尼斯世界纪录大全将其收录。廊的一边是平静的昆明湖，另一边是苍翠的万寿山和一组组古典建筑。

7. 榭

它是建在高台的房子。榭一般建在水中、水边或花畔。建在水边的又叫"水榭"，是为游人观赏水景而建的，如北海公园的水榭、承德避暑山庄的水心榭等。

8. 轩

在园林中，轩一般指地处高旷、环境幽静的建筑物，有窗的廊子或小屋子。轩的规模不及厅堂，其位置也不同于厅堂那样讲究中轴线。轩形式优美，不讲究对称布局，相对来说总是比较轻快，不甚拘束。

图 2-37 拙政园听雨轩

9. 舫

舫是仿造舟船造型的建筑，常建于水际或池中。舫大多将船的造型建化，在形体上模仿船头、船舱的形式，便于与周围环境相协调，也便于内部建筑空间的使用。

图 2-38　颐和园石舫

10. 桥

在中国造园技术上，桥的作用超过了水陆交通的功能，主要在变换观赏视线，点缀园林水景、增加水面层次等方面发挥重要作用。桥的基本形式有平桥、拱桥、亭桥、廊桥等几种。在中国园林中还有一种特色园桥——汀步。指的是在浅水中按一定顺序布设块石、微露水面，使人快步而过，是一种古老的渡水设施，在造园上质朴自然、别有情趣。

11. 围墙

围墙是围合空间的构件。围墙在园林中起着划分内外范围、分隔内部空间和遮挡劣景的作用，精巧的围墙还可以装饰园景。迎风摇曳的竹，参差高下的树，窈窕玲珑的湖石，被日光或月光映在粉墙之上，往往就是一幅绝妙的图画。

(二) 园林中的建筑旅游价值

第一，既可点缀祖国山河之美，又可在旅游中作观景之点。清人施闰章在《愚山先生学余集》中曾评价道：

"山水之有亭榭，犹人之高冠长佩也，在补其不足，不得掩(掩)其有余。"

又如白居易在《冷泉亭记》中对冷泉亭的评价，也是道出了亭台楼阁廊榭在点缀景象的奇妙作用：

"高不倍寻，广不累丈，撮奇得要，地搜胜概，物无遁形。"

第二，亭台楼阁不仅是观景之点，同时又是休憩之所。如董必武在《坐观瀑楼中对雨》诗中就揭示了黄山观瀑楼在观景与休憩两方面的妙处：

"晴望诸奇峰，雨看两飞瀑。黄山当吾前，晴雨皆悦目。"

第三，亭台楼阁，隐于山林，峙于江滨，不仅利于游人观景休憩，还可以使游人养精蓄锐，舒畅精神，陶冶情操。如白居易在《庐山草堂记》中写道：

"乐天既来为主，仰观山，俯听泉，旁睨竹树云石，自辰及酉，应接不暇。俄而物诱气随，外适内和。一宿体宁，再宿心恬，三宿后颓然嗒然，不知其然而然。"

四、游园中的审美

1. 景象要素与景象导引之间的互动关系

所谓"因景设路，因路得景"，充分体现了两者之间相互依赖、互为前提的关系问题。景象要素具备观赏的价值，导引具备游园的实用价值；要素是游园实用的基础，导引又是观赏的组织。两者根据游园的条件，不时地相互变化。如一条画廊、一架桥梁、一座凉亭，既是观赏对象（突出要素的实质），又是游览的途径（突出导引的实质）。

2. 途径与掩映之间的依赖关系

在景象结构中，途径活跃思想，给掩映以情趣——掩映所决定的疏密错落，远近衬托，高低呼应，隐现更迭……所决定的景象组群的静止的布局，只有通过途径这一运动的因素，才产生序列，从而显示园林思想，产生情调的变幻，左右游兴。掩映固定着基础，使基础给途径以形态——游客在登山涉水，游行与休憩的活动过程中，实际凭借的途径，无论是通路、庭院、场地、盘道、踏跺、洞隧、峡谷、桥梁、游廊，以致堂、榭、亭、轩、楼、阁等，其本身就包含着虚实隐现的效果，即依赖于掩映而存在。

景象是园林艺术中的基本单位，园林艺术的思想内容和实用内容通过景象表达出来。它既是一个空间概念，又是一个时间概念。其空间性表现为景象诸结构要素的并存关系，以及诸要素本身所固有的上下、左右、前后的广延性；其时间性表现为景象诸要素的四季、晨昏、晴晦等各种形态的交替关系以及景象导引程序的先后持续性。它由景象要素和景象导引两方面组成。

景象要素是景象结构的物质基础。一座园林，其实用功能的性质及设置情况，其风景面貌，是山景园还是水景园抑或山水园，主要为景象要素所决定。景象要素分为自然要素与人工要素，其中自然要素是主导方面。

景象导引与景象要素相依并存的。它是一个抽象的概念，与具体的景象要素融汇一气而体现园林思想与实用的全部内容。导引是园林中起决定作用的组织要素，景象诸要素的组织化都要依赖其实现，它决定诸景象空间的关系，组织景面的更替变化，规定诸景面展示的程序、显现的方位、隐现的久暂以及观赏距离。它分为途径与掩映两个方面，其中途径（游览路线）是主导方面。

途径联系着为掩映所固定的诸景象空间，与掩映共成导引，从而组织景象关系，它直接联系着游客，安排游览进行的路线和园居活动的位置，配比连续与不连续观赏（动观和静观），从而组织园居也组织游兴。途径包括通路和停点，通路提供游览交通并组织连续观赏（动观）；停点安排园居生活并组织定点观赏（静观）

掩映是途径的环境，也是观赏空间的构图。掩映固定着诸景象要素的位置和相互关系，景象空间的划分及主次配置，都依赖掩映的作用。

五、中国古典园林构景手法

景是园林的主体，是欣赏的对象。构景手法的巧妙运用，使得园林景色更加美不胜收，园林意境更加回味无穷。

（一）抑景

中国传统艺术历来讲究含蓄，所以园林造景也不会一走进门就看到最好的景色，最好的景色往往藏在后面，这叫"先藏后露""欲扬先抑"。抑景又有山抑、树抑、曲抑之分。园林入口处常迎门挡以假山，这种处理叫作山抑；杭州花港观鱼东大门的雪松，就是树抑的范例；"山重水复疑无路，柳暗花明又一村"是曲抑的体现。

（二）添景

当风景点在远方，或自然的山，或人文的塔，如没有其他景点在中间、近处作

图 2-39　抑景

过渡，就显得虚空而没有层次；如果有乔木、花卉作中间、近处的过渡景，景色显得有层次美，这中间的乔木和近处的花卉，便叫做添景。如当人们站在北京颐和园昆明湖南岸的垂柳下观赏万寿山远景时，万寿山因为有倒挂的柳丝作为装饰而生动起来。

图 2-40　添景

(三)夹景

当风景点在远方，或自然的山，或人文的建筑(如塔、桥等)，它们本身都很有审美价值，如果视线的两侧大而无当，就显得单调乏味；如果两侧用建筑物或树木花卉屏障起来，使风景点更显得有诗情画意，这种构景手法即为夹景。

图 2-41　夹景

(四)对景

在园林中,或登上亭、台、楼、阁、榭,可观赏堂、山、桥、树木……或在堂、桥、廊等处可观赏亭、台、楼、阁、榭,这种从甲观赏点欣赏乙观赏点,从乙观赏点欣赏甲观赏点的方法(或构景方法),叫对景。

图 2-42　对景

(五)框景

园林中的建筑的门、窗、洞,或乔木树枝抱合成的景框,往往把远处的山水美景或人文景观包含其中,这便是框景。

图 2-43　框景

(六)漏景

园林的围墙上，或走廊(单廊或复廊)一侧或两侧的墙上，常常设以漏窗，透过漏窗的窗隙，可见园外或院外的关景，这叫做漏景。

图 2-44　漏景

(七)借景

大至皇家园林，小至私家园林，空间都是有限的。在横向或纵向上让游人扩展视觉和联想，才可以小见大，最重要的办法便是借景。借景有远借、邻借、仰借、俯借、应时而借之分。借远方的山，叫远借；借邻近的大树叫邻借；借空中的飞鸟，叫仰借；借池塘中的鱼，叫俯借；借四季的花或其他自然景象，叫应时而借。

图 2-45　借景

(八)障景

任何园林中,总有一些不足之处,或者是必须遮挡之物。用山、石、花木加以掩盖和处理,也可以形成一种美景,这叫障景。

图 2-46　障景

六、中国古代园林的文化艺术特征

从人类的历史上看,造园艺术的发展离不开人们对环境的认识,尤其在我国古代天人合一思想的影响下,要解决广袤的大自然的原生态美景如何朝夕与人相伴的问题,古人想到造园,通过堆土、叠石、理水在远离山林的环境或者山林中创造人间美景,形成了人化的自然。我国古代园林的艺术特点如下:

(一)咫尺山林,多方胜景

中国古典园林之所以引人入胜,就是因为在模仿自然中,通过人们的艺术加工,创造出源于自然,高于自然的艺术效果。与纯自然的美景不同,造园在场地与景观方面不可能是原原本本对大自然的复制,所以小中见大、实中求虚,成为中国古典园园林造园的重要手法。

纵观我国园林,不论大小,都强调小中见大、大中有小。古代的造园者通过堆土、叠石、理水,通过假山的峭壁、洞壑、涧谷、飞泉、危道、险桥、悬崖和石室等景色，使山有脉，水有源，山分水，水穿山，山因水活，水绕山转，其间错落有致的种植古木，使咫尺小园，成为缩微山林，呈现出充沛的生机，成为我国古典园林艺术的一处瑰宝。像大观园这样的大园林，然而在设置中，营造了很多幽趣小景。苏州网师园是一个仅有半亩方塘的小型园林，但在设计上，环水池的各种景观粗落有致，叠石成山，山中凿洞，形成别有洞天的雅趣，使人不感单调。为解决空间的小，或者增加景点的内涵，我国园林还讲究借景，如无锡的寄畅园为山麓园林，融自然山景于园内，达到园外有景、景内有景的效果。

(二)师法自然，尽显野趣

古代的中国人，尤其是文人、士大夫，深受封建皇权的威压，个性自由在官场社会中无法发挥，他们徘徊于入世与出世的两难选择中，他们把精神受挫与释放压力的关注点放在山林中，或归隐山林，或寄情山水，释放尘世纷争的内心压力，把山林或营造园林作为人生的精神归宿。我国古代的园林是人工与自然的结合，是典型的自然山水园。我国文人自古以来热爱大自然，崇尚山林，以天地之美为美，所以，为了将自然野趣变为生活的一部分，即免去远涉山林的劳累奔波之苦，又在所局环境周围能欣赏到大自然的美景，在造园上，山川形胜，大千世界都成为造园的蓝本。在叠石对山，理水引泉，种植林木等方面总是最大限度地再现自然山水。

"师法自然"是以大自然为师加以效法的意思。在造园艺术上包含两层内容。一是总体布局、组合要合乎自然。自然界的山岳，以原生态的地貌和丰富的景观成为人类宝贵的自然资源，要将自然的水光山色引入生活中，最好的方式就是造园，形成"虽由人作，宛宇天开"的模拟自然的景观。因此，山石与水体成为造园构景的主要骨架。山与水的关系以及假山中峰、涧、坡、洞各景象因素的组合，都要求符合自然界山水生成的客观规律。二是各种形象组合要合乎自然规律。如假山峰峦是由许多小的石料拼叠合成，叠砌时要仿天然岩石的纹脉，尽量减少人工拼叠的痕迹。水池常作自然曲折、高下起伏状。花木布置应是疏密相间，形态天然。乔灌木也错杂相间，追求天然野趣。

(三)栽花植木，寄予主题

中国园林在造园上以"师法自然"为标准。园林之所以为园林，是造园与营林的结合。植物是人类赖以生存的命脉，也是为人类孕育了优美的风景，园林中的山山水水、与树木花草相得益彰，才有山光水色的表现，花木作为我国园林的生命力所在，是园林是否富有情趣的关键要素。没有花草树木的存在，园林中的山将成毫无生机的山，没有花草树木的存在，园林中的水将成死气沉沉的水。

"园"在我国文字中的基本义是：种植果蔬花木的地方。古人曾说："山借树而为衣，树借山而为骨，树不可繁，要见山之秀丽；山不可乱，须显树之光辉。"因此，古代造园家在完成地形改造之后，即着手栽花植木。在我国古代园林的花草树木的配备上，由于生态各不相同，用于我国古代造园的花草树木一般分为两大类型，一是观赏性植物，观赏植物一般都有美丽的花或比较奇异形态，历来为造园家所赏识；二是绿化性植物，会使景物画面富有层次，充满生机。造园家精心布置的花草树木，主要目的是为表现主题。在与大自然的相处中，人们发现了许多植物的生态习性，由此便赋予了它们各种不同的性格。如牡丹富贵，芍药荣华，莲花吉祥如意，杨柳妖娆多姿，苍松高尚，兰花幽雅，秋菊傲霜，翠竹潇洒，芭蕉长春，松竹梅的岁寒三友等。通过这些植物花草的配置，造园者们表现了寄予的特定含义，达到人化自然，抒怀言之的目的。

(四) 水榭歌台，独具匠心

明朝文震亨曾说："要须门庭雅洁，室庐清靓，亭台具旷士之怀，斋阁有幽人之致，又当种佳木怪箨，陈金石图书，令居之者忘老，寓之者忘归，游之者忘倦。"这段话说明了美的建筑、美的陈设、美的环境，相互交融才能而构成佳景。中国古典建筑斗拱梭柱，飞檐起翘，具有庄严雄伟特色。中国园林建筑不仅仅以形式美为游人所欣赏，还与山水林木相配合，共同形成古典园林风格。在古典园林中，人工建筑与山水浑然一体，互相配合，共同构成赏心悦目的风景画。园林中建筑物，常用作景点处理，它们既是景观，又可以用来观景，除去使用功能，它的魅力，来自体量、外型、色彩、质感等因素的美学内涵。常见的建筑物有殿、阁、楼、厅、堂、馆、轩、斋等，经过巧妙的构思，把功能、结构、艺术统一于一体，成为古朴典雅的建筑艺术品。加之室内布置陈设的古色古香，外部环境的和谐统一，更加强了建筑美的艺术效果。

习题

1. 中国古典园林中有哪些构景手法？
2. 中国古典园林中建筑有哪些类型？

第八节 自然保护地与森林旅游

建立以国家公园为主体的自然保护地体系，是贯彻习近平生态文明思想的重大举措，是党的十九大提出的重大改革任务。自然保护地是生态建设的核心载体、中华民族的宝贵财富、美丽中国的重要象征，在维护国家生态安全中居于首要地位。依据管理目标与效能并借鉴国际经验，我国将自然保护地按生态价值和保护强度高低依次分为国家公园、自然保护区及自然公园三类。其中，国家公园是最具国家代表性的自然生态系统，是我国自然景观最独特、自然遗产最精华、生物多样性最丰富、最具完整性和原真性的部分。

一、我国自然保护地现状

从1872年美国建立世界上最早的国家公园——黄石国家公园开始，目前，全世界已建立近1200处。国家森林公园在我国是一个20世纪80年代才出现的概念，随着改革开放的深化、旅游业的发展和林业产业结构的调整，森林旅游开发日益受到重视。

自1956年在广东省肇庆市建立第一个自然保护区——鼎湖山国家自然保护区以来，中国的国家公园事业得到迅猛发展；1982年，我国第一处森林公园——湖南张家界国家森林公园批准建立；1984年在中国的台湾省建立了第一个"国家公园"，即"垦丁国家公园"。这是我国第一个以"国家公园"为名称的保护区；2001年，设立了国家地质公园和国家水利风景区；2004年2月，原建设部批准设立城市湿地公园；2005年2月，原国家林业局批准设立湿地公园；2005年8月，原国土资源部批准建立国家矿山公园；2007年6月21日，我国大陆首个被定名为国家公园的保护区——香格里拉普达措国家公园正式揭牌。

在我国，由国家政府部门在全国范围内统一管理的"国家公园"从2008年才刚刚起步。2008年10月8日，中华人民共和国环境保护部和国家旅游局批准建设中国第一个国家公园试点单位——黑龙江汤旺河国家公园。目前我国已建立各级各类自然保护地1.18万处，占国土陆域面积的18%、领海面积的4.6%。其中，国家公园体制试点10处、国家级自然保护区474处、国家级风景名胜区244处。拥有世界自然遗产14项、世界自然与文化双遗产4项、世界地质公园39处，数量均居世界第一位(李慧《光明日报》2019年10月31日

10版)。

2019年,为了更好统筹保护地工作,解决各类保护区类型复杂,结构不合理、地理分布不均衡、没有系统设计等问题,中共中央办公厅、国务院办公厅近日印发《关于建立以国家公园为主体的自然保护地体系的指导意见》,要求要建成中国特色的以国家公园为主体的自然保护地体系,为建设富强民主文明和谐美丽的社会主义现代化强国奠定生态根基。

二、自然保护地

(一)国家公园

国家公园是指以保护具有国家代表性的自然生态系统为主要目的,实现自然资源科学保护和合理利用的特定陆域或海域,是我国自然生态系统中最重要、自然景观最独特、自然遗产最精华、生物多样性最富集的部分,保护范围大,生态过程完整,具有全球价值、国家象征,国民认同度高。

国家公园这个概念最早由美国艺术家乔治·卡特林(Geoge Catlin)首先提出。1832年,乔治·卡特林他在旅行的路上,对美国西部大开发对印第安文明、野生动植物和荒野的影响深表忧虑。他写到:"它们可以被保护起来,只要政府通过一些保护政策设立一个大公园……一个国家公园,其中有人也有野兽,所有的一切都处于原生状态,体现着自然之美。"1872年,美国国会批准设立了美国、也是世界最早的国家公园,即黄石国家公园,之后,国家公园即被全世界许多国家所使用,尽管各自的确切含义不尽相同,但基本意思都是指自然保护区的一种形式。自黄石国家公园设立以来,全世界已有100多个国家设立了多达1200处风情各异、规模不等的国家公园。

我国的国家公园设立坚持生态保护第一,具有国家象征,代表国家形象,展现中华文明;坚持全民公益性,坚持全民共享,开展自然环境教育。我国国家公园体制建设试点从2015年开始,为期三年。目前,我国已经开展了三江源、东北虎豹、大熊猫、祁连山、海南热带雨林、神农架、武夷山、钱江源、南山、普达措10个国家公园试点,总面积22.29万平方千米,占陆域国土面积的2.3%。涉及吉林、黑龙江、浙江、福建、湖北、湖南、海南、四川、云南、陕西、甘肃、青海12个省份。这10个地点都是选择非常美的景点,最能代表中国的特色。三江源是长江、黄河和澜沧江的源头地区,是我国真正的发源地;大熊猫国家公园是以保护国宝大熊猫为主导,不仅仅是加强对国宝的保护,还告诉人们保护动物;东北虎豹国家公园也是为了保护濒危动物的，东北虎豹又是我国东北的代表性生物；神农架国家公园是世界生物活化石聚集地和古老、珍稀、特有物种避难所，被誉为北纬31°的绿色奇迹；武夷山国家公园是全球生物多样性保护的关键地区，保存了地球同纬度最完整、最典型、面积最大的中亚热带原生性森林生态系统，也是珍稀、特有野生动物的基因库。

国家公园体制试点开展以来，顶层设计不断完善。中央先后印发《建立国家公园体制总体方案》《关于建立以国家公园为主体的自然保护地体系的指导意见》，明确了国家公园建设思路和目标任务。国家林业和草原局起草了国家公园设立标准和《国家公园空间布局方案》，制定了自然资源资产管理和生态环境监测、监督等相关办法，不断完善国家公园体制顶层设计，并加挂国家公园管理局牌子，实现了国家公园和自然保护地统一管理，基本建立起分级管理架构，并形成了以东北虎豹国家公园为代表的中央直管模式，以大熊猫和祁连山国家公园为代表的中央和省级政府共同管理模式，以三江源和海南热带雨林国家公园为代表的中央委托省级政府管理的模式，国家公园内全民所有自然资源资产所有权实现了中央政府和省级政府分级行使。2020年，我国将结束国家公园体制试点，总结评估经验，正式设立一批国家公园。

（二）自然保护区

自然保护区是指保护典型的自然生态系统、珍稀濒危野生动植物种的天然集中分布区、有特殊意义的自然遗迹的区域。具有较大面积，确保主要保护对象安全，维持和恢复珍稀濒危野生动植物种群数量及赖以生存的栖息环境。

自然保护区是推进生态文明、构建国家生态安全屏障、建设美丽中国的重要载体。我国的自然保护区分为国家级自然保护区和地方各级自然保护区。1994年9月2日国务院第24次常务会议讨论通过的《中华人民共和国自然保护区条例》，对自然保护区的定义为：有代表性的自然生态系统、珍稀濒危野生动植物物种的天然集中分布区、有特殊意义的自然遗迹等保护对象所在的陆地、陆地水体或者海域，依法划出一定面积予以特殊保护和管理的区域。《中华人民共和国自然保护区条例》第十一条规定，"其中在国内外有典型意义、在科学上有重大国际影响或者有特殊科学研究价值的自然保护区，列为国家级自然保护区"。

早在1956年，我国建立了第一个自然保护区——广东鼎湖山自然保护区。至2018年5月底，我国共有474个国家级自然保护区，此外，还有各种类型、不同级别的自然保护区 2800 个左右，总面积近 150 万平方公里，接近法国、德国、英国和意大利 4 国国土面积总和，陆域自然保护区面积占国土面积的比例为 15.16%，自然保护区面积占国土面积的比例已经超过世界平均水平。中国的自然保护区大多是作为旅游区对游客开放，约有 70% 的自然保护区不同程度地开展了生态旅游。

(三)自然公园

自然公园是指保护重要的自然生态系统、自然遗迹和自然景观，具有生态、观赏、文化和科学价值，可持续利用的区域。确保森林、海洋、湿地、水域、冰川、草原、生物等珍贵自然资源，以及所承载的景观、地质地貌和文化多样性得到有效保护。包括森林公园、地质公园、海洋公园、湿地公园等各类自然公园。自然公园保护着重要的自然生态系统、自然遗迹、自然景观，具有生态、观赏、文化、科学等价值。

1. 国家森林公园

国家森林公园是我国最高级的森林公园，是指国家为了保护一个或多个典型生态系统的完整性，为生态旅游、科学研究和环境教育提供场所，而划定的需要特殊保护、管理和利用的自然区域。森林景观特别优美，人文景物比较集中，观赏、科学、文化价值高，地理位置特殊，具有一定的区域代表性，旅游服务设施齐全，有较高的知名度，可供人们游览、休息或进行科学、文化、教育活动的场所，由国家林业和草原局作出准予设立的行政许可决定。中国境内最早的国家森林公园是 1982 年建立的张家界国家森林公园，截至 2019 年 2 月，中国大陆共建立国家森林公园 897 处。

森林公园是经过修整可供短期自由休假的森林，或是经过逐渐改造使它形成一定的景观系统的森林，并为人们游憩、疗养、避暑、文化娱乐和科学研究提供良好的环境。森林公园是以森林自然景观为主体，兼融了部分人文景观，并利用森林环境向人们提供旅游服务的特定生态区域，虽然它的管理目标是开发旅游，但这种旅游是一种生态旅游，是以保护和持续利用森林自然景观为前提，在客观和主观上都有自然保护的性质。

2. 国家风景名胜区

风景名胜区也叫风景区，划分为国家级风景名胜区和省级风景名胜区。2016 年修订的《风景名胜区条例》对风景名胜区的定义是：具有观赏、文化或者科学价值，自然景观、人文景观比较集中，环境优美，可供人们游览或者进行科学、文化活动的区域。风景名胜包括具有观赏、文化或科学价值的山河、湖海、地貌、森林、动植物、化石、特殊地质、天文气象等自然景物和文物古迹、革命纪念地、历史遗址、园林、建筑、工程设施等人文景物和它们所处的环境以及风土人情等。1982年，国家正式建立风景名胜区制度，国务院总共公布了9批、244处国家级风景名胜区，风景名胜区总面积占国土面积的1%以上。其中，第一批至第六批原称国家重点风景名胜区，2007年起改称中国国家级风景名胜区。

国家级风景名胜区徽志为圆形图案，中间部分系万里长城和自然山水缩影，象征伟大祖国悠久、灿烂的名胜古迹和江山如画的自然风光；两侧由银杏树叶和茶树叶组成的环形镶嵌，象征风景名胜区和谐、优美的自然生态环境。图案上半部英文"NATIONAL PARK OF CHINA"，直译为"中国国家公园"，即国务院公布的"国家级风景名胜区"；下半部为汉语"中国国家级风景名胜区"全称。

图2-47　中国国家级风景名胜区徽志

3. 国家生态示范区

国家级生态示范区是2000年3月6日根据原中华人民共和国国家环境保护总局文件（环发〔2000〕49号）《关于命名第一批国家级生态示范区及表彰先进的决定》在生态示范区建设过程中工作成绩突出的单位给予表彰的称号。生态示范区是以生态经济学原理为指导，以协调经济、社会、环境建设为主要对象，在一定行政区域内，以生态良性循环为基础，实现经济社会全面健康的持续发展。生态示范区是一个相对独立的、又对外开放的社会、经济、自然的复合生态系统。截至2012年，我国共有7批，共527个符合可持续发展战略要求的地、县和单位被原国家环境保护总局命名为"国家级生态示范区"。

4. 国家地质公园

中国的地质公园建设，是响应联合国教科文组织建立"世界地质公园网络体系"的倡议，贯彻国务院关于保护地质遗迹的任务于2000年开始进行。我国国家地质公园是以具有国家级特殊地质科学意义，较高的美学观赏价值的地质遗迹为主体，并融合其他自然景观与人文景观而构成的一种独特的自然区域。《地质遗迹保护管理规定》第八条明确指出：对具有国际、国内和区域性典型意义的地质遗迹，可建立国家级、省级、县级地质遗迹保护区、地质遗迹保护段、地质遗迹保护点或地质公园。我国于1985年建立了第一个国家级地质自然保护区——"中上元古界地质剖面"（天津蓟县）。截至2020年3月，国家林业和草原局和原土资源部已正式命名国家地质公园220处，授予国家地质公园资格57处，批准建立省级地质公园300余处。

5. 国家湿地公园

湿地是位于陆生生态系统和水生生态系统之间的过渡性地带，在土壤浸泡在水中的特定环境下，生长着很多湿地的特征植物。湿地广泛分布于世界各地，拥有众多野生动植物资源，与海洋、森林并称为地球三大生态系统。中国拥有湿地面积3300多万公顷，约占世界湿地面积的10%，居亚洲第一位，世界第四位。国家湿地公园指的是具有一定规模和范围，以保护湿地生态系统完整性、维护湿地生态过程和生态服务功能并在此基础上以充分发挥湿地的多种功能效益、开展湿地合理利用为宗旨，可供公众游览、休闲或进行科学、文化和教育活动的特定湿地区域。国家湿地公园是自然保护体系的重要组成部分。截至2020年3月底，全国共建立国家湿地公园901处（含试点）。

6. 沙漠公园

沙漠公园和森林公园、湿地公园一样，在森林、湿地和荒漠三大生态系统中处于相同的重要地位，具有维护荒漠生态系统稳定的重要功能。沙区也是我国旅游资源的集中分布区，"大漠孤烟直，长河落日圆"是古人对雄伟、壮观、苍凉大漠风光的生动写照，而不同分布区域的沙漠景观又各具特色。沙漠公园是以沙漠景观为主体，以保护荒漠生态、合理利用沙漠资源为目的，在促进防沙治沙和维护生态服务功能的基础上，开展公众游憩休闲或进行科学、文化和教育活动的特定区域。

我国现有沙化土地面积172.12万平方千米，占国土面积的17.93%，沙漠面积是59.43万平方公里，占国土面积的6.19%，主要分布在贺兰山以西的阿拉善高原、河西走廊、柴达木盆地和新疆的干旱盆地，聚居着45个民族，总人口约4.4亿。我国的沙化土地主要位于北纬35°~50°之间，集中在西起塔里木盆地，东至松嫩平原西部，涵盖了我国干旱、半干旱地区等区域。植被类型从乔灌木植被到草本植被，从低湿地植被、沙地植被到丘陵山地植被和高寒植被，从天然植被到各种人工植被均有分布，类型复杂多样。原国家林业局于2013年10月启动国家沙漠公园建设试点工作。2013年8月23日，原国家林业局同意在中卫设立"宁夏沙坡头国家沙漠公园"，该公园为我国首个国家沙漠公园。目前已批复建设的国家沙漠公园涉及 9 个省(区)及新疆生产建设兵团。沙漠生态系统可划分为三个区域：一是严格保护区，就是沙化土地封禁保护区（在规划期内不具备治理条件的以及因保护生态的需要不宜开发利用的连片沙化土地）；二是生态治理区。这个区域以封为主，结合人工造林和飞播造林开展沙化土地治理；三是保护利用区，这是一个以保护荒漠生态系统为主，并开展适度利用的区域。

7. 水利风景区

国家水利风景区，是指以水域(水体)或水利工程为依托，按照水利风景资源即水域(水体)及相关联的岸地、岛屿、林草、建筑等能对人产生吸引力的自然景观和人文景观的观赏、文化、科学价值和水资源生态环境保护质量及景区利用、管理条件分级，经水利部水利风景区评审委员会评定，由水利部公布的可以开展观光、娱乐、休闲、度假或科学、文化、教育活动的区域。国家级水利风景区有水库型、湿地型、自然河湖型、城市河湖型、灌区型、水土保持型等类型。截至 2018 年底，全国已有 878 个国家水利风景区，2000 多个省级水利风景区，遍布七大流域，分布在 31 个省(自治区、直辖市)和新疆生产建设兵团，涵盖各大江河湖库、重点灌区和水土流失治理区。

8. 海洋特别保护区

国家级海洋特别保护区是指对具有特殊地理条件、生态系统、生物与非生物资源及海洋开发利用特殊需要的区域采取有效的保护措施和科学的开发方式进行特殊管理的区域。海洋特别保护区分为国家级和地方级，其中具有重大区域海洋生态保护和重要资源开发价值、涉及维护国家海洋权益及其他需要申报国家级的海洋特别保护区，列为国家级海洋特别保护区。截至 2019 年 1 月，我国有海洋特别保护区 111 处，面积 7.15 万平方公里，其中国家级海洋特别保护区 71 处(含国家级海洋公园 48 处)。

三、国家森林公园的基本特征与设置意义

早在黄帝时期，我国就有"玄圃"的存。当时的"圃"是一块划定出来的地方，供在其中的动植物自由生长，如果从今天的国家森林公园功能来分析，我国古老的"圃"相当于今天的国家森林公园。

我国国家森林公园指的是为了保护我国自然森林系统的多样性和完整性，促进林木资源的保护和可持续利用，在一些森林资源丰富和独特地区设立的区域。《中国森林公园风景资源质量等级评定(国家标准)》对森林公园的定义

是：具有一定规模和质量的森林风景资源与环境条件，可以开展森林旅游，并按法定程序申报批准的森林地域。森林公园的景观主体是森林，这些大多数为自然状态和半自然状态森林生态系统，拥有丰富的生物多样性，在我国，这些区域逐步由地方政府划出，给以特别的保护和管理，主要用于开发以精神、教育、文化和娱乐为目的的旅游活动。

国家森林公园以生态环境、自然资源保护和适度旅游开发为基本策略，通过较小范围的适度开发实现大范围的有效保护，既排除与保护目标相抵触的开发利用方式，达到了保护生态系统完整性的目的，又为公众提供了旅游、科研、教育、娱乐的机会和场所，是一种能够合理处理生态环境保护与资源开发利用关系的行之有效的保护和管理模式。它既不同于严格的自然保护区，也不同于一般的旅游景区。

(一)国家森林公园的基本特征

国家森林公园通常都以天然形成的环境为基础，强调自然状况的天然性和原始性，公园景观资源具有珍稀性和独特性，并在国内、甚至在世界上都有着不可替代的重要而特别的影响。鉴于国家公园的普遍存在，1969年在印度新德里召开的IUCN(世界自然保护同盟)第十届大会作出决议，对国家公园进行定义，明确规定国家公园必须具有以下三个基本特征：第一，区域内生态系统尚未由于人类的开垦、开采和拓居而遭到根本性的改变，区域内的动植物种、景观和生境具有特殊的科学、教育和娱乐的意义，或区域内含有一片广阔而优美的自然景观；第二，政府权利机构已采取措施以阻止或尽可能消除在该区域内的开垦、开采和拓居，并使其生态、自然景观和美学的特征得到充分展示；第三，在一定条件下，允许以精神、教育、文化和娱乐为目的的参观旅游。以上三个特征是区别普通的"公园"和"森林公园"的关键所在。虽然是对国家公园特征的概括，但同样适用国家森林公园。

(二)设立国家森林公园的主要意义和作用

设立国家森林公园，其主要的意义和作用大致可概括为四大方向：一是景观资源的保存与保护，二是资源环境的考察与研究，三是森林生态文明自然教育基地，四是旅游观光业的可持续发展。

根据可持续发展理论，国家森林公园的设立，可以使森林旅游资源可持续发展，它的作用在于以适度开发、合理保护、持续利用为基本内容，确保资源保护和经济发展之间的协调平衡关系。在旅游资源和环境的承载力范围内,在维护生态系统的物种和生态多样性、长期保持森林旅游资源的景观质量和吸引力前提下,合理利用森林旅游资源,满足人们的旅游需要、促进地方经济发展。

1. 国家森林公园是我国林业生态文化体系建设的重要阵地

我国森林公园中蕴含着生态保护、生态建设、生态哲学、生态伦理、生态美学、生态教育、生态艺术、生态宗教文化等各种生态文化要素,是我国生态文化体系建设中的精髓,目前一大批森林公园已经成为大中小学生的科普基地、夏(冬)令营基地、实习基地、爱国主义教育基地,成为科研人员的实验基地和广大艺术爱好者的创作基地。森林公园在向全社会展示林业建设成果、普及生态知识、增强生态意识、弘扬生态文明、倡导人与自然和谐价值观等方面发挥了重要作用。

2. 国家森林公园是传播、弘扬生态文化的最佳途径

国家森林公园生态文化建设,既是全面推进现代林业体系建设的必然要求,也是大力提升森林公园建设内涵的本质需求。弘扬生态文化是建立森林公园的重要目的之一。我国国家森林公园在规划过程中,均把生态文化建设作为森林公园总体规划的重要内容进行规划,通过深入挖掘森林文化、花文化、竹文化、茶文化、湿地文化、野生动物文化、宗教文化、少数民族文化、民俗文化、耕作文化等的发展潜力,并将其建设发展为人们乐于接受且富有教育意义的生态文化产品;通过加强森林(自然)博物馆、标本馆、游客中心、科普教育基地(中心)、科普长廊、解说步道以及宣传科普的标识、标牌、解说牌等生态文化基础设施建设,为人们了解森林、认识生态、探索自然提供良好的场所和条件。

3. 国家森林公园是加强自然科普教育的重要渠道

在有效保护与利用自然资源的过程中,我国各森林公园挖掘公园内各类自然文化资源的生态价值、美学价值、文化价值、游憩价值和教育价值,通过导游员、解说员及管理人员、表演人员对游客在自然知识、生态知识、历史知识的讲解,通过举办各种艺术创作、表演、节庆等主题活动,可以使人们在游览休闲过程中拓宽对自然的认知,受到自然生态知识的科普教育,真正达到知性之旅。

第三章
神话传说、宗教文化与森林

【导读】古人曾说过:"山不在高,有仙则名,水不在深,有龙则灵",在我国,神话、宗教向来与旅游有着紧密的联系,国内外的宗教圣地和宗教人物活动场所都是闻名遐迩的旅游胜地,宗教文化遗存之地已成为重要的旅游资源。我国的佛教和道教活动多活跃于人口密集的城镇和风光秀丽的山岳地带。尤其是名山幽谷,宗教活动最为集中。"天下名山僧占多"就是这种印记的真实写照。目前,世界上的宗教以佛教、基督教和伊斯兰教最有代表性,在我国,尤以佛教的影响最为广泛、深远;其次是道教,它产生于中国,也主要分布在中国。我国的四大佛教名山——五台山、峨眉山、九华山、普陀山以及道教四大名山——青城山、武当山、龙虎山、齐云山都是极具宗教渊源的名山名岳。神话、宗教旅游资源也是森林旅游的一个重要景观,除了名山名岳之外,宗教建筑和宗教艺术对人们也有着相当大的吸引力。

第一节 神话传说

《中国大百科全书》对神话条目的定义是:"神话是指出活在原始公社时期的人们通过他们的原始思维不自觉地把自然界和社会生活加以形象化、人格化,而形成的幻想神奇的语言艺术作品。"神话传说是产生于氏族社会的口头艺术形式,它的历史非常古老。辽阔的神州大地,孕育了世界上唯一没有中断过的华夏文化,我们的先祖在生存与生活的过程中,面对变化莫测的自然环境,在孜孜不倦的精神探求中,他们对自然与社会之谜,一度通过神话传说来加以解释。神话传说是一个民族和国家的宝贵精神财富,它瑰奇多彩的想象和对自然事物形象化的方法,为后世的创作提供了丰富的题材。

一、神话传说的产生

什么是神话?马克思曾做出过精彩的论述:"任何神话都是用想象和借助想象以征服自然力,支配自然力,把自然力加以形象化;因而,随着这些自然力的实际被支配,神话也就消失了。"我们可以解释为,神话是"通过人民的幻想,用一种不自觉的艺术方式加工过的自然和社会形式本身"。神话和传说一直有紧密联系,同时又有明显区别:从产生时间来看,神话的产生要比传说早,神话是传说的故事原型,传说是神话的社会历史化;从理性层面来看,神话具有明显的非理性的神异色彩,而传说则内含着人间的行为准则;从事实层面来看,神话完全属于虚构,而传说尽管与事实并不完全符合,但是总有部分事实的存在。当神话融入了文明时代的伦理观念,加入了道德评判,神话也向传说迈进。

人猿揖别以后,人类开始向文明的领域不断迈进,最早的故事往往是从神话传说开始的。远古的时候,人类将耳闻目睹的各种现象,用近乎荒诞的想象幻想出许多神秘怪异的故事,这就是神话。神话可以说是人类早期的不自觉的艺术创作。它往往借助想象和幻想把自然力和客观世界拟人化。当先民们开始对世界和自己的来源问题感到疑惑并做出各种不同的解答时,文明就产生了。这些形形色色的答案在现代人看来,都是些似乎荒诞不经的,但是,对初民来说,在当时的生产力和科学发展的条件下,却是合理的解释。

神话传说的产生情况与原因大致如下:第一,原始社会生产力水平极其低下,原始人在生存斗争中经常受到洪水、大旱、凶禽、恶兽等的侵袭,又因知识水平低下不能正确认识自然界种种复杂变化,于是他们以为宇宙间万物都有神灵主宰,对自然力加以幻想和神化。第二,原始人类为更好地生活,他们与自然做不屈的斗争,于是就创造了歌颂与自然做斗争的英雄的故事。第三,原始人类对自然界感到迷惑或惊奇,对民族始祖和人类文化的来源也希望得到说明,于是产生人类文明进程中的文字、神话传说等起源故事。

二、神话传说的分类

在寻求宇宙起源和民族起源的答案中,每一个古老民族都有自己的答案,神话一般可分为三种类型:开辟神话、自然神话和英雄神话。中国古代神话散见于各种书籍,其中现存最早、保存最多的是《山海经》,其中《精卫填海》《夸父追日》等就出自《山海经》。另外,女娲补天的故事见于《淮南子》《列子》,女娲造人则出自汉代《风俗通义》,《盘古开天辟地》来源于《述异记》的记载。另外,魏晋南北朝的笔记小说中也保存了一些神话故事。

《山海经》 是从战国到汉代初年,经多人编写而形成的一部古书,书中的内容以记载神话为主,全书18篇,约31000字。共藏山经5篇、海外经4篇、海内经5篇、大荒经4篇。全书内容除保存大量的神话外,还涉及多个学科领域,诸如宗教、哲学、民族、历史、天文、地理、动物、植物、医药等,可以说内容包罗万象。据统计,全书共记载神话400多个,还记载100多个邦国,550座山峦,300多条水道以及邦国的地理、风土,对考据中国古代的地理和民俗风情等方面具有十分重要的参考意义。

《淮南子》 又名《淮南鸿烈》《刘安子》,是我国西汉时期创作的一部论文集,由西汉皇族淮南王刘安主持撰写,故而得名。该书在继承先秦道家思想的基础上,综合了诸子百家学说中的精华部分,对后世研究秦汉时期文化起到了不可替代的作用。

《列子》 是列子、列子弟子、列子后学著作的汇编。全书8篇,140章,由哲理散文、寓言故事、神话故事、历史故事组成。而基本上则以寓言形式来表达精微的哲理。共有神话、寓言故事102个。如《黄帝篇》有19个,《周穆王篇》有11个,《说符篇》有30个。这些神话、寓言故事和哲理散文,篇篇闪烁着智慧的光芒。

(一)开辟神话

开辟神话反映的是原始人的宇宙观,用来解释天地是如何形成的,人类万物是如何产生的。开辟神话产生于人类童年时期，反映原始人类对天地来源的认识和想象，又称创世神话。几乎每一个民族都会有这一类的神话。在我国关于天地如何而来的神话是"盘古开天"。这个神话故事最早见于三国时徐整著的《三五历纪》：据传，太古时期，太空中漂浮着一个巨大的星球，在无边无际的和暗中运行的这颗星中，有一个叫盘古的人，他不能忍受黑暗，企图从中解脱于是用神斧劈向四方，最后，巨星变成两个半球，盘古头上的一半变成气体，逐步上升，脚下的一半变成大地，并不断变厚，经过1.8万多年的努力，盘古变成一位顶天立地的巨人，而天空也升得高不可及，大地也变得厚实无比。盘古死后，世界从此出现了光明与生机，他的右眼变成太阳，左眼变成月亮，血液变成海洋，毛发形成花草树木，他的呼吸与声音分别变成风雷，他的欢乐与忧愁变成了晴天与雨天，他的身体各部分：头部变成东岳泰山、腹部变成中岳嵩山、左臂变为南岳衡山、右臂变成北约恒山，他的双足则变成西岳华山。盘古生前完成开天辟地的伟大业绩，死后永远留给后人无穷无尽的宝藏，成为中华民族崇拜的英雄。在我国神话体系中，盘古是一个创造世界的神，但是主宰这个世界是另一位神——玉皇大帝。

（二）自然神话

自然神话是对自然界各种现象的解释。古人以特有的幻想形式对自然万物来源作出种种解释。这类神话故事广泛而庞杂，从日、月的出现，到风雨雷电等在生活中所习见的自然现象都以古人独特的思维来解释。早我国自然神话中，最著名的分别为女娲造人、女娲补天、后羿射日、嫦娥奔月。

女娲造人　女娲造人是汉民族始祖神话的典型代表。女娲是中国上古神话中的创世女神。传说女娲用泥土仿照自己创造了人，又替人类建立了婚姻制度，使青年男女相互婚配，繁衍后代，后世人把女娲奉为"神媒"。《楚辞·天问》《礼记》《史记》《山海经》《淮南子》等史料都有关于女娲的记载。

女娲补天　传说水神共工造反，与火神祝融交战，共工被祝融打败，共工用头撞西方的世界支柱不周山，导致天塌陷，天河之水注入人间。女娲不忍人类受灾，在天台山顶堆巨石为炉，取五色土为料，又借来太阳神火，历时九天九夜，炼就了五色巨石36 501块，然后又历时九天九夜，用36 500块五彩石将天补好，人类始得以安居。

后羿射日　传说蚩尤被杀之后，东夷各部落方国又陷于长期的内战之中，烽火连天，民不聊生。后羿临危受命，担负起统一东夷各部族的历史使命。据史料记载，后羿统一了东夷各部落方国，组成了一个强大的国家，这个国家在《山海经》中被称为"十日国"。天上有十个太阳,十个太阳像十个火团,他们一起放出的热量烤焦了大地。森林着火、河流干枯,人们在火海里挣扎着生存。后羿力大无比,射掉了九个太阳,剩下现在的一个太阳,使温度适宜人们居住。

嫦娥奔月 根据《淮南子》的记载,后羿到西王母那里去求来了长生不死之药,嫦娥却偷吃了全部的长生不死药,奔逃到月亮上,飞到月宫后,嫦娥感到月亮上的琼楼玉宇,高处不胜寒,向丈夫倾诉懊悔后,又说:"明天乃月圆之候,你用面粉作丸,团团如圆月形状,放在屋子的西北方向,然后再连续呼唤我的名字。三更时分,我就可以回家来了。"翌日,照妻子的吩咐去做,届时嫦娥果然由月中飞来,夫妻重圆。中秋节做月饼供嫦娥的风俗,也是由此形成。

(三)英雄神话

是神话传说中数量最多的一类。这类神话产生比前两者稍晚,表达了人类反抗自然的愿望,同时,也可说是人类某种劳动经验的概括总结。这时候,原始人类已经不再对自然界产生极端的恐惧心理,有了一定的信心,开始把本部落里具有发明创造才能或做出重要贡献的人物,加以夸大想象,塑造出具有超人力量的英雄形象。如中国古代的神农、黄帝、尧、舜、禹、后稷等,夸父追日、大禹治水等。

夸父逐日 这是我国最早的著名神话之一,夸父神话故事主要见于《山海经·海外北经》和《大荒北经》。讲的是夸父奋力追赶太阳、长眠虞渊的故事。夸父是古代神话传说中的一个巨人,是幽冥之神"后土"的后代,住在北方荒野的成都载天山上。有一年的天气非常热,火辣辣的太阳直射在大地上,烤死庄稼,晒焦树木,河流干枯。人们热得难以忍受,夸父族的人纷纷死去。夸父发誓要捉住太阳,让它听从人们的吩咐,为大家服务。当他到达太阳将要落入的禹谷之际,觉得口干舌燥,便去喝黄河和渭河的水,河水被他喝干后,口渴仍没有止住。他想去喝北方大湖的水,还没有走到,就渴死了。夸父临死,抛掉手里的杖,这杖顿时变成了一片鲜果累累的桃林,为后来追求光明的人解除口渴。

大禹治水 大禹治理黄河之前,黄河流到中原,没有固定的河道,到处漫流,经常泛滥成灾。地面上七股八道,沟沟汊汊全是黄河水。大禹因治水有功,被大家推举为舜的助手。过了17年,舜死后,他继任部落联盟首领。后来,大禹的儿子启创建了我国第一个奴隶制国家——夏朝,因此,后人也称他为夏禹。

神农尝百草 神农氏是传说中的炎帝,中国的太阳神,三皇五帝之一。又说他是农业之神,教民耕种,他还是医药之神,相传就是神农尝百草,创医学。传说神农死于试尝的毒草药。三湘四水,曾是远古中华民族创始人——炎帝神农氏的领地。炎帝神农氏在此始种五谷,以为民食;制作耒耜,以利耕耘;遍尝百草,以医民恙;治麻为布,以御民寒;陶冶器物,以储民用;削桐为琴,以怡民情;首辟市场,以利民生;剡木为矢,以安民居。完成了从游牧到定居,从渔猎到田耕的历史转变,实践了从蒙昧到文明的过渡,从旧石器时代向新石器时代的跨越。炎帝率领众先民战胜饥荒、疾病,使中华民族脱离了饥寒交迫、患病无医无药、颠沛流离的日子。过上了有饭吃、有衣穿、有房住、有医药,并且能上市场、听音乐、唱丰年的日子。

三、神话的内涵分析

神话是人类早期的艺术创作。原始初民在探寻世界起源,自身来源的同时,借助想象和幻想把自然力和客观世界拟人化。我国神话的有如下几个主要特征:

第一,神话是人与自然斗争的产物。神话产生于"人民少而虫兽多,人民不能胜虫蛇"的原始时代。原始社会初期,人类社会生活的矛盾是人同自然的斗争。原始初民对自然物质,对自然灾害不了解,他们没有"人定胜天"的想法,在自然面前他们是渺小的,在灾害面前往往束手无策。为了求得生存不得不与自然界展开残酷斗争。在生产力极其低下的原始时代,他们与自然斗争的武器之一就是"神话"。关于希腊神话的本质,马克思曾经说过"是已经通过人民的幻想用一种不自觉的艺术方式加工过的自然和社会形式本身"[①];列宁认为"野蛮人由于没有力量同大自然搏斗,而产生对上帝、魔鬼、奇迹等信仰"。[②] 这既是神话产生的历史背景,也是神话产生的土壤。我们从"射日神话"中看到了弓箭,看到了石器的影子,从图腾神话看到了野兽的影子,由此可以推断,产生"射日神话"和"图腾神话"的年代是狩猎处于主导地位的父系氏族时期。不论是以战胜自然力为主的神话,还是以战胜人间罪恶为主的神话,不管神话的想象多么离奇,贯彻始终的总是人与自然斗争的主题。如女

---

① 马克思.《马克思恩格斯选集·政治经济学批判导言》第二卷[M].北京:人民出版社,1995:113.

② 列宁.列宁全集 第十卷[M].北京:人民出版社,1990年:62.

娲补天、羿射九日、禹治洪水、精卫填海、夸父逐日，都是为了摆脱和战胜自然灾害的困扰。

第二，神话是想象和虚构的产物。在原始初民的心目中，神话的想象必然伴随着神话的形象，一切神化了的自然力又是形象化了的自然力。神的形象首先是人的形象，因为"神是仿照人的形象创造出来的"。这种想象，就是马克思所说的那种"不自觉的艺术加工"。这是一种物质化了的形象，由此造成一群物质化了的神。这一现象充分说明原始初民表达任何一种思想都要借助于具体的物质即具体的形象。不论是哪一类神话，都熔铸着浓烈的情感，塑造了鲜明的形象，表现出丰富的想象力。原始初民把对英雄人物的热爱和对自然灾害及人间凶恶势力的憎恨，通过奇异的想象进行虚幻的加工夸饰，形象鲜明地体现在神话之中。情感、形象和想象，正是使神话具备文学特性的三个关键因素。

民族学材料证明，在原始初民的心目中，宇宙的形象是按照人体或动物体的形象塑造的。以此为基础，派生出可以想象的其他形象。如天地有时呈云气形，有时呈圆卵形，有时呈板块形，有时黏合。所有这些关于宇宙形象的臆想，都可以在上古文献和口头神话中找到确切的影子。在原始初民那里，宇宙的最初形象是按照人体或动物形象塑造的，彼此神息相通，互为表里，变化万端，绝少固形。"任何神话都是用想象和借助想象以征服自然力，支配自然力。"① 这里的想象便是一种幻想，这种幻想是原始人最重要的精神武器。他们不能用石斧去征服自然，他们便用神去征服自然。原始初民的伟大就在于夸大超自然力量，以之凌驾于自然之上，这是原始英雄主义的思想基础，现代浪漫主义的精神渊源。女娲掬黄土作人，那是不懂得人类的由来，葫芦可以传人种，那是不懂得生育和繁殖。人兽同体同源，那是图腾主义思想的产物。从科学的角度而言，幻想与科学也正好成反比。幻想越多，科学越少，幻想越丰富，科学越贫乏。这正好说明原始人基于原始思维的幻想毕竟只是贫乏的幻想。但是，如果联系到文学上的现实主义和浪漫主义，神话幻想本身便是一位富翁。高尔基曾经说过，神话是一种虚构。虚构就是从既定的现实总体中抽出它的基本意义而用形象体现出来。

第三，神话是原始思维功利性的产物。神是人的血亲和朋友。人们按照自己的愿望塑造神，使它成为人们对付自然的帮手，人神之间距离极近。在相当多的情况下，神直接表现为人的祖先。正如拉法格所言"神是仿照人的形

---

① 马克思. 马克思恩格斯选集·政治经济学批判导言第二卷[M]. 北京：人民出版社，1990.

象创造出来的"。但这种仿造不限于形象，还包括精神和气质。人类在观念上不能把自己和动物严格区别，动物同样是人们对付自然的帮手，人们往往以动物为祖先，人的动物性表现为神的动物性，盛行着典型的图腾崇拜。"图腾崇拜的特点就是相信人们的某一血缘联合体和动物的某一种类之间存在着血缘关系"①《苗族古歌》里记载了枫木变蝴蝶，蝴蝶妈妈化育苗族的神话。苗族之所以以枫木—蝴蝶为自己的先祖，原因就在于，在"日与禽兽局，族与万物并"的原始社会初期，物质生产依赖于人类自身的繁衍，人口的多少是决定一个民族能否存活下去的关键因素。一方面人口的多少成为获取生活资料的先决条件，另一方面也是抵御自然灾害和防御战争威胁的重要保证。因而苗族人民希望自己像枫木那样"结出千样种，开出百样花"，又像蝴蝶那样拥有旺盛的繁殖能力。在"盘瓠神话"里，瑶族以犬为图腾，为先祖，其本质内涵是希望本族群拥有"犬"那样的生命力。由此可见，神话是功利思维、实用思维的产物，功利性是神话的本质属性之一。其价值在于实用与功利，是各种功利的总和，各种价值的萌芽。在生产实践中体现为领导着整个氏族的物质活动和精神活动的劳动规矩。

第四，神话是集体创作的产物。神话产生于人类的童年，亦即原始社会时期，是与原始初民生存环境相适应的，当时人民的个体意识尚未觉醒，因此神话的作者是集体，也就是说神话是原始初民集体的产物。我们无法确指女娲、伏羲是谁？也无法求证"洪水滔天"是哪一年的事，更不能明确"共工"触倒的是哪一座山。神话历史学派的学人的误会就在于此，他们总是想把神话的历史变作现实的历史，结果反把现实的历史变作神话的历史。神话是从整体上反映历史，是历史本质的真实。维柯在《新科学》里有力地说明了《荷马史诗》中的"荷马"只是希腊众多民众之一，是一个理想的希腊市民。他认为《荷马史诗》是由全体希腊人民在长时期里创造出来的，是集体智慧的结晶。"荷马"是类型化的代表，他是希腊英雄的代表，荷马本身就是一种想象虚构，一直在希腊各族人民的口头上和记忆中活着，在不同的时期有不同的表现形态。神话在产生后，还有个不断发展变化的过程。一个"盘古开天辟地"神话在不同的时期就有不同的内涵，其原因在于不同时代的统治者和文人，出于各自王朝不同的需要，总是对神话进行删改，使之符合自身实际的需要。

---

① 普列汉诺夫．普列汉诺夫哲学著作选集第3卷[M]．北京：三联出版社，1962：383．

四、神话传说在森林文化中的地位和作用

神话传说，特别是植物神话传说是森林文化体系中不可或缺的组成部分，与其他部分存在着密切的联系。植物神话传说的研究，有助于我们认识人类社会初期人与森林的关系，体会原始初民面对森林所产生的认知和情感体验，进而掌握人类社会认识森林和对待森林的态度发展的历史轨迹，形成科学的森林观。研究发现，很多的植物神话传说随着历史的发展，沉淀于一些民族或地区的民俗民风，左右着人们对待树木花草的态度和行为，有益于保护森林、保护自然。今天，在大力发展森林旅游的形势下，丰富的神话传说为挖掘旅游资源、建设旅游景观、个性化旅游产品提供了广泛的选择。可以说，植物神话传说来自森林，又反哺森林。

神话和森林的关系背后隐含的是原始初民与森林的关系。森林是原始初民的家园，人们觅果充饥、取叶遮体、构木为巢、钻木取火、斲木为耜、揉木为耒，森林为初民提供食物、住处和制造工具的材料，人们昼拾橡栗，暮栖木上。人类最初的生活和生产跟森林树木息息相关，所以，在神话和传说中，时时闪耀着树木花草的身影。茂密深邃的森林和初民丰富多彩的林间生产和社会实践为树木花草类的神话提供了取之不尽、用之不竭的题材源泉，而这类用奇丽的幻想编织的神话反映了当时的人们探索森林的愿望，富有浪漫主义色彩。当这类神话在某一族群内代代相传时，影响了族群内的成员对待树木花草的态度。

初民对于森林的情感是复杂的，他们因为森林慷慨的馈赠让族群得以繁衍生息而心生感激，他们因为森林黑夜的降临和猛兽的出没而感到畏惧，鸟语花香让他们愉悦，寒风冷雨让他们愁凄，他们迷惑于春去秋来花开花落的变化无常，他们惊叹于种子入土生根发芽破土而出枝繁叶茂的神奇。这些复杂的体验困于认识水平的低下，借助万物有灵的原始自然观的作用，通过植物神话得以彰显。

植物神话属于自然神话，蕴含着初民原始质朴的自然观和生态观。在植物神话中，初民运用形象化的幻想手法赋予树木花草，特别是那些与人的生活、生产有直接利害关系的植物以某种灵性和神力，如神话中常见的神树花神，它们像人一样具有知觉、感情和生活历程。为了理顺纷乱繁杂的植物世界的关系，在《淮南子》中，初民创造出司木之神——句（读勾，gōu）芒，主管树木的发芽生长。初民神化树木花草的做法，被后世发扬光大，并影响至今，

千百年来人们以敬畏的心态，或采用敬祭的活动，或采用禁忌的方式，如禁折伤、禁砍伐，或两者兼而有之来表达对于被神化的植物的崇拜。

在植物神话中，初民建构了人与森林之间多重性的关系，表现了原始社会的植物崇拜和植物图腾。《山海经》是记载灵异植物较多的神话集，有学者研究发现：《山海经》记载的植物根据对人的作用分属两类，对人有益和对人有害。这是人们从植物与人的关系出发对树木花草作出的最初级的价值判断，意味着初民认识到树木花草在带给人们福祉的同时，也隐藏着危险。某些对人有益的植物，因自身的特性，如强大的生命力或繁殖力而成为植物崇拜的对象，如果某一植物在神话中成为某一部落的保护神，则表明这种植物已化身为部落的植物图腾。原始初民在面对强大的未知的大自然时，一方面，通过人与植物的神话表现了人的渺小，在吴刚伐桂的故事中，吴刚斧斧相续，月桂随砍即合，吴刚的身上反映了初民在大自然面前的无助，也折射了面对具有强大生命力的丛林树木的无奈。另一方面，初民又通过诸如神农尝百草这一类的神话，传递出不甘受制于大自然的勇气和决心，神农代表的是一批勇于探索、敢于牺牲的先行者，在他的身上寄托着初民认识森林，摆脱大自然制约的希望。

通过神话，初民对植物的来源和特征进行了解释，反映了他们探索未知，认识世界的强烈愿望。例如，在盘古开天地的神话中，花草树木是盘古死后身体的毛发变化而来；在杖化邓林的神话中，桃林是夸父弃杖化之；在《山海经》中，鲜红的枫叶象征着蚩尤的鲜血。

借助神话中的某些植物，初民表达了对获取力量，过上美好的生活的向往。《山海经》中记载了大量的这类植物：有些使人聪明智慧，有些使人精力充沛，有些使人英俊美丽。

涉及植物的神话传说数量众多，其中对后世影响较大的有以下几种类型：

（一）植物生人神话

植物生人神话叙述的是某人或某氏族来源于某种植物的经过。植物生人主要有两种类型：一是由植物直接生出人；二是母体受植物感应而怀孕。陶阳、钟秀在《中国创世神话》一书中将植物生人神话按照植物的种类不同分成四类：树生人，花生人，竹生人，葫芦生人。

在我国各民族的神话传说中，有很多植物生人的内容，初民通过这类神话将部落与某种植物紧密地联系在一起，反映了这种植物在生产生活中的重要性，表达了对其的敬仰和感恩之心，也希望后辈能一以贯之。例如，西南地区的彝族流传着这样的故事：在太古时代，一条河上浮着一节楠竹筒，漂到岸边时爆裂出一个人来，他与一个女子婚配生子，繁衍成了后来的彝族。彝族有关竹崇拜的民俗事项很多，有些至今还存在于彝族人民日常生活之中。又如，苗族认为枫树是自己的始祖。国家级非物质文化遗产《苗族古歌》之《枫香树种》在讲到人类的起源时，歌中唱道："还有枫树干，还有枫树心，树干生妹榜，树心生妹留。""妹榜"与"妹留"就是苗族中的蝴蝶妈妈。苗族古歌认为，枫树生了蝴蝶妈妈，蝴蝶妈妈又生了人类、兽类和巨神。一直以来，苗寨视枫木为"护寨树"，苗族人喜欢给枫树烧香祈求吉祥平安，枫木保护人们安宁，保障五谷丰登，保佑子孙兴旺。

（二）神树神话

树木，特别是高大的乔木所具有的很多特性和能力，让原始初民惊讶和羡慕。如树木旺盛的生殖力和顽强的生命力就让人们赞叹不已，在说到杨树时，《韩非子·说林上》赞扬道，它是横着种可以活，倒着种可以活，折断了种还是可以活；相比较人的短暂生命过程，《庄子·逍遥游》惊叹到：古时代有一种树叫作大椿，它把八千年当作一个春季，八千年当作一个秋季，这就是长寿。高大挺拔的大树扎根大地，伸向天空，连接着天与地，也会引起初民无限遐想。树木的神奇成为初民的向往，他们幻想着把这些神奇移植嫁接到自己身上。初民的幻想和仰慕最终转身化成一个又一个奇幻的神树神话。

建木是初民用幻想创造出来的一棵神树，立于天地的中心，是众神登天的梯子，连接天界与凡间，是沟通天地人神的桥梁，传说为黄帝制作。建木没有分枝，树顶与树底下分别有盘桓曲折的树枝和树根。它的叶子像网一样，为青色，树干是紫色，花是黑色，果实为黄色，整棵树形状像牛。后人把建木比喻为高树。

除了创造出神树之外，初民还通过赋予周围环境中一些树木以神性来表达内心的想法。桑树在古人的生活中举足轻重，围绕着桑树产生过众多的神话传说：在东方的大海上，有一棵扶桑神树，它是由两棵相互扶持的大桑树组成，是太阳栖息的地方，太阳女神羲和从此处驾车升起。《搜神记》里有这样一个故事：一位少女因思念远征的父亲，而向家中白马许诺，如能找回父亲就以身相许。当白马载着父亲归来后，却被杀死，马皮晒在院中。后一阵风起，马皮将女子裹挟而去。不久在树上发现化为蚕的女子和马皮，人们将这种书叫做桑树。"桑者，丧也"。桑树是古人心中的神树，人们常在住宅旁栽种桑树和梓树，后人用"桑梓"比喻故乡；青年男女多在桑林中约会，后人用"桑中""桑间"专指男女约会的地方。成语"桑弧蓬矢"的意思是象征男儿应志于四方，来源于古时男子出生，以桑木作弓，蓬草为矢，射天地四方。

桃树也在神话中被赋予辟邪驱鬼的神性，传说桃树生长在度朔山上，树上住着负责看管恶鬼的神荼和郁垒。后来，黄帝制定礼节，立桃木人驱鬼。

神树神话的余波延续至今，很多地方的民风民俗中依然保留着神树神话的痕迹，如云南的傣族、景颇族、哈尼族、阿昌族的一些村寨，就把大树、古树、怪树都看成是神树，是神所居住的地方，不让砍伐，逢年过节还要祭它。他们认为，人生病是触犯了神树的结果，并认为神树可以主宰人的生老病死。

(三)长生不老的植物神话

树木顽强的生命力和漫长的生命过程，让初民惊讶和崇拜，他们希望自己能变得大树一样青春永驻，长命百岁。为了完成这样一个变化过程，他们幻想有这样一种植物，具有神性，人一旦食之就能美梦成真。于是，便有了长生不老的花草果实闪亮登场。而寻找这些神奇植物的过程，在一定程度上促进了后来中药业的发展。

不死草是《十洲记》中记载的一种植物，又名"养神芝"。叶子像菰草，苗丛生，长三四尺，生长在十洲三岛中的祖洲，被仙人种在琼田里。将叶子覆盖在死人的脸上可使人死而复生，活人服食可长生。据说秦始皇派徐福出海寻找的不死药就是此物。

人参果是一种传说中的仙果，形状如婴孩，具五官四肢，因《西游记》广为人知。《西游记》说它"三千年一开花，三千年一结果，再三千年才得熟，短头一万年方得吃。人若闻一闻，就活三百六十岁；吃一个，就活四万七千年。"

第二节　佛教

由儒、道、佛三家共同构成基本框架的中国传文化，是一种契合旅游的文化。佛教人生哲学是远离红尘、泯灭情欲。其追求的境界是涅槃寂静。佛教寺庙在印度称"僧伽蓝摩"，意为僧众共住的园林，它一般皆建山中。佛寺称"梵刹"，"梵"意为清净，"刹"为地方，"梵刹"即清净的地方。所以，中国佛寺多在山水清幽处，乃有"天下名山僧占多"之谓。佛教物质文化主要包括佛教建筑、佛教雕塑、佛教绘画、佛教饮食等。佛教精神文化主要包括佛教音乐、佛教伦理、佛教礼仪、佛教节日等。在中国宗教旅游中，佛教扮演着举足轻重的角色。佛教既是一种人为宗教，又是一种文化现象，在其产生、发展和传播过程中，展现出极为丰富的文化内涵。

一、印度佛教

印度是佛教的发源地，佛教自产生之后在印度流传1800多年，可是到了13世纪初，佛教在印度急剧衰落，直到19世纪末才由斯里兰卡传入，但是此时的佛教与印度原来的佛教存在很大的不同。

(一)原始佛教

原始佛教(Primitive Buddhism)指称释迦牟尼创教及其弟子相继传承时期的佛教。并认为自己所在部派的佛教即是正宗原始佛教。由于年代过于久远，而古印度的书面佛经记载在印度现也基本失灭殆尽，佛陀时代的书面记载更无有发现，目前，系统保留下佛经最完整的是中国的三藏经典。

佛教创始人为乔达摩·悉达多(约公元前565~前485年)，是古印度迦昆罗王国(今尼泊尔王国境内)净饭王的儿子，其出家修行成为宗教领袖。释迦牟尼是佛教徒对他的尊称，意思是"释迦族的贤人"。据说他幼时受传统的婆罗门教育，学习吠陀经典和五明；20岁时，始感人世生、老、病、死的各种苦恼，又对当时的婆罗门教不满，遂舍弃王族生活，出家寻访师友，探索人生解脱之道。开始时，他在摩揭陀国王舍城附近学习禅定，后在尼连禅河畔独修苦行，进而至伽耶(菩提伽耶)毕钵罗树下深思默想，经过7天7夜之后，终于"悟道成佛"，这一年他35岁。之后，他在印度北部、中部恒河流域一带任教，历时45年，从者甚众，流传下来，称为佛教。佛，梵文为Buddha，意为"觉悟"，汉译音为"佛陀"。其含义如下：

①"佛"是一个理智、情感和能力都同时达到最圆满境地的人格。即"佛"是大智、大悲(或谓全智、全悲)与大能的人。简单地说，佛就是"觉者"，"一个觉悟的人"。更明确一点说，"佛"是一个对宇宙人生的根本道理有透彻觉悟的人。

②普遍地为一般人所接受，即"佛"是一个"自觉""觉他""觉行圆满"的人。换句话说，"佛"就是一个自己已经觉悟了，而且进一步帮助其他的人也能够觉悟，而这种自觉(觉)和觉他(行)的工作，已同时达到最圆满境地的人。

佛陀的说教最初是口传的，为了便于记忆，采取偈颂的形式，后来编集为由经、律、论组成的"三藏"。"三藏"指的就是经藏、律藏、论藏。其中，经藏是佛一生所说的法，律藏是佛所规定的戒律，论藏是佛弟子读经研律的心得。

原始佛教的基本教义是"四谛""十二因缘"和"三法印"，这三说称为原始佛教。"四谛"和"十二因缘"是探讨人生的意义与归属；"三法印"涉及对世界万物原则性的看法，主张人们从各种烦恼中解脱出来，认识宇宙万物的真面目，使精神得到提高，从而获得安乐。原始佛教阶段大约为释迦牟尼逝世后的100年间，史称"和合一味"时期。

(二)部派佛教(小乘佛教)

随着社会的变迁，约在公元前4世纪第二次结集前后，佛教徒发生了第一次大分裂，产生了两大部派，即尊崇传统、保守旧规的上座部和较为进取、提倡改革的大众部。佛教内部的这种分化愈演愈烈，公元前3世纪—公元1世纪，上座部经7次分裂，成为12派，大众部经4次分裂，成为8派，这一阶段就是部派佛教时期。部派佛教的共同特点是：只求自我解脱，而不注意普度众生。

(三)大乘佛教

大约在公元1世纪，随着部派佛教的发展，一部分徒众的生活走向世俗化，同时力图参与和干预社会生活，要求深入众生，救度众生，他们提出"上求菩提，下渡众生"，形成了一股强大的思潮，随着这种思潮的成熟，以后就汇集成为统称"大乘佛教"的教派。

二、佛教传入藏地

据西藏佛教史籍的神话传说，公元7世纪中叶，佛教传入吐蕃。古代西藏盛行苯教，这是一种原始信仰。苯教强调祭祀，作为一种信仰既贯彻体现在民间生活当中，同时又参与社会政治。在古代西藏，苯教也是政治斗争的重要工具。松赞干布完成西藏高原诸部的统一事业后，为适应社会发展的需要，实行了一些开放措施，除了吸收周围地区的一些先进的生产技术，科学文化和典章制作外，在精神统治方面，也需要对中央集权有利的意识形态。这样，佛教从印度和中原地区两个方向进入雪域高原替代苯教。

松赞干布以娶亲的方式把佛教引入藏地。他先娶尼泊尔公主尺尊为后，尺尊公主带来了不动佛像、弥勒菩萨像、度母像等(不动佛像现供小昭寺，弥勒菩萨像现供大昭寺)。公元641年,松赞干布与唐联姻,娶文成公主为后,文成公主带来了释迦牟尼像(现供大昭寺正殿)。为供奉诸圣像,尼泊尔公主主持建造了大昭寺,文成公主主持建造了小昭寺,松赞干布又建四边寺、四边外寺等十几座小庙遍布于拉萨周围。此外,还修建了许多修道道场。

三、佛教传入汉地

佛教传入中国汉地年代,学术界尚无定论。古代汉文史籍中,有秦始皇时沙门室利防等18人到中国的记载。汉建元2年—元朔3年(公元前139年—公元前126年),张骞出使西域期间,曾在大夏见到从鞘贩运去的蜀布、邛竹杖,说明当时中印之间已有民间往来,可能佛教也随之传入汉地。汉武帝还开辟了海上航道与印度东海岸的黄支等地建立联系。

据史料记载,西汉末年,哀帝元寿元年(公元前2年)有"博士弟子景卢受大月氏王使伊存口授《浮屠经》"的记录;东汉永平年间(公元58—75年),明帝夜梦神人,以为佛,遣使西行,在西域抄回佛遣使西域取回《四十二章经》,并在洛阳城西雍门首建佛寺(白马寺)。佛教初来汉地,开始只是在上层社会的王室皇族、贵族地主中有些影响。在大城市中,不多的佛寺只是供西域来华的僧侣和商人们使用,在法律上不允许汉人出家为僧。从以上看来,我们只能推定大概在公历纪元前后,佛教开始传入汉族地区。传播的地区以长安、洛阳为中心,波及彭城(徐州)等地。

佛教在中国的广泛流行,发端在公元4世纪。公元5世纪初,我国的法显法师游历天竺,主要目的是为了寻求戒律。唐代玄奘法师赴印度求法,他以毕生精力致力于中印文化交流事业,译出经论1335卷(约50万颂),他的系统的翻译规模、严谨的翻译作风和巨大的翻译成果,在中国翻译史上留下了超前绝后的光辉典范。随着大量经论的传来,印度佛教各派思想与我国民族文化相接触,经过长时期的吸收和消化,获得了创造性的发展。公元6世纪末—9世纪中叶的隋唐时期,是中国佛教极盛时期,在这时期,思想理论有着新的发展,各个宗派先后兴起,呈现百花争艳的景象。其主要流行的是八宗:一是三论宗,又名法性宗,二是瑜伽宗,又名法相宗,三是天台宗,四是贤首宗,又名华严宗,五是禅宗,六是净土宗,七是律宗,八是密宗,又名真言宗。其中,禅宗与净土宗是中国流传最广的宗派。禅是禅那(Jhāna)的简称,汉译为静虑,是静中思虑的意思,一般叫做禅定。此法是将心专注在一法境上一心参究,以期证悟本自心性,这叫参禅,所以名为禅宗。净土宗是依《无量寿经》等提倡观佛、念佛以求西方阿弥陀佛极乐净土为宗旨而形成的宗派，所以名为净土宗。此宗主张劝人念佛求生西方净土极乐世界。由于净土宗简单易行，故在我国得到广泛的流行。

四、佛教基本教义

(一)四谛

1. 苦谛

即所谓的"人生苦短"，指人生所经历的生、老、病、死等一切皆苦。

2. 集谛

对造成痛苦与烦恼原因的分析，认为一切苦的原因在于欲望，有欲望就有行动，有行动就会造业(即通常所说的造孽)，造业就不免受轮回(转生)之苦。这其中大体可概括为"五阴聚合说""十二因缘说"和"业报轮回说"。

3. 灭谛

提出了佛教出世间的最高理想：涅槃。

4. 道谛

即通向涅槃之路。被总结为"八正道"，从身、口、意三个方面规范佛徒的日常思想行为。再简要一些，又被归纳为戒、定、慧"三学"。

(二)十二因缘

十二因缘指的是：无明、行、识、名色、六入、受、爱、取、有、生、老、死。十二因缘首先从无明开始，无明就是不明根本，不知其所来的意义，首因无明而发生第二相互关系的行，行就是动能的意思。第三因行而有识的作用，识是基本能思的潜力。第四因识而构成名色。第五因名色而生起眼等六根与色等六尘进入的现象。第六因六根而发生接触的感觉。第七因触而引起领受在心的感觉。第八因受而发生爱欲的追求。第九因爱而有求取的需要。第十因取而有现有的存在。第十一因有而成生命的历程。第十二因生而有老死的后果。复因老死而转入无明，又形成另一因缘的生命。

(三)三法印

三法印指的是：诸行无常、诸法无我、涅槃寂静。"无常"是从时间的角度来说的；"无我"则是从空间的角度来说的。

"诸行无常"，指的是没有任何东西能够连续两个刹那保持不变。《涅槃经》提到："诸行无常,是生灭法。生灭灭已,寂灭为乐。"佛教认为所有事物的运行都是无常变化的,有生就有死,有死就有生。而只有有了生与死的概念,才会感到所有事物的无常生灭;如果没有生与死的分别,就不会感到诸行无常了。

"诸法无我",在佛教中,我与非我、人与非人、众生与非众生、寿者与非寿者之间是没有界限的。如果相信有一个持久的、永恒存在的、独立自主的"我",那么你的信仰就不能被称之为佛教。无我是对于人生、宇宙、心身世界,一切诸法之中,没有一个我能够主宰一切的道理。

"涅槃寂静",涅槃的意思是"灭除",灭除烦恼和名相。就是说:智慧福德圆满成就的,永恒寂静的最安乐的境界。佛教认为这种境界"唯圣者所知",不能以经验上有、无、来、去等概念来测度,是不可思议的解脱境界。

五、佛教的基本标志

(一)法轮

是佛教中最有代表性的象征物,"轮"原来指的是古印度的战车,据说这种战车能席卷战场之敌,威力巨大。法轮由轮、毂、辐轴组成,其中"轮"代表智慧,"毂"代表意志,"轴"代表真理,八支一样长的"辐",象征着佛陀说的八正道是纯洁端正行为的规则。它象征佛陀所说的法,像轮子一样向前转动、推进,碾坏一切不正当的邪说。同时,这又表示人类的生活,要不断地向前求进步,不要停着。佛教取其推破、圆满等意义,象征佛陀教法所具有的意义:

1. 运载义

意指佛法能运载众生出离生死苦海,直登佛国净土。

2. 摧碾义

佛法如巨轮,能摧毁、碾碎众生的无明、烦恼,令超凡入圣,成就出世间的道果。

3. 辗转义

佛陀的教法,犹如车轮辗转不停,能遍及一切法界。

4. 圆满义

佛陀说法圆融无碍,犹如大轮,圆满无缺。因为佛法犹如大轮,能遍及一切法界,令一切众生去除烦恼、无明,达到究竟圆满的境界,所以称为"法轮"。

(二)"卍"(读作万字)

上古时代许多部落的一种符咒。在古代印度、波斯、希腊、埃及、特洛伊等国的历史上均有出现,后来被古代的一些宗教所沿用。在古印度是表示圆满、吉祥、清净的符号。最初人们把它看成是太阳或火的象征,以后普遍被作为吉祥的标志。其梵文作"Srivatsa",音译"室利踞蹉洛刹那",旧译为"吉祥海云相"意思是呈现在大海云天之间的吉祥象征。在印度,"卍"是佛陀的胸、手足、头发等处所显示的瑞相,汇聚了吉祥福德的象征。中国佛教对"卍"字的翻译与解释是:北魏时期译成"万"字;唐代玄奘等人将它译成"德"字,强调佛的功德无量;唐代女皇帝武则天又把它定为"万"字,意思是集天下一切吉祥功德。

(三)莲花

莲花是佛教典型的象征器,也是佛教的标志。由于莲花具有出污泥而不染的品质,有香、净、柔软、可爱的品德,它芬芳美丽,清净纯洁,从泥土里出来,却一点也没有染到肮脏,这表示佛教是清净庄严的,所以大多数菩萨以莲花为座。

六、佛教供奉对象

(一)佛

所谓佛,即自觉、觉他、觉行圆满者。寺院经常供奉的佛有:

1. 三身佛

据天台宗说法,佛(释迦牟尼)有三身佛:即法身、报身、应身。"身"是"积集"的意思,但这里的身不是指肉身,主要表示理性和智慧。三身佛供于佛寺主殿,中央为法身佛,其左为报身佛,右为应身佛。

法身佛 为梵语 Vairocana 的意译,音译"毗卢遮那",代表佛教真理(佛法)凝聚所成的佛身。结法界定印,两手仰掌相叠,右手在上,左手在下,两手大拇指向上相触。

报身佛 梵语称"卢舍那佛",汉译为"净满",即经过修习得到佛果,享有佛国(净土)。结与愿印,左手安于双膝上,右手仰掌垂下。

应身佛 又称化身佛,即释迦牟尼佛,指佛为超度众生,随缘应机而呈现的各种化身。成释迦牟尼成道的姿势。

2. 横三世佛(又叫三方佛)

横三世佛体现净土信仰。佛教称世界有秽土(凡人所居)和净土(圣人所居佛国)之分，每个世界有一佛二菩萨负责教化。世界十方都有净土，但最著名的净土为西方极乐世界、东方净琉璃世界和上方的弥勒净土，是从空间上划分的，东方琉璃世界的药师佛(居左)，中央婆婆世界的释迦牟尼佛(居中)，西方极乐世界的阿弥陀佛(居右)。其中，药师佛与左胁士日光菩萨及右胁士月光菩萨并称为"东方三圣"；释迦牟尼佛以文殊菩萨和普贤菩萨为左右侍胁，合称"释家之尊"；阿弥陀佛与左胁士观世音菩萨与右胁士大势至菩萨并称"西方三圣"。

3. 竖三世佛(又名三世佛)

竖三世佛是从时间上划分的。佛教认为在过去、现在和未来的世界里，都有佛来化度众生。三世佛从时间上体现佛的传承关系，表示佛法永存，世代不息。正中为现在世佛，即释迦牟尼佛；左侧为过去世佛，以燃灯佛为代表右侧为未来世佛，即弥勒佛。因此，燃灯佛、释迦牟尼佛、弥勒佛被称为竖三世佛。

4. 五方佛

在佛教密室中，供奉的主尊佛是五方佛。"五方佛"又称"五智佛""五智如来"。是东南西北中五个方位佛的总称。五尊佛中，正中者是法身佛毗卢遮那佛，接下来是南方欢喜世界宝生佛、东方香积世界阿閦佛、西方极乐世界阿弥陀佛、北方莲花世界不空成就佛。

(二)菩萨

菩萨是"觉悟且有情的人"，即能自觉觉他、自利利他、自救救他、自度度他的修行者。菩萨的地位仅次于佛，但高于罗汉。在中国佛教信仰中，较为流行的四大菩萨是指：文殊菩萨、普贤菩萨、观音菩萨、地藏菩萨。此外，还有大势至菩萨等。

1. 文殊菩萨

专司智慧，其形象是手持宝剑，象征智慧如同金刚宝剑，能够斩断妖魔和一切无名烦恼，坐莲花宝座，下骑狮子。五台山是其弘法的道场。

2. 普贤菩萨

专司佛的"理德"，职责在于将佛教所推崇的善普及到一切地方。其法像是头戴宝冠，身披法衣，手持如意棒，以满足众生的愿望，身骑六牙白象。弘法道场在四川峨眉山。

3. 观音菩萨

尊号为"大慈大悲救苦救难观世音菩萨"，在中国民间的影响和名气最大，几乎超过一切神灵；其寺庙之多，造像之广在佛教中更是首屈一指。"佛殿何必深山求，处处观音处处有"即是见证。其法像是头戴宝冠、结跏趺坐，手持莲花或结定印。弘法道场在浙江普陀山。

4. 地藏菩萨

因"安忍不动，犹如大地，静虑深密，犹如地藏"而得名。法像为出家像，作比丘装束，右手持锡杖，表示爱护众生；左手持如意宝珠，表示满足众生愿望之意，坐骑颇像狮子。弘法道场在安徽九华山。

5. 大势至菩萨

以智慧光普照一切，令离三涂（指地狱、饿鬼、畜生"三恶趋"）得无上力，因此称为大势至菩萨。头顶宝瓶内存智慧光，让智慧之光普照世界一切众生，使众生解脱血火刀兵之灾，得无上之力。相传其道场在江苏南通的狼山。

(三) 罗汉

全称为阿罗汉，即自觉者。称已灭尽一切烦恼、应受天人供养者。他们永远进入涅槃不再生死轮回，并弘扬佛法。意译"应供"，即跳出轮回、除去烦恼，应受到众生供养的意思。寺院中常见的罗汉像有18罗汉、16罗汉、500罗汉，他们形象生动、富有变化，更多地带有现实尘世中烦人的神态表情，或威、或醉、或笑、或慈，形态各异，栩栩如生。这些极富个性化的塑像，成为我国佛教造型艺术中的瑰宝。

1. 十六罗汉

十六罗汉是释迦牟尼佛的弟子。现在所有的十六罗汉是依唐玄奘译《大阿罗汉难提密多罗所说法住记》（简称《法住记》）所说的，释迦牟尼令十六罗汉常住人间普济众生，不入涅槃，受世人的供养而为众生作福田。

2. 十八罗汉

由十六罗汉发展而来。由十六罗汉加二尊者而来。他们都是历史人物，均为释迦牟尼的弟子，佛教传说中十八位永住世间、护持正法的阿罗汉，十六罗汉主要流行于唐代,至唐末开始出现十八罗汉,到宋代时,则盛行十八罗汉了。

3. 五百罗汉

印度古代惯用"五百""八万四千"等来形容众多的意思,由于十六罗汉住世护法的传说,引起汉地佛教徒对于罗汉的深厚崇敬,于是又有五百罗汉的传说。

(四)护法天神

是古印度神话中惩恶护善的人物,佛教称之为"天",是护持佛法的天神。著名的护法天神有四大天王、韦驮、伽蓝神关羽、哼哈二将(密迹金刚)等。

1. 四大天王

司职风、调、雨、顺,预示五谷丰登,天下太平。他们分别是:

东方持国天王 名多罗吒。身着白色、穿甲胄、持琵琶,表明他是用音乐来和劝导众生断恶从善,乐司调。因能护持国土、维护道场安宁而得名,"多罗吒"乃梵文译音"持国",意为慈悲为怀,保护众生。

南方增长天王 名毗琉璃。身着青色、突甲胄、持宝剑,表明他是用武力来惩恶护善,剑司风。因能使他人增长善根而得名,专门守护南瞻部州。"毗琉璃"梵文译音即意"增长"。

西方广目天王 名毗留博叉。身着红色、穿甲胄,手中缠绕一龙。他惩恶护善的办法不是靠杀,而是把敌人捉起来后强迫他改邪归正。净眼和龙,都司顺。"毗留博叉"梵文译音意为"广目",能以净天眼随时观察世界,护扶人民。

北方多闻天王 名毗沙门。身着绿色、穿七宝庄严甲胄、配长刀、右手持伞、左手持银鼠,表明他是一边引导众生向善,一边用武力来降魔伏怪,伞司雨。"毗沙门"梵文译音意即"多闻"。"多闻"比喻福德闻于四方。

2. 韦驮

相传是南方增长天王手下的著名神将,其职责是保护东南西三州的出家僧众,是佛教寺庙必供的护法天神。他的法像是中国武将装束,手持金刚杵,通常有两种姿势:一是双手合十,直挺站立,杵于手腕上,意味着欢迎来客住宿,代表是北京法源寺;一是左手握杵拄地,右手叉腰,意味着不接待客人住宿,代表是杭州灵隐寺。

3. 伽蓝神

"伽蓝"原指僧众居住的场所,后来专指佛教的寺庙。伽蓝神就是佛教寺庙的守护神。我国自唐朝以来,关羽被尊奉为最著名的伽蓝神。这是佛教不断汉化的表现。

4. 哼哈二将(密迹金刚)

他们两位原来都是佛国里的金刚力士,本是保卫佛国的夜叉神,用今天的中国话讲,就是把守山门的两位警卫大神,或者叫两位把门将军。在我国,哼哈二将为明代小说《封神演义》作者根据佛教守护寺庙的两位门神,附会而成的两员神将。形象威武凶猛,一名郑伦,能鼻哼白气制敌;一名陈奇,能口哈黄气擒将。

5. 天龙八部

"天龙八部"一词,来源于佛教。准确地说,"天龙八部"都是古印度社会传说中的一系列神。佛教自创立起,吸收他们成为护法天神。具体地说,在佛教庞大的护法军团中,共分"天众、龙众、夜叉、乾达婆、阿修罗、迦楼罗、紧那罗、摩睺罗伽"八个部分,而其中"天众"和"龙众"最为重要,故统称为"天龙八部",又称"龙神八部"或"八部众"。

天龙八部众神中,或面善心喜,或横眉怒目等法相,这犹如世间芸芸众生之相,是相非相虽幻亦真。佛教经典里,专门有对"天龙八部赞"的颂扬:

"天阿修罗夜叉等,来听法者应至心,拥护佛法使长存。各个勤行世尊教,诸有听徒来至此。或在地上或居空,常于人世起慈心。昼夜自身依法住,愿诸世界常安稳。无边福智益群生,所有罪障并清除。远离众苦归圆寂,恒用戒香涂莹体。常持定服以资身,菩提妙华遍庄严,随所住处常安乐"。

七、佛教风景名胜

佛塔、寺院、石窟被称为是佛教三大建筑。我国的佛塔材料精良、结构巧妙、建筑技艺高超、类型丰富、典型代表有西安的大雁塔、小雁塔,苏州虎丘塔,泉州双塔,北京北海白塔等。寺院建筑主要包括天王殿、钟鼓楼、大雄宝殿、藏经阁等。中国特色的佛寺格局,到南北朝时已基本定型。它主要采用中国传统建筑的院落式格局,院落重重,院院深入。回廊周匝、廊内壁画鲜明,琳琅满目。可以这样认为,中国佛寺是中国宫殿、官署等传统的建筑形式与印度佛寺建筑的融合。洛阳白马寺是我国第一座佛寺,被尊誉为佛教的"祖庭"。历史上几经兴衰,现存建筑多为清康熙五十二年重修。另外栖霞寺、灵岩寺等都是佛教寺院的代表。

我国的石窟寺,作为佛教寺庙建筑之一,也来源于印度。它的发展尤以北魏至隋、唐时代最盛。在石窟寺中最重要的是石窟艺术，汲取了民族文化艺术的营养，因此成了全人类宝贵的文化遗产。石窟艺术内容很丰富，题材十分广泛，除佛教故事外，还有不少是以现实生活为创作题材的，具有浓郁的生活气息，同时也有浪漫主义的色彩。它刻画人物真实细腻，景物生动活泼，给人以身临其境之感，是一座极有价值的形象历史博物馆。石窟艺术属综合艺术，集建筑、雕塑、绘画等多种艺术形式。我国现存大小石窟群在 200 处以上，遍布于新疆、甘肃、河南、山西等地，其中西北地区的黄河流域最集中。其中最著名的有敦煌莫高窟、大同云冈石窟和洛阳龙门石窟三处。

(一)佛教四大名山

1. 五台山——文殊菩萨之道场

五台山位于山西省的东北部，属太行山系的北端。真正意义上的五台山实际上是指五台县的五座相互连接环绕、挺拔秀丽的山峰。它们分别是：东台望海峰、西台挂月峰、南台锦绣峰、北台叶斗峰和中台翠岩峰，海拔均在 3000 米以上。自北魏创建大浮图灵鹫寺后，即佛寺林立。元明清三代，藏传佛教传入五台山。五台山是我国唯一兼有汉语系佛教与藏语系佛教道场的圣地。青庙与黄庙并存，显教与密教竞传，是 500 年来五台山佛教的最大特色。

图 3-1　五台山

2. 普陀山——观音菩萨之道场

普陀山位于浙江省杭州湾以东约 100 海里，是舟山群岛中的一个小岛。因《华严经》中有观音菩萨住在普陀山伽山之说，故借此一普陀名此山，向有"海天佛国"之称。普陀山寺庙众多，现有 70 余座。其中，普济寺、法雨寺、慧济寺称为"普陀三大寺"。普济禅寺是山中供奉观音的主刹，成为国内、日本、韩国和东南亚佛教教徒的朝圣地，是近现代中国佛教最大的国际道场。

图 3-2　普陀山

3. 峨眉山——普贤菩萨之道场

位于中国四川省峨眉山市境内,是一个集自然风光与佛教文化为一体的中国国家级山岳型风景名胜。峨眉山平畴突起,巍峨、秀丽、古老、神奇。它以优美的自然风光、悠久的佛教文化、丰富的动植物资源、独特的地质地貌著称于世。被人们称为仙山佛国、植物王国、动物乐园、地质博物馆等,素有峨眉天下秀之美誉。唐代诗人李白诗曰:"蜀国多仙山,峨嵋邈难匹。"明代诗人周洪谟赞道:"三峨之秀甲天下,何须涉海寻蓬莱。"当代文豪郭沫若题书峨眉山为"天下名山"。

图 3-3 峨眉山

4. 九华山——地藏菩萨之道场

位于安徽省长江南岸的青阳县。原名九子山,诗仙李白赞其九峰秀如莲花,有"灵山开九华"之吟,故得名"九华"。故也有"莲花佛国"的美誉。九华山佛教历史悠久,晋代时传入,唐代盛极一时。唐开元年间,新罗国(今朝鲜)高僧金乔觉渡海来到九华山修行,称地藏菩萨转世,他圆寂后,九华山被辟为佛教地藏菩萨的道场。"九华一千寺,撒在云雾中",在中国佛教四大名山中,九华山以

图 3-4 九华山

其风光旖旎而独领风骚,又以"香火甲天下"和"东南第一山"的双重桂冠而名扬天下,是善男信女们的朝拜圣地。

(二)佛教建筑

1. 著名佛寺

佛教的建筑有寺、塔和石窟,大都建在远离闹市的山中。佛教是由印度传入中国的,但中国的佛教建筑与印度的寺院大不相同。印度的寺院以塔为中心。中国的寺庙受古代建筑的影响,以佛殿为中心,整个寺庙的布局、殿

堂的结构、屋顶的建造等，都仿照皇帝的宫殿，创造出了中国佛教建筑的特色。

中国寺庙的主要建筑都建在寺院南北的中轴线上，左右的建筑整齐对称。一般来说，中轴线从南往北的建筑有供奉着佛像的山门殿、天王殿、大雄宝殿、法堂以及藏经楼。建在这些大殿两侧的，有钟鼓楼和一些配殿、配屋及僧人们的生活区。整个寺院的建筑金碧辉煌，气势庄严。

南京栖霞寺 位于栖霞山中峰西麓，始建于南齐永明七年（公元489年），至今已有1600多年历史，是我国佛教圣地之一。南朝刘宋年间（公元420~479年），处士明僧绍隐居摄山，舍宅为寺，取名"栖霞精舍"。唐高宗李治，改栖霞精舍为功德寺，增建琳宫梵宇49所。当时这里和山东长清的灵岩寺、湖北荆山的玉泉寺、浙江天台的国清寺并称"天下四大丛林"。后多次遭毁，又不断重建，现今寺院是清光绪三十四年（公元1908年）重建的，主要建筑有山门、天王殿、毗卢殿、摄翠楼、藏经楼等，规模虽小，旧观依存，仍为南京地区最大的佛寺。

图3-5 南京栖霞寺

河南嵩山少林寺 少林寺始建于北魏太和十九年（公元495年）由孝文帝元宏为安顿印度僧人跋陀而依山辟基创建，因其坐落于少室山密林之中，故名"少林寺"。北魏孝昌三年（公元527年）释迦牟尼的第二十八代佛徒菩提达摩历时三年到达少林寺，首传禅宗，影响极大。因此，少林寺被世界佛教统称为"禅宗祖庭"，并在此基础上迅速发展，特别是唐初十三棍僧救驾李世民后得到了唐王朝的高度重视，博得了"天下第一名刹"的美誉。

现在的少林寺不仅因其古老神秘的佛教文化名扬天下，更因其精湛的少林功夫而驰名中外,"中国功夫冠天下,天下武功出少林"。这里是少林武术的发源地,少林武术也是举世公认的中国武术正宗流派。

图 3-6　少林寺

　　杭州灵隐寺　又名云林寺。印度僧人慧理见这里景色奇幽,以为是"仙灵所隐"就在这里建寺,取名灵隐。位于西湖西北面,在飞来峰与北高峰之间灵隐山麓中,创建于东晋咸和元年(公元326年),距今已有1670多年历史,是江南著名古刹之一,素有"东南佛国"之誉。据灵隐寺记载,清康熙二十八年(公元1689年)康熙帝南巡至灵隐,一日早晨灵隐寺主持谛晖法师陪同康熙帝登上北高峰,只见灵隐寺笼罩在一片晨雾之中,一派云林漠漠的景色,回到山下,谛晖法师请康熙皇帝为寺院题字,康熙帝触景生情题了"云林禅寺",但灵隐寺已名扬天下,人们依旧称云林禅寺为灵隐寺。

图 3-7　灵隐寺

洛阳白马寺　白马寺是佛教传入中国后由官方营造的第一座寺院。它的营建与我国佛教史上著名的"永平求法"紧密相连。相传汉明帝刘庄夜寝南宫，梦金神头放白光，飞绕殿庭。次日得知梦为佛，遂遣使臣蔡愔、秦景等前往西域拜求佛法。蔡、秦等人在月氏（今阿富汗一带）遇上了在该地游化宣教的天竺（古印度）高僧迦什摩腾、竺法兰。蔡、秦等于是邀请佛僧到中国宣讲佛法，并用白马驮载佛经、佛像，跋山涉水，于永平十年（公元67年）回到京城洛阳。汉明帝敕令仿天竺式样修建寺院。为铭记白马驮经之功，遂将寺院取名"白马寺"。

图3-8　白马寺

大昭寺　又名"祖拉康""觉康"（藏语意为佛殿），始建于七世纪吐蕃王朝的鼎盛时期，建造的目的据传说是为了供奉一尊明久多吉佛像，即释迦牟尼八岁等身像。该佛像是当时吐蕃王松赞干布迎娶的尼泊尔尺尊公主从加德满都带来的。之后寺院经历代扩建，目前占地25 100余平方米，距今已有1350年的历史。2000年11月，大昭寺作为布达拉宫的扩展项目被批准列入《世界遗产名录》，列为世界文化遗产。

图3-9　大昭寺

2. 佛塔

佛塔的造型起源于印度。根据佛教文献记载，佛陀释迦牟尼涅槃后火化形成舍利，被当地八个国王收取，分别建塔加以供奉。"塔"，来自梵文，音译"窣堵波""塔婆"等，意译"方坟""圆塚""大聚""灵庙"等。传说最早的佛塔是用来安置佛舍利和其他遗物的，有纪念的意思。塔形为半圆土塚，后来造型日趋繁多，大都由基台、覆钵（台上半球形部分）、方箱形祭坛、竿和伞五部分组成。据说还有一种没有舍利安置的塔，叫做制多。

图 3-10　大雁塔

大雁塔　本是太子李治追思其母文德皇后而建造的，玄奘法师为供奉从印度带回的佛像、舍利和梵文经典，曾使用此塔。该塔在武则天长安年间重建。后来又经过多次修整，于 1961 年国务院颁布为第一批全国重点文物保护单位。

3. 石窟

石窟原是印度的一种佛教建筑形式。佛教提倡遁世隐修，因此僧侣们选择崇山峻岭的幽僻之地开凿石窟，以便修行之用。中国的石窟起初是仿印度石窟的制度开凿的。甘肃敦煌莫高窟、甘肃天水麦积山石窟、山西大同云冈石窟和河南洛阳龙门石窟被称为中国的四大石窟。

（1）甘肃敦煌莫高窟

位于甘肃省的敦煌市，俗称千佛洞，以精美的壁画和塑像闻名于世。它始建于十六国的前秦时期，历经十六国、北朝、隋、唐、五代、西夏、元等朝代形成规模，现有洞窟 735 个，壁画 4.5 万平方米、泥质彩塑 2415 尊，1961 年，被国务院公布为第一批全国重点文物保护单位之一；1987 年，被列为世界文化遗产。

图 3-11　敦煌莫高窟

(2)甘肃天水麦积山石窟

麦积山位于甘肃省天水市东南约45公里处，是我国秦岭山脉西端小陇山中的一座奇峰，山高只142米，但山的形状奇特，孤峰崛起，犹如麦垛，人们便称之为麦积山。麦积山石窟建自公元384年，后来经过十多个朝代的不断开凿、重修，遂成为我国著名的大型石窟之一，也是闻名世界的艺术宝库。现存洞

图3-12　麦积山石窟

窟194个，其中有从4世纪到19世纪以来的历代泥塑、石雕7200余件，壁画1300多平方米。

图3-13　云冈石窟

(3)山西大同云冈石窟

位于中国北部山西省大同市以西16公里处的武周山南麓。石窟始凿于北魏兴安二年(公元453年)，大部分完成于北魏迁都洛阳之前(公元494年)。现存主要洞窟45个，大小窟龛252个，石雕造像51 000余躯，最大者达17米，最小者仅几厘米，为我国规模最大的古代石窟群之一，1961年，被国务院公布为全国重点文物保护单位；2001年被列为世界文化遗产。

(4)河南洛阳龙门石窟

位于洛阳市区南面12千米处，开凿于北魏孝文帝迁都洛阳(公元494年)前后，迄今已有1500多年的历史。经东西魏、北齐、北周、隋、唐至宋等朝代的大规模营造，现存石窟1300多个，佛洞、佛龛2345个，佛塔50多座，佛像10万多尊，历代造像题记和碑刻3600多品，

图3-14　龙门石窟

1961年，被国务院公布为全国第一批重点文物保护单位；1982年被国务院公布为全国第一批国家级风景名胜区，2000年11月30日，联合国教科文组织将龙门石窟列入《世界遗产名录》。

八、佛事节庆活动

佛事节庆活动，主要是指僧尼的日常行事、法会以及各种佛教节日等。在我国以下四个节日最为著名：

佛诞节 又称浴佛节、泼水节、花节，是纪念释迦牟尼诞生的节日。汉族定于农历四月初八举行。傣族定于在清明节后10天。

佛圆寂节 是纪念释迦牟尼适时逝世的节日，为每年五月中旬月圆日(农历四月十五日)

成道节 是纪念释迦牟尼成道的节日，每年农历十二月初八举行。汉族地区的僧侣在十二月八日皆要以米和果物煮粥供佛，称腊八节。

观音纪念日 在中国主要有3个：农历二月十九为观音诞生；农历六月十九为观音成道；农历九月十九为观音出家。

九、佛教在中国传播的几个特点

佛教中国化是一个宗教传播学上的概念。作为三大世界宗教之一，佛教存在和发展于传播过程中。在对华传播过程中，是在比较和平的环境中互相渗透、互相融合。在这一过程中，佛教获得了中国的表现形式；中国宗教和中国文化因佛教的加盟而丰富了自身的内涵。佛教在中国的存在和发展取决于传播主体和传播客体两方面的因素。

第一，取决于佛教自身的开放、包容性质。从传播主体佛教来说，所谓"中国化"，就是佛教在传教过程中"契时应机"的方式和结果。佛教的"性空"智慧和慈悲精神导致传播中的独特方法论——真俗二谛的真理论和方法论，出世殊胜的佛法不离世间并体现在世间生活之中。这"中国化"就其适用范围表现为：进入异质文化圈的"本土化"；体现时代精神的"现代化"；三根普被的"民众化"。

超越的宗教理想和修证实践，必须适应众生的根机而随开方便之门。但前者是本、是源，后者是迹、是流。以二谛论观照中国佛教史，究竟与方便的人天之战，演出了中国佛教2000年的一幕幕悲喜剧。六祖慧能"悟则转法华，迷则法华转"一语，可视为我们观察中国佛教史的一条主线。

第二，取决于中国社会政治、经济和文化的制约和融摄。佛教是中国人请进来的这一事实，表明中国社会需要佛教。重智慧、重解脱实践的出世性佛教能弥补中国固有思想和宗教之不足。这是佛教能在中国2000年历史中传播发展的基本前提。而佛教在中国时兴时衰的曲折起伏，则受政教、教教、教俗三重关系的制约。

1. 受政教关系的制约

佛教与政治、经济的关系突出表现为同国家的关系。2000年封建国家处于周期性的统一、解体、分裂、再统一的振荡之中，佛教的发展亦相应呈起伏状态在国家解体、分裂时期，佛教得到长足发展，但往往走向畸形，导致"灭佛"事件；在强盛、统一的王朝时期，政教关系相对保持祥和正常，佛教取得适度发展，但佛教对政治的依附性也随之增强；在外族入主或中原王朝文弱时期，政权对佛教较多地干预和钳制，使佛教处于萎缩状态。中国佛教史上的"僧官制"和"度牒制"，表明佛教从未凌驾于王权之上，而是处于王权的有效控制之下，区别只在于这种控制的强弱程度。就佛教的圆融、和平的宗教性格而言，佛教只有在政教分离的格局下才能得到健康发展。

2. 受教教关系的制约

中国宗教具有伦理性宗教的性质，表现为重现世、重功利的特点。佛教与中国其他宗教的关系，在封建时代，主要有儒教、道教、民间宗教三大类，中国宗教的主流是儒教，儒教作为一种不健全的国教，其兴衰起伏通过国家政权而制约着佛教。佛教在中国发展的时空不平衡性，背后机制端在儒教。

在儒教失落时期，佛教填补了儒教留下的精神真空，得到广泛发展；在儒教重建时期，佛、道、儒三教鼎立，由于儒教作为一种宗教所具有的排他性，在中国历史上长达1000多年的三教关系争论，反映了儒教企图独霸精神世界的领导地位和佛教为求得自己生存空间的努力；在儒教一统时期，佛、道二教皆匍匐在儒教之下，佛教日益失去自己的主体地位。只要儒教作为政教合一体制中的国教，即使它处于名实不符的地位，儒佛之间就只能是一场不对等的竞赛。佛教真正自由的发展，只有在儒教退出国教地位之后才有可能。

3. 受教俗关系的制约

中国封建政治和儒教的基础是农耕宗法制社会。佛教在中国的传播和发展，不得不受到中国世俗社会和世俗文化的影响：在宗教思想上，受中国哲学思维直观性、简易性、整体性之影响，遂有传译讲习中的"格义"，用中国思想文化解释佛教概念,和创宗立说中的"判教",以及在此体系指导下的编撰、印刻佛典;在宗教经济上,受农耕社会之影响,原来的乞食制转化为自主的寺院经济,有农禅并重之丛林制度产生;宗教组织上,受宗法制度之影响,有传法世系之延续,并反映在对佛教历史的重视;在宗教生活上,受入世功利性的民俗之影响,遂有"为国行香"的官寺之产生,和重现世利益和死后生活之经忏礼仪的盛行。

十、佛教的思想及其相关实践对森林文化的贡献

佛教和植物有不解之缘,在佛教的发展和传播过程中,树木花草推波助澜,扩大了佛法的影响,促进了佛教的发展,在佛教文化中,占据着重要的一席地位。

(一)佛教的缘起思想对于保护自然环境具有重要的作用

根据佛经记载,佛陀诞生于无忧树下,成佛在菩提树下,寂灭于娑罗树下,佛陀弘法的主要地点是竹林精舍和祇园精舍,前者竹林清幽,后者绿荫成云。佛经首次结集在因洞口有七叶树而得名的七叶窟;纸张发明之前,佛经都是刻在树叶上,素有"佛教熊猫"之称的贝叶经就是写在贝树叶子上的经文;梵语中称佛教徒修行场所为阿兰若,阿兰若原意指林间树下等清凉寂静之处,后来用作寺院的别称;汉语中用丛林一词代指寺院。

佛教的缘起思想认为世间的一切事物都不可能完全独立地存在或生成,都是在一定的条件、关系中成立、生成的。佛门弟子爱花护草,植树造林,以花木谈经论道,以花果供佛奉法。《中阿含经》有一个经典的解释:"若此有则彼有,若此生则彼生,若此无则彼无,若此灭则彼灭。"依据缘起的观点,整个世界是一个不可分割的整体,万物之间有着圆融互摄、互为因果的密切关系。人类与赖以生存的环境之间的关系也不例外,破坏了环境,也就损害了人类自身。

(二)佛教在人类与树木花草之间构建了一种完全平等的关系

佛教草木成佛论强调山川草木都有佛性,与此相呼应的还有禅宗的"郁郁黄花无非般若,青青翠竹皆是法身",一草一木都是佛性的显现,都有存在的价值。基于草木成佛的思想,佛教主张众生平等和尊重生命,平等是宇宙间一切生命的平等。尊重是对包括植物与动物在内一切生命形式的尊重。佛教在人类与树木花草之间构建了一种完全平等的关系。

佛教把众生的理想环境称为佛国净土，那里充满祥和，无苦有乐，空气清新，和风徐徐，流水潺潺，树木茂盛，鸟语花香，音乐优美。这种佛国净土不在遥远的彼岸，就在众生所居住的"秽土"中实现。而实现的途径就是在"心"上下工夫。《维摩诘经》说："欲得净土，当净其心，随其心净则佛土净。"佛教的佛国净土，是一种树木花草多姿多彩的美好世界，而要将客观世界的"秽土"改造为佛国净土，首先必须进行主观世界的改造即"净心"，文化的建设和发展具有重要的积极意义。佛教的这一思想启迪后人，应重视心灵建设，将爱护森林、保护自然环境变成每一个人的自觉。

(三)佛教的植物既是佛教文化的重要组成部分，也是森林文化的重要组成部分

佛教的思想对森林文化的贡献，还体现在对树木花草给予充分的关注，在佛教的典籍中记载了众多的植物，包括自然界的树木、花木以及天上或净土才有的奇异植物，这一类奇异植物往往具有神奇的力量。这些植物数量之多，以至于有些学者甚至将它们统称为佛教的植物，《华严经》说："佛土生五色茎，一花一世界，一叶一如来。"一朵花就是整个世界，一片叶子就是一尊佛。在佛教那里，世界的万事万物都是互相联系，互相影响，细微之物可以照见大千世界，无限含藏于有限之中，佛法的奥秘不过在一花一叶。佛教以花悟道，以花喻法，利用树木花草的特性，把它们变成为参法的样本，传道的载体。佛经记载的这类的故事和比喻蔚为大观、美不胜收。众多的树木花草因佛法的加持衍生出丰富的社会和文化的价值。拈花一笑的故事广为流传，据《五灯会元》记载：佛在灵山，众人问法。佛不说话，只随手拿起一朵花，示之。众弟子不解，唯迦叶尊者破颜微笑。佛祖拈花迦叶一笑，只有他悟出道来了。传说佛祖所拈之花为金婆罗花。

莲花因洁身自好、出淤泥而不染的品质，与佛教主张的人格相契合，而成为佛教的标志性元素。在佛经中，莲花引申为圣洁、美好、智慧等意，在现实中人们称西方极乐世界为莲花境界，称寺庙为莲舍，称袈裟称为莲服，称念佛之人为结莲胎；寺庙之中，佛与菩萨或端坐莲花之上、或立于莲花之上、或手执莲花。可以说莲花已与佛教融为一体。

(四)佛教在树木花草的种植和保护方面进行的实践，留下了宝贵的精神财富和物质财富

佛教传入中国后，僧人建寺而居，置地自种，改变了早期持钵行乞的苦行僧的生活方式。寺院常建在山势奇特、林深木茂之处，所谓"深山藏古寺"。

幽静的山林超然世外，为僧人修学弘法提供了一个优美的环境，既契合佛教注重内心清净、平和的追求，又宣示着佛教净佛国土的理念。僧侣在植树造林的同时，也悉心保护前人种下的树木，为各地寺院保存了众多的名木古树，成为珍贵的文化遗产，对研究历史文化、地域文化、人文风情、植物分布有着非常重要的作用。

佛教对环境的关注和建设，使得佛寺园林成为中国园林的三种基本类型之一的寺庙园林重要的组成部分与气势恢弘、规模较大的皇家园林和精巧秀美的私家园林相比，佛寺园林更注重它的文化内涵，将佛教思想、文化精神寄予园林景观，特别是将植物作为佛教文化具象化的载体巧妙地加以运用，体现了佛教普度众生的慈悲情怀。

第三节　道教

道教是中国的民族宗教，它植根中华民族的历史文化土壤中，自产生以来，至今已经有2000多年的历史，对我国社会生活的各个方面产生了重大影响。道教以"道"为理论核心，主张崇尚自然，顺应自然，返璞归真，清静无为，与名山有不解之缘。为了宗教修行的需要，中国古代的道教徒取幽谷、崇山，在风景秀丽的名山讲经布道、炼丹修道，与森林旅游发生重要关联。"山不在高，有仙则名"，道教丰富的建筑遗迹，为名山平添了奇幻的色彩和迷人的魅力，这就是所谓名山借宫观增色，宫观借名山增辉。

道教是在以太上道祖之"道"为最高信仰、以长生成仙为终极追求的中国本土固有的宗教。它是中国传统文化的重要组成部分，对我国古代社会的政治制度、学术思想、宗教信仰、文学艺术、医药科学和民风民俗等各方面产生了重要影响。

一、道教的思想基础来源

道教是在我国传统文化的沃土中产生的。道教思想渊源产生于中国先秦时期的祖先崇拜、鬼神信仰，秦汉之际的神仙方术、阴阳五行、道家学说等。其中老子创造的"道家"学说，是其产生的最主要的思想源泉。

(一)道家学说

老子，姓李名耳，字伯阳，一名重耳，又号老聃，谥曰聃，约生活在春秋末年公元前571—471年之间，《史记》载"楚苦县厉乡曲仁里人"。楚国苦县厉乡，即现今安徽亳州涡阳县闸北郑店。春秋时期著名的思想家、哲学家，老子的思想被道教大量改造和吸收，因此，被道教奉为教主或教祖，尊为"道德天尊"，列三清尊神之一，太上老君是道教对老子的尊称。世传《老子》即《道德经》，是其思想的结晶。在先秦老子、庄子的哲学中，宇宙万物的起源归结于"道"。在庄子的哲学中还塑造了"真人""圣人""神人"的思想境界。

1. 核心思想——"道生万物"的宇宙生成说

老子把宇宙看成一个自然产生、自然演变的过程，天地万物是依照自然规律发展变化的，而"道"是世界的本源。他说："道生一、一生二、二生三、三生万物。""道"是宇宙间一切事物发展变化运行的规律："人法地，地法天，天法道，道法自然。"

2. 哲学思想——朴素辩证法思想

老子认为事物是相互依存和相互转化的。他说："祸兮福之所倚，福兮祸之所伏。"由此，他主静、取弱、居柔，因条件的改变而制动、胜强、克刚。

3. 社会思想——"小国寡民"

老子主张"灭智弃圣""使民无知"，从而达到"鸡犬之声相闻，民至老死不相往来"的小农社会。

4. 处世方法——"无为而无不为"

所谓"无为"指不要人为地干预"道"的运行，不要违背规律而动；而应遵循自然规律，被动地适应。因此，在治理国家上，要"无为而治"；在处事上应当"清静无为"，不要为世俗凡尘所累。

(二)中国古代巫术、神仙方术、鬼神思想

中国古代社会对自然和祖先十分崇拜，在我国民族原始宗教中，人们将日月星辰、江河山岳、祖先等一度视为神灵，在祭祀和祈祷中，逐步形成一个有关天、地的神灵体系。道教作为我国的民族宗教，承袭了这种思想，并将这个神灵体系的许多神灵作为神仙谱系的重要组成部分。

道教还从汉朝以来的神仙家那里汲取了不少思想和方术技法，相信天地之间有长生不老的神仙存在，幻想经过某种方法修炼或者服用金丹成为不死神仙。为此，历代道士还构筑了天堂仙境作为神仙的居所。

(三)阴阳五行说

阴阳五行说，可分为阴阳说与五行说。

1. 阴阳说

早在夏朝就已形成，认为阴阳两种相对的气是天地万物源泉。阴阳相合，万物生长，在天形成风、云、雷、雨各种自然气象；在地形成河、海、山、川等大地形体；在方位则是东、西、南、北四方；在气候则为春、夏、秋、冬四季。天之四象，人有耳、目、口、鼻为之对应；地之四象，人有气、血、骨、肉为之对应；人又有三百六十骨节以应周天之数；所以天有四时，地有四方，人有四肢，指节可以观天、掌纹可以察天、地、人合一。

2. 五行学说

五行学说是我国古代人民创造的一种哲学思想。它以日常生活的五种物质：金、木、水、火、土元素，作为构成宇宙万物及各种自然现象变化的基础。这五类物质各有不同属性，如木有生长发育之性；火有炎热、向上之性；土有和平、存实之性；金有肃杀、收敛之性；水有寒凉、滋润之性。五行说把自然界一切事物的性质纳入这五大类的范畴。五种元素在天上形成五星，即金星、木星、水星、火星、土星，在地上就是金、木、水、火、土五种物质，在人就是仁、义、礼、智、信五种德性。古代人认为这五类物质在天地之间形成广泛联系，如果天上的木星有了变化、地上的木类和人的仁心都随之产生变异，我国古代占星术就是以这种天、地、人三界相互影响为理论基础衍生而来的。道家从阴阳五行说中汲取营养，从中提取自己需要的成分，形成基本理论。

二、道教的创立与发展简史

道教以《道德经》为立教之本。道教正式创立，一般认为是在东汉后期，出现的最初形式是五斗米道和太平道；南北朝以后，道教体系逐渐建立起来，形成了"全真道"（创始人为王重阳）和"正一道"（创教人为张道陵）两大派别。

（一）道教的创立

道教与其他的宗教一样，是一种社会历史现象，有其发生、发展的过程。早期教派并非经由同一途径，在同一地区和同一时期形成的。道教的历史渊源诞生于汉末，它是汉代社会的产物，是汉代思想文化的组成部分，有着深刻的社会原因。大约在东汉顺帝（公元125—144年）时期，道教有两个较早的派别。一个是太平道，一个是五斗米道。

太平道 又称黄老道。它的主要经典则是《太平经》，创立者是黄巾起义领袖张角，他以黄天为至上神，又信奉黄帝和老子，认为黄神开天辟地，创造出人类，黄帝时的天下是太平世界。在太平世界里，既无剥削压迫，也无饥寒病灾，更无诈骗偷盗，人人自由幸福。在此基础上，张角提出了"致太平"理想。这种思想成为太平道的基本教义和宗教理想。黄巾起义失败后，太平道逐步消亡。

五斗米道 是在先秦方仙道和黄老思想的基础上，结合古代巴蜀地区的民族信仰，由张陵所创立的一个早期道教教派。它以老子为教主，尊为太上老君，以《道德经》为主要经典。其名称来源是：当时想要入道和请求治病的人要交五斗米作为"信米"，弟子入教以后还要轮流缴纳米绢、薪柴、纸张等物品，以维持教团的生活之用。另一种说法是，"五斗米道"的得名同崇拜五方星斗和斗姆有关，"五斗米"即五方星斗中北斗姆。黄巾起义后，五斗米道由于有大量的太平道信徒转入，得到新的发展，并成为道教发展的重要基础。

(二)道教的发展

道教在形成最后的宗教形式后，随着五斗米道的分化与发展而不断壮大。

1. 道教的分化

魏晋时期，太平道随黄巾起义被镇压而衰微，鉴于黄巾起义，统治者害怕农民起义者利用宗教组织起来进行革命，便对早期道教采取了两手政策，一方面进行限制或镇压，另一方面又进行利用或改造，促使道教发生了分化。从曹魏时期开始，道教逐渐分化为上层神仙道教和下层民间道教两个较大的层次。向上发展的这一部分以葛洪、陶弘景为代表。葛洪认为道教教徒要以儒家的忠孝为本，提出"儒道双修"的主张，把神仙方术与儒家的三纲五常礼教结合起来。葛洪主张对违反儒家忠君伦理纲常的农民起义进行镇压，并把民间的一派道教称为"妖道"，要求禁绝。

2. 道教的发展

南北朝以后，五斗米道从形式、内容到性质度发生了一系列变化。从而产生了一种新的道教，被称为天师道。天师道又分为南天师道和北天师道。

南天师道 指南北朝时期南方的天师道。南朝初期的天师道组织涣散，科律松弛，阻碍其进一步发展。在此情况下，道士陆修静整顿了道教的组织形式，完善了道教的科仪规戒，依据灵宝斋法及上清斋法等，制定道教斋仪，形成了一套比较完整的斋醮规仪，使道教的斋醮仪式初具体系。他还对道教经典进行了分类整理，按照三洞(洞真、洞玄、洞神三部)分类经书，编撰《三洞经书目录》，这是中国道教史上第一部道经目录。陆修静对道教的整顿改革使道教在南方获得了进一步发展。通常把经陆修静改革后的南方道教称为南天师道。

北天师道 指南北朝时期北方的天师道。北天师道是在张鲁弟子，北魏嵩山道士寇谦之的改革下完成的。寇谦之早年信仰天师道，并对其进行了改造，他假托自己在嵩山见到太上老君，老君封他"天师之位"，并赐给他《云中音诵新科之诫》二十卷。按老君的启示，寇谦之对道教清整改革：一是废除常规五斗米道的"伪法"，建立符合统治者需求的"新科"；二是新道教采取儒家的礼教为道教的第一要义。目的是辅佐太平真君实现天下太平，维持统治秩序。

3. 道教的鼎盛

从隋唐到明朝中叶，道教进入鼎盛时期，教义与仪式逐渐完备，经典体系逐步完成，由于统治者的参与，道教形成了全国性的组织管理体系与道官体系。唐代统治者自称是老子后裔，封李耳为"太上玄元皇帝"；北宋统治者加封老子为太上老君混元上德皇帝。唐宋统治者的一系列崇道措施，对道教的贵族化发展起了促进作用。这时道士人数大增，宫观规模日大，神仙系统也更为庞杂。

4. 民间化时期

明朝中叶以后，特别是清代，由于统治者采取抑制政策，道教失去了官方的支持，日益衰微，道教进入了民间化的历程。在国家南北分裂的过程中，道教也出现众多派别，其中最重要的是全真道和正一道。

全真道 始创于中国金代初年，创始人为王喆（公元1112—1170年），道号重阳子，正隆四年（公元1159年），王重阳自称在甘河镇遇仙，得到金丹口诀，于是在终南山隐居修道三年后出关到山东传教。招收马钰、谭处端、刘处玄、邱处机、王处一、郝大通、孙不二等七大弟子，号称全真七子。全真道至此正式成立。随后，其弟子邱处机创全真"龙门派"；谭处端创全真"南无派"；郝大通创全真"华山派"；王处一创全真"嵛山派"；刘处玄创全真"随山派"；马丹阳创全真"遇山派"；孙不二创全真"清静派"，以上七真人称"北七真"。

正一道 正一道于元代中后期形成并一直流传至今。正一道的形成，以元成宗大德八年（公元1304年）敕封张陵第三十八代孙张与材为"正一教主"为标志。这一年元成宗在已授张与材管领江南诸路道教的基础上，加授他为"正一教主,主领三山符箓"。明中叶以后,由于中国资本主义开始萌芽,封建制度的动摇崩溃,原来产生于封建社会并为之服务的道教难以自我调整,加上此后的封建统治者大多不崇尚道教,正一道从此进入衰落时期。

三、道教标志、经典与教义

(一)道教的标志——太极八卦图

"八卦" 即乾、坤、震、巽、坎、离、艮、兑,分别代表天、地、雷、风、水、火、山、泽八种自然现象,道家以推测自然和社会的变化。

"太极图" 是一个黑白鱼合抱的图形在八卦中,红色(白色)为阳,青色(黑色)为阴,阴阳左右盘绕称之为太极图。

图 3-15 太极八卦图

(二)道教的经典

道教的典籍数量庞大,内容不一,且来源不一,从南北朝开始,人们对道教经典汇编成集,后来受到佛教影响,人们逐渐将道教经典汇编称为《道藏》。确切地说,《道藏》是道教经籍的总集,是按照一定的编纂意图、收集范围和组织结构,将许多经典编排起来的大型道教丛书。《道藏》以道家著作为主体(老子、庄子的著作及注解),内容还涉及诸子百家、医学、化学、生物、保健以及天文地理等内容。现存最早的《道藏》是明朝的版本,原来收藏在北京的白云观,现在由中国国家图书馆收藏。道书之正式结集成"藏",始于唐开元(公元 713—741 年)时。《开元道藏》是中国历史上的第一部正式的、完整的道藏。

(三)道教教义

1. "道"是"万物之母"

"道"是唯一的,无所不包,无所不在,是虚无的本体,是天地万物的根源,是超时空的永恒存在,是一切的开始。道散则为气,聚则为神;仙既是道的化身,又是得道的楷模。这是道教最基本的教义。

2. 太上老君为至尊天神

在道教看来,奉太上老君为无世不存的至尊天神,这是教徒最根本的信条。

3. 天道循环，善恶承负

承负在道教教义中指善恶报应，因果相关。道教认为任何人的善恶行为都会对后代子孙产生影响，而人的今世祸福也都是先人行为的结果。道教善恶承负和现世报应的教义，对后世有非常重要影响。鼓励人们追求积极向上的人生观。同时，还融会了轮回报应学说，修道行善则可升入仙国，犯过作恶则将会在地狱受到刑罚。

4. 长生不老、永生人世

长生不老，指寿命长而不会衰老。在道教中，长生不老是仙人的标志。这种思想源于道教神仙信仰，源渊于图腾、灵魂不灭的原始宗教信念。认为通过修习成仙之道，可以使生命之精魂获得永恒不朽。

四、道教在国外的传播

道教作为中国土生土长的宗教主要在中国传播，随着中外跨文化传播，道教在世界上产生了一定影响。近年来，海外道教界与中国道教界之间进行了许多友好交流，如中国道教协会与美国纽约天后官、法国成道协会等欧美道教团体建立起了联系，并接待过日本、新加坡、马来西亚等国道教界人士的参访。还曾派人前往新加坡及加拿太多伦多市蓬莱阁道观访问、讲学。道教在海外的流传以亚洲尤其是东亚、东南亚最盛。下面简单介绍一下道教在国外发展传播情况。

(一)道教在朝鲜

道家思想在古代即传入朝鲜。据朝鲜史籍《三国史记》记载：公元 3 世纪时期，老子《道德经》《列子》等作品已经在百济、新罗社会中传播。至公元 7 世纪，读老庄之书，已在新罗贵族子弟中蔚为风尚。公元 7 世纪，道教正式传入朝鲜(当时的高丽)。高丽王朝统一朝鲜半岛三国后，道教受到国家保护，其形式、内容、机能已趋完备。朝鲜史上道教兴盛的时代正是中国的宋、明王朝，当时在中国，道教正兴盛，朝鲜受到影响、不断地派道士来中国学习道教。高丽王睿宗笃信道教，他即位后 6 年(公元 1110 年)建立了朝鲜史上最早的道观——福源观；睿宗还亲受道箓，使道教代替佛教，升格为国家宗教。道教在朝鲜传播的同时，逐渐与朝鲜固有祖先崇拜和"巫"的信仰等相结合。1860 年，崔济恩以道教为基础，综合佛教及朝鲜民族信仰而创立了"东学道"(后改名为"天道教")。天道教追求"长生不死""消灾祈福"和社会的"德治"，曾被朝鲜农民广泛信奉并与农民运动结合。1864年，天道教被朝鲜政府作为异端邪教而加以镇压，但其影响却一直未衰，现韩国有天道教徒约82万人。朝鲜道教与中国道教相比，在内容上发生了很大变化，已经成为朝鲜文化的一部分。

(二)道教在日本

大约在7世纪末，中国道教的神仙长生思想和方术就已经传到了日本。早期道教传入日本的路径，开始是来自朝鲜半岛或长江流域的归化人带来的神仙思想和方术等，日本留学生曾在中国学习道教方技，并把道教经典带回日本。后来是遣隋使、遣唐使以及随之而来的留学生和留学僧们，他们在当地直接学习中国的道教文化，并带回了大量的道教经典。道教传入日本后，很快同日本人民的民间信仰相融合。在奈良朝以前，中国的道教思想已经传入日本并对日本的固有传承和习俗产生了一定的影响。到了奈良、平安时期，中国道教的经典、长生信仰、神仙信仰、方术、科仪等便大量传入日本，对古代日本的政治、宗教及民间信仰、风俗习惯等方面都产生了重大影响。道教对日本的影响，最初并不是道教的教义和仪式，而是道教基本组成部分中的神仙思想和修身延年的法术。道教对日本的文化产生过很大影响，日本"天皇"一词及天皇所用的玺镜、剑和"紫"色皆与道教有关，日本神道教在祭仪中使用的"祝词"及神道教的流派——阴阳道、修验道、吉田神道，都深受道教的影响，日本民间的"守庚申"民俗也来自道教。在江户时代，道教在民间影响很大；明治维新后，道教影响力渐渐减少。

(三)道教在东南亚

由于东南亚地区华侨华人众多，因此道教在这里不仅传播较早，而且分布较广，其影响也很深远。道教传入东南亚后，发生了一些变化并演变成许多新的教派。19世纪，中国东南沿海的农民涌入东南亚和北美洲，到这些国家和地区当华工谋生计，他们也将道教带到这些国家，但对道教的信仰也只是在当地华侨内盛行。

1. 缅甸

道教在缅甸的信仰者主要是华人，主要分布在北部农村地区，特别是与我国交界的克钦邦和掸邦。现有道坛或庙观7座，道士200余人。

2. 泰国

泰国约有60万华人，其中信仰道教的约12万~15万人。现有道坛或庙观9座，道士5000余人。

3. 越南

道教创立后，很快传入越南，历史上，越南建立了众多道观。这些道观在近代大多已经消失，但也有少数留存至今。

4. 马来西亚

从考古和史籍可知，我国与马拉西亚的交往有2000年以上的历史。自明代到19世纪中叶，随着橡胶种植业、锡矿业的发展以及港湾和道路建设的需要，大批华人来到马来半岛并把中国的宗教信仰带到了马来西亚。19世纪初期起，道教宫观也陆续出现。据1983年的统计，马来西亚的华人社团共有3582个，其中宗教团体和庙观有405个。马来西亚的道士大多并没有庙观，只是为信徒举行斋醮活动，形同谋生的职业，马来西亚道教活动也带有较浓厚的商品化特征。

5. 新加坡

道教是随着华人的移入而带到新加坡的。在19世纪，新加坡没有专掌神事的道士，信徒们按中国传统习惯自行设坛建庙，焚香膜拜。自20世纪20年代后，开始有中国南方省籍的道士陆续到新加坡，设立道坛，执掌道观和从事科仪活动。新加坡建国以后，道教发展趋于团结化及学术化。1979年，新加坡成立了三清道教会。该会在1985年举行了盛大的"全国水陆空超度大法会"，吸引了数十万人参拜。

(四) 传入欧美

近年来道教在欧美国家也有传播，并产生了一定的影响。近20年来，随着与道教信仰有关的气功和武术在国内外的宣传和影响，吸引了许多国内外人士对道教的兴趣，在世界上一些地区和国家掀起了"中国道教热"。许多人开始对道教的经典、戒律和修炼进行研究，在法国、加拿大和美国等国家，还建立了道教研究机构，并举行了一些国际会议，使道教在世界范围内得到传播和发展。

六、道教供奉对象

道教神团庞大而复杂，所崇奉的神仙，不仅有一般的开山祖师，还有我国上古神话传说中的各种神灵，也有与人们日常生活息息相关的天地日月星辰山川等各种神灵，还有历代圣贤及得到成仙的神话传说中的各种人物。据统计，见之于道教著录的神仙在 1000 名左右。

(一)道教尊神

道教尊神是道教信奉的主要神祇。东汉时，道教初起，奉老子为教主，以天、地、水三官为尊神。宋朝时又在三清之下尊奉四御及真武帝君(俗称真武大帝)。另外，道教尊神还有日月五星、四方之神等。明清以后无大变化。

1. 三清

道教尊奉的三位最高神，即玉清元始天尊、上清灵宝天尊、太清道德天尊三位尊神。"三清"之称始于六朝，开始仅指"三清境"。"三清"之作为道教尊神，是伴随着道教三洞经书说逐步形成的。

元始天尊 是道教最高神灵"三清"尊神之一，道教开天辟地之神，为上古盘古氏尊谓，称玉清元始天尊，也称原始天王。在"三清"之中位为最尊，也是道教神仙中的第一位尊神。据《历代神仙通鉴》记载，元始天尊"顶负圆光，身披七十二色"，故供奉在道教三清大殿中的元始天尊，一般都头罩神光，手执红色丹丸，象征洪元，供奉在三清中的中央。元始天尊的神诞之日是正月初一。

灵宝天尊 原称上清高圣太上玉晨元皇大道君。道经说他是在宇宙未形成之前，从混沌状态产生的元气所化生。唐代时曾称为太上大道君，宋代起才称为灵宝天尊或灵宝君，道教宫观里的三清殿中，居元始天尊之左侧位。灵宝天尊常手持太极图或玉如意，象征混元，其神诞日为夏至日，约在农历五月中。

图 3-16 元始天尊

道德天尊 道德天尊即太上老君，居"三清尊神"的第三位，是道教初期崇奉的至高神。道教三清全称为太清境大赤天道德天尊，简称道德天尊，又称太上老君，是道教最早崇奉的至尊之神，后因出现"一气化三清"之说("一气化三清"最早出自许仲琳著的《封神演义》，写的是太上老君与通天教主斗法时，太上老君用一气化出三个法身的故事)，由一尊神变为三尊神，以太上老君列三清第三位神，供奉在元始天尊右侧位。道教以太上老君为教祖。道德天尊神像常作一白须白发老翁，手执羽扇，象征太初。其神诞日为农历二月十五日，这一天大多举行祝诞聚会或祈福延寿道场。

图 3-17　灵宝天尊

图 3-18　道德天尊

2. 四御（又称"四极大帝"）

四御为道教天界尊神中辅佐"三清"的四位尊神，又称"四辅"，在道教中仅次于三清，一般认为，"四御"指的是昊天金阙至尊玉皇大帝、中天紫微北极太皇大帝、勾陈上宫天皇大帝和承天效法后土皇地祇。简称：玉皇大帝、太皇大帝、天皇大帝、后土皇帝。

玉皇大帝　四御中最受崇拜的是玉皇大帝，又称玄穹高上玉皇大帝，全称昊天金阙无上至尊自然妙有弥罗至真玉皇上帝，为道教所奉的总执天道的大神，位居三清之后的四御之首。

太皇大帝　又称"紫微北极大帝""北极大帝""北极星君"。道教认为北辰是永远不动的星，位于上天的最中间，位置最高，最为尊贵，是"众星之主""众神之本"。因此，对他极为尊崇，是万星之主，掌理人间祸福善恶、前因后果、富贵贫贱、生死时间。道经中称紫微北极大帝的职能为：执掌天经地纬，以率三界星神和山川诸神，是一切现象的宗王，能呼风唤雨，役使雷电鬼神。

天皇大帝　勾陈大帝同北极紫微大帝一样，最早源于我国古代的星辰崇拜。勾陈，同"钩陈"，是天上紫微垣中的星座名，靠近北极星，共由六颗星组成。天皇大帝协助玉皇大帝执掌南北两极和天、地、人三才，统御众星，并主持人间兵革之事。

后土皇帝　俗称"后土娘娘"，与主宰天界的玉皇大帝相配，称"天公地母"。后土的信仰源于原始社会对土地的崇拜。在母系社会中，生育本族子孙的高母，是本族的领袖和权威，而其名称就是"后"；生人者称母，生万物之母则称"土"。"后土"之称始于春秋,其身份、来历有多种不同的说法。"后土"就其本原来说正是大地母亲之神——地。她的职能是掌握阴阳生育、万物之美与大地山河之秀。

3. 三官

又称"三元",是早期道教尊奉的三位天神,即天官、地官和水官。中国上古就有祭天、祭地和祭水的礼仪。三官的诞辰日即为三元日,自唐宋以来,三元节都是道教的大庆日子。道经称:天官赐福(天官由青黄白三气结成,总主诸天帝王。每逢正月十五日,即下人间,校定人之罪福,故称天官赐福);地官赦罪(地官名为中元二品赦罪地官,清虚大帝,隶属上清境。地官由元洞混灵之气和极黄之精结成,总主五帝五岳诸地神仙。每逢七月十五日,即来人间,校戒罪福,为人赦罪);水官解厄(水官名为下元三品解厄水官,洞阴大帝,隶属太清境。水官由风泽之气与晨浩之精结成,总主水中诸大神仙。每逢十月十五日,即来人间,校戒罪福;为人消灾)。

4. 真武大帝

真武大帝又称玄天上帝、玄武大帝、佑圣真君玄天上帝,全称真武荡魔大帝,道经中称他为"镇天真武灵应佑圣帝君",简称"真武帝君"。开始在道教中的地位并不高,玄武信仰之兴盛和玄武神地位的提高始于宋代。因北宋开国之初,受到北方外族契丹、辽国的威胁,为了提高防御入侵的自信心,于是乞灵于北方大神玄武的护佑。特别是明成祖发动靖难之役坐上皇位后,为了证明自己的正统,便说自己梦见真武大帝相助。民间称荡魔天尊、报恩祖师、披发祖师。明朝以后,在全国影响极大。道教重视斗星崇拜,称"南斗注生,北斗注死",人之生命寿夭均由北斗主其事。凡是人从投胎之日起,就从南斗过渡到北斗。人们祈求延生长寿,都要奉祀真武大帝。真武的诞辰日为农历的三月初三。

(二)道教神仙

神仙在中国神话传说中指进过人的不断修炼,不断领悟。心灵境界达到某一种超脱的状态,人的肉体得到了升华,具有一定的道,一定的超能力,一定的神位的人。道教认为修道有先后之序,成仙有高下之分,所以道教神仙也有品位层次之分。早期道教经典《太平经》就将神仙分为六等:一为神人,二为真人,三为仙人,四为道人,五为圣人,六为贤人。《仙术秘库》历代的神仙加以归纳总结,认为"法有三乘,仙分五等",其五等仙为:天仙、神仙、地仙、人仙、鬼仙。基本上奠定了神仙品位的基础。道教的神仙在民间影响最大的是八仙。

1. 八仙

八仙之名，明代以前众说不一。汉代八仙、唐代八仙、宋元八仙，所列神仙各不相同。在道教形成之前，汉代有"淮南八公"，此即汉代八仙。到唐代，淮南八公的故事仍在社会上广为流传，文人墨客的诗文中亦多以此为典故说神仙长生之事。宋元之际，八仙之说再次发生变化，逐渐形成今日民间流传的八仙。到明代吴元泰《八仙出处东游记》开始确定为：铁拐李、汉钟离（钟离权）、吕洞宾、张果老、曹国舅、韩湘子、蓝采和、何仙姑。由于八仙均为凡人得道，所以个性与百姓较为接近。

图 3-19　八仙过海

铁拐李　又称李铁拐。相传名叫李凝阳，或名洪水，小字拐儿，自号"李孔目"。《混元仙派图》称其为吕洞宾弟子。《历代神仙通鉴》载：李凝阳从老子和宛丘生魂游华山，嘱弟子曰："倘游魂七日不返，方化我尸魄。"不料弟子因母病危，提前将其尸体焚化，游魂无依，附于林中一饿死的乞丐身上，变得形极丑恶，跛右脚。有的传说，铁拐李生而有足疾，西王母点化升仙，封东华教主，授以铁拐。文艺作品中铁拐李的形象通常是挂铁拐，背葫芦，游历人间，解人危难。

汉钟离　名钟离权，全真道尊称"正阳祖师"，奉为"北五祖"之一。《道藏》有《灵宝毕法》三卷，题钟离权著，吕岩传。另外还有一些托名钟离权著的经书。《宣和书谱》和《宋史》都提到其事迹。据《历世真仙体道通鉴》卷三十一说：他的道号是"和谷子"，一号"正阳子"，又号"云房先生"。他与吕洞宾对神仙之道的问答，经施肩吾编为《钟吕传道集》行于世。"宋钦宗靖康初封为正阳真人，元至元六年(公元1269年)正月褒赠正阳开悟传道真君。"钟离权自称"天下都散汉"，艺术形象为手拿扇子，袒露大肚，乐呵呵的胖子，以突出其散仙的风度。

吕洞宾　五代宋初著名道士吕岩，号纯阳子。全真道兴起后，奉为北五祖之一。其人其事见本书第一卷。世传八仙中之最负盛名者。作品及民间传说的八仙故事中，多以他为中心，并将其塑造为手持宝剑，能解救人间苦难的游侠形象。

张果老　道教称为果老仙师，由唐代道士张果衍化而来。据《大唐新语》卷十载："张果老先生者，隐于恒州枝条山，往来汾晋，时人传其有长年术。"唐玄宗迎之入宫，倍加礼敬，自称是"尧时丙子年生"，曾为尧的侍中。"善于胎息，累日不食。"唐玄宗诏赐为"银青光禄大夫，仍赐号通玄先生。"中唐以后，张果老的传说日益增多。《太平广记》卷三十引《明皇杂录》《宣室志》《续神仙传》称："果常乘一白驴，日行数万里。休则重叠之，其厚如纸，置于巾箱中，乘则以噀之，还成驴矣。"此条亦见于《三洞群仙录》卷十五引《高道传》，应该说是后来张果老倒骑毛驴形象的雏形。

何仙姑　据《历世真仙体道通鉴后集》卷五、《历代神仙通鉴》卷十四载称：何系"广州增城县何泰之女也，唐天后时，住云母溪。年十四五，一夕梦神人教食云母粉……誓不嫁，常往来山顶，其行如飞……唐中宗景龙中，白日升天。"诸书所记何仙姑事，颇多歧异。清俞樾《茶香室丛钞》卷十四引宋《东轩笔录》《乐善录》《独行杂志》及清人《杂录》等所记何仙姑之事多有不同。

蓝采和　《续仙传》载称："不知何许人也，常衣破蓝衫……每行歌于城市乞索……似狂非狂。行则振靴言曰：'踏踏歌，蓝采和，世界能几何？红颜一椿树，流年一掷梭。'……后踏歌濠梁间，于酒楼乘醉，有云鹤笙箫声，忽然轻举于云中，掷下靴、衫、腰带、拍板，冉冉而去。"后来传说中，有时变成挎着花篮的姑娘，直到清代的戏文中还是女装打扮。也有仍将其定为男性的，为一少年。

韩湘子　字清夫，据说是唐吏部侍郎韩愈之侄，或外甥、侄孙。《列仙全传》卷六载："遇纯阳先生而从游，登桃树堕死而尸解。来见韩愈，愈勉之学，则答曰：'湘之所学与公异。'曾作诗自称：'解造逡巡酒，能开顷刻花。'韩愈不信，即为开樽，果成佳酝；又聚土，一会儿开碧花二朵，花间拥出金字一联说：'云横秦岭家何在，雪拥蓝关马不前。'愈读之不解其意，后因谏佛骨事谪官潮州，途中遇雪。韩湘子冒雪而来，问道：'公能忆花间之句乎？'愈询其地名即蓝关,感叹不已,方信湘之不诬。"这个故事较早见于《三洞群仙录》卷三所引宋刘斧《青琐高议》中,则韩湘子在宋代已衍为道教神仙。后来关于他的传说颇多,有《韩仙传》增演其故事。又传说他系吕洞宾弟子,被吕度为仙人,由此名列八仙。

曹国舅 《混元仙派图》载其为吕洞宾的弟子。《列仙全传》卷七称其为宋曹太后之弟,每不法杀人以后隐迹山岩,精思慕道,得遇钟离、洞宾,引入仙班。遂为八仙之一。

传说八仙分别代表着男、女、老、幼、富、贵、贫、贱;俗称八仙所持的檀板、扇、拐、笛、剑、葫芦、拂尘、花篮八物为"八宝",代表八仙之品。

2. 文昌帝君

文昌本是星名,民间也称文曲星,古时被认为是主持文运功名的星宿,其成为道教与民间所信奉的文昌帝君,与蜀中的梓潼神张亚子(又作张恶子或张垩子)有关。元延祐三年(公元 1316 年),元仁宗敕封张亚子为"辅元开化文昌司禄宏仁帝君",并钦定为忠国、孝家、益民、正直之神,这样,梓潼神与文昌星神遂合二为一,称文昌帝君。

3. 财神

财神是中国民间普遍供奉的一种主管财富的神明。主管财源的神明分为两大类:一是道教赐封,二是民间信仰。

正财神赵公明 民间指使人发财致富的神仙,也叫"赵公元帅",本名朗,字公明,又称赵玄坛。在《封神演义》中,姜子牙并没有封赵公明为财神,只封赵公明为"金龙如意正一龙虎玄坛真君",简称"玄坛真君",统帅"招宝天尊萧升""纳珍天尊晋宝""招财使者邓久公""利市仙官姚少司"四位神仙,管理迎祥纳福、商贾买卖。民间认为赵公明手下所掌管四名与财富有关的小神,其分别是招宝、纳珍、招财和利市,因而成为财神。

武财神关羽 关圣帝君即关羽关云长。传说关云长管过兵马站,长于算数,而且讲信用、重义气,所以被为家所崇奉。商家把关公作为他们的守护神,关公同时被视为招财进宝的财神爷。信奉关帝圣君的商家,在正月初五要为关公供上牲醴,鸣放爆竹,烧金纸膜拜,求关圣帝君保佑一年财运亨通。

文财神范蠡 春秋战国之际杰出的政治家、思想家和谋略家,同时也是一位生财有道的大商家,天资聪颖,少年时便有独虑之明。范蠡父子靠种地、养牲畜,做生意又积累了数万家财,成为陶地的大富翁,被后世拜为财神。

4. 魁星

"魁星"是中国古代天文学中二十八宿之一。后道教尊其为主宰文运的神，作为文昌帝君的侍神。魁星信仰盛于宋代，从此经久不衰，成为封建社会读书人于文昌帝君之外崇信最甚的神。农历七月初七，为"魁星生日"。

5. 城隍

起源于古代的水(隍)庸(城)的祭祀。"城"原指挖土筑的高墙；"隍"原指没有水的护城壕。古人认为与人们的生活、生产安全密切相关的事物都有神在，于是城和隍被神化为城市的保护神。道教把它纳入自己的神系，称它是剪除凶恶、保国护邦之神，并管领阴间的亡魂。

6. 天妃娘娘(妈祖)

本姓林名默，世居福建莆田湄洲屿。天妃诞辰于宋太祖建隆元年(公元960年)三月二十三日，传说她生而神异，长大后，誓不嫁人，经常云游于岛屿间，乘船渡海，凭着一身好水性拯救海上遇难的渔民和客商，被当地人呼为神女、龙女。宋代以后，妈祖就作为海上的救难神而受到人们的侍奉。每年的三月二十三日天妃庙都要举行最隆重的庙会。

七、道教宗教节日

道教以与自己信仰关系重大的日子和所奉神灵、祖师之诞辰日为节日。重大节日，将举行盛大斋醮。由于道教各派在信仰上的差异，所崇奉的神灵和祖师即有同有异。同时，受地域世俗信仰的影响，节日也相应繁多。每逢道教重大节日，各宫观常举行斋醮科仪法事，俗称"道场"。

(一)三清圣诞

三清作为道教最高神，在唐初已经确立。其中的元始天尊、灵宝天尊本为"道"之化身，是无始无先的，本无所谓生日，但后世道教经过解释，仍给它们定了生日。据称元始天尊象征混沌，为阴阳初判的第一个大世纪，因此以阳生阴降、夜短昼长的冬至日为其诞辰；灵宝天尊象征混沌始清，为阴阳开始分明的第二个大世纪，因此以阴生阳消、昼短夜长的夏至日为其诞辰。第三位道德天尊，即老子，历史上实有其人，但无从知晓他的出生日期。唐末杜光庭《道德真经广圣义》将老子生活年代推至殷商，并认定了出生日期：殷武丁九年庚辰岁二月十五日。

(二)其他节日(择要介绍)

正月　初九日玉皇上帝圣诞；十三日关圣帝君飞升；十五日上元天官圣诞。

二月　初一日勾陈神圣诞、刘真人圣诞；初二日土地正神诞、姜太公圣诞；初三日文昌梓潼帝君圣诞；十五日太上老君圣诞。

三月　初三日玄天上帝圣诞、王母娘娘圣诞；十五日财神赵公元帅圣诞；二十日子孙娘娘圣诞；二十三日天后妈祖圣诞；二十六日鬼谷先师圣诞。

四月　初十日何仙姑圣诞；十四日吕祖纯阳祖师圣诞；十五日钟离帝君圣诞十八日华佗神医先师诞；二十八日神农先帝诞。

五月　初一日南极长生大帝圣诞；十一日城隍爷圣诞。

六月　初十日刘海蟾帝君圣诞；二十三日火神圣诞；二十六日二郎真君圣诞。

七月　十五日中元地官大帝圣诞；二十三日诸葛武侯诞；二十五日齐天大圣诞；十六日张三丰祖师圣诞。

八月　初三日九天司命灶君诞；北斗下降之辰；十五日太阴星君诞、曹国舅祖师圣诞。

九月　初九日重阳帝君玄天上帝飞升。

十月　初十日张果老圣诞；十五日下元水官大帝圣诞；十八日地母娘娘圣诞；二十七日北极紫微大帝圣诞。

十一月　初九日湘子韩祖圣诞；十一日太乙救苦天尊圣诞。

十二月　十六日福德正神之诞、南岳大帝圣诞；二十日鲁班先师圣诞；二十二日重阳祖师圣诞；二十四日司命灶君上天朝玉帝奏人善恶；二十五日天神下降。

八、道教风景名胜

(一)道教"洞天福地"思想

洞天福地就是地上的仙山，是道教仙境的一部分，多以名山为主景，或兼有山水。原为道家语，指神道居住的名山胜地，后多比喻风景优美的地方。"洞天"意谓山中有洞室通达上天，贯通诸山。传说道士居此修炼或登山请乞，则可得道成仙"洞天福地"中的许多名山现已不可考，或者逐渐衰落，而少人问津。现存的名山大都在历史上具有一些特殊地位，而使香火延续至今，成为旅游胜地。

"洞天福地"的观念大约形成于东晋以前，定型于唐代。实际上指的是人迹罕至、景色秀丽的山脉或岛屿。道教形成以后，随着道士入山隐居、合药、修炼和求乞成仙，加之原有的种种传说，从而逐渐形成大地名山之间有洞天福地的观念。洞天福地包括十大洞天、三十六小洞天和七十二福地，构成道教地上仙境的主体部分。除此之外，道教徒还崇拜五镇海渎、三十六靖庐、二十四治等，中国五岳则包括在洞天之内。

十洲三岛　道教称距陆地极遥远的大海之中有三岛十洲，那里长满了可使人不死的仙草灵芝，神仙们则在这些岛之上风姿清灵，逍遥自在。三岛的原型为三神山，即先秦的传说中的蓬莱、方丈、瀛洲，后《云笈七签》定三岛为昆仑、方丈、蓬莱丘。明代道书《天皇至道太清玉洲》整理历史传说定十洲为：瀛洲、玄洲、长洲、流洲、元洲、生洲、祖洲、炎洲、凤麟洲、聚窟洲。

十大洞天　处在大地名山之间，是上天遣群仙统治的地方。指王屋山、委羽山、西城山、西玄山、青城山、赤城山、罗浮山、勾曲山、林屋山、括苍山十座山脉。

三十六小洞天　是相对于十大洞天而言，称为三十六洞天，又称三十六小洞天。道教认为在大地名山之间的三十六处，相传是上仙统治的地方。三十六洞天一词，始见于东晋上清派道书。据道书所载，它们是霍桐山洞、东岳泰山洞、南岳衡山洞、西岳华山洞、北岳恒山洞、中岳嵩山洞等三十六座名山。

七十二福地　道教将处于大地名山间的七十二处，相传为上帝命真人治理的地方，称为七十二福地，认为七十二福地是可以帮助修行之士得道的地方。"福地"一词，在我国出现很早，编集于东晋上清派仙人本业的《道迹经》引有《福地志》和《孔丘福地》。"七十二福地"一词亦见于南北朝道书《敷斋威仪经》。

(二)风景名胜

1. 五岳

五岳在中国的名山中有着重大影响和崇高的地位，并与五行相生的学说有着密切关系。在道教的信仰中，五岳尊神分别掌管着自然人物的养育和生衍，并内含着道教的善恶观。

东岳泰山　古称岱山，又名岱宗。位于山东省泰安县。泰山在五岳中虽不是最高最大的山岳，但因地处华北大平原，雄峻高大，且是中国古代文明的重要发源地之一，历代皇帝封禅祭祀之地，享有"五岳独尊""名山之祖"的地位。自夏、商、周到清王朝的康、乾皇帝，历代帝王都要到泰山举行盛大的封禅祭祀活动，以报答上天的佑护和大地的恩惠。道教形成后，历代帝王的封禅、祭祀活动与道教的斋醮活动融为一体，泰山东岳大帝被尊奉为天齐仁圣大帝，掌管人间福禄寿命。在道教的洞天福地中，泰山是"第二小洞天"，其麓下"岱庙"，是职掌人间生死贵贱、统帅冥府众鬼的东岳大帝之祖庭，与北京故宫、山东曲阜三孔、承德避暑山庄并称为我国四大古建筑群。

图 3-20　东岳泰山

图 3-21　西岳华山

西岳华山　位于陕西省华阴县。华山以雄奇高险著称于世，自古就是道教的神仙洞府，唐高祖、唐太宗等都曾亲上华山举行拜祭活动，尊封西岳神为金天王，为道教"第四小洞天"，供奉西岳大帝少昊，传为五代宋初陈抟老祖修行之所，是五岳中唯一为道教独占的名山。

南岳衡山　位于湖南省衡阳市南岳区。汉代时曾以安徽潜山县天柱山（又名霍山）为南岳，隋以后改衡山为南岳，衡山植被茂盛，风景秀丽，为道教"第三小洞天"。汉魏时著名道士魏华存曾居山修炼有成，被尊封为南岳夫人。山中道教殿宇现有南岳大庙、黄庭观、玄都观、祝融殿等道观。南岳秀丽山水，至今已是佛道并存的胜地。主要宫观有南岳大庙、黄庭观、祝融殿等，南岳大庙供奉南岳大帝；祝融殿在祝融峰上，以祭祀祝融火神。中唐以后，佛教在衡山占据绝对优势，儒家开辟了多家书院如邺侯书院等，故衡山成为佛、道、儒三教荟萃之地。

图 3-22　南岳衡山

北岳恒山 又名常山，位于山西省浑源县。北岳神祠在历史上曾出现两处，一是山西浑源的北岳，一是河北曲阳的北岳。明末清初才正式以浑源常山为北岳。山西曲阳大茂山北岳庙，是北魏至明代历代朝廷祭祀北岳之所。在五岳中，有"人天北柱""绝塞名山"之美称。

图3-23　北岳恒山

图3-24　中岳嵩山

中岳嵩山 古称外方山、崇山、嵩高山。位于河南省登封县内，素有"汴洛两京、畿内名山"之称。道教把中岳神尊奉为掌管"世界土地山川陵谷、兼牛羊食啖"之事的尊神。历代以来，中岳已成为儒、道、释并存的名山，道教列为"第六小洞天"。中岳庙是嵩山的主庙，供奉中岳大帝。历史上嵩山也是道、佛（以少林寺为代表）、儒（以嵩阳书院为代表）三教荟萃之地。

2. 其他名山

四川的青城山、湖北的武当山、江西的龙虎山、陕西的终南山（道教发祥地之一，其上的重阳宫，与北京白云观、山西芮城的永乐宫并称为全真道三大祖庭）、江苏的茅山（它是中国东南道教圣地，为上清派祖庭）等都是道教名山。

青城山 中国道教发源地之一，是中国首批公布的风景名胜区之一，位于四川省都江堰市西南，古称"丈人山"，处于都江堰水利工程西南10千米处。东汉顺帝汉安二年（公元143年），"天师"张陵来到青城山，选中青城山的深幽涵碧，结茅传道，青城山以此成为道教的发祥地，被列为"第五洞天"，有"青城天下幽"之美誉。青城山是中国著名的历史名山和国家重点风景名胜区，素有"拜水都江堰，问道青城山"之说，于2000年同都江堰共同作为一项世界文化遗产被列入《世界遗产名录》。

图 3-25 青城山

图 3-26 武当山

武当山 又名太和山，谢罗山，参上山，仙室山，位于湖北省西北部的十堰市丹江口境内，是中国国家重点风景名胜区、道教名山和武当拳发源地。在北宋尚未出现玄武神话以前，武当山已经成为道教的名山。武当山古建筑群始建于唐代贞观年间（公元627—649年）。现存建筑其规模之大，规划之高，构造之严谨，装饰之精美，神像、供器之多，在中国现存道教建筑中是绝无仅有的。武当山，是著名的山岳风景旅游胜地，胜景有箭镞林立的72峰、绝壁深悬的36岩、激湍飞流的24涧、云腾雾蒸的11洞、玄妙奇特的10石9台等。武当山古建筑群于1994年12月15日入选《世界遗产名录》。

龙虎山 位于江西省鹰潭市西南20千米处贵溪县境内，东汉中叶，正一道创始人张陵曾在此炼丹，传说"丹成而龙虎现，山因得名"。龙虎山景区为世界地质公园、国家自然文化双遗产地、道教发祥地、国家级风景名胜区、5A级国家旅游区、国家森林公园、国家重点文物保护单位。整个景区面积220平方千米，龙虎山是我国典型的丹霞地貌风景。2010年8月2日，龙虎山与龟峰被一并列入《世界遗产名录》。

图 3-27 龙虎山

图 3-28 终南山

终南山　又名太乙山、地肺山、中南山、周南山，简称南山，是秦岭山脉的一段，西起陕西咸阳武功县，东至陕西蓝田。主峰位于周至县境内。终南山为道教发祥地之一。据传楚康王时，天文星象学家尹喜为函谷关关令，于终南山中结草为楼，建设楼观；秦始皇曾在楼观之南筑庙祀老子，汉武帝于说经台北建老子祠。到了唐代，唐宗室认道教始祖老子为圣祖，大力尊崇道教，特别是因楼观道士歧晖曾赞助李渊起义，故李渊当了皇帝后，对楼观道士特予青睐，武德（公元618—626年）初，修建了规模宏大的宗圣宫。1992年，经原国家林业部批准建立陕西终南山国家森林公园，面积7675公顷，海拔650~2608米。全园划分南五台、翠花山、石砭峪、罗汉坪4个景区。

茅山　是道教上清派的发源地，被道家称为"上清宗坛"。茅山道教源远流长，在中国道教史上享有很高的声望和地位，曾赢得了"秦汉神仙府，梁唐宰相家""第一福地，第八洞天"等美誉。唐宋年代茅山道教达到了鼎盛时期，前山后岭，峰巅峪间，宫、观、殿、宇等各种大小的道教建筑多达300余座、5000余间，道士数千人，有"三宫、五观、七十二茅庵"之说。1982年被国务院批准为首批对外开放的重点宫观。

图3-29　茅山

图3-30　崂山

崂山　又曾称牢山、劳山、鳌山等，它是山东半岛的主要山脉，崂山的主峰名为"巨峰"，又称"崂顶"，海拔1132.7米，是我国海岸线第一高峰。山海相连，山光海色，是崂山风景的主要特色。崂山也是世界三大优质矿泉水地下水系中心之一。传说秦始皇、汉武帝都曾来此求仙。1982年，青岛崂山风景名胜区被国务院批准列入第一批国家级风景名胜区名单。

(三)道教宫观

道教的宫观庵庙等建筑是供奉、祭祀神灵的殿堂，又是道教徒长期修炼、生活和进行斋醮祈禳等仪式的场所。

1. 道教宫观建筑的平面组合布局

均衡对称式　建筑按中轴线前后递进、左右均衡对称展开，以道教正一派祖庭上清宫和全真派祖庭白云观为代表。山门以内，正面设主殿，两旁设灵官、文昌殿，沿中轴线上，设规模大小不等的玉皇殿或三清、四御殿。一般在西北角设会仙福地。有的宫观还充分利用地形地势的特点，造成前低后高、突出主殿威严的效果。膳堂和房舍等一类附属建筑则安排在轴线的两侧或后部。

五行八卦式　按五行八卦方位确定主要建筑位置，然后再围绕八卦方位放射展开具有神秘色彩的建筑手法。以江西省三清山丹鼎派建筑为代表，三清山的道教建筑雷神庙、天一水池、龙虎殿、涵星池、王佑墓、詹碧云墓、演教殿、飞仙台八大建筑都围绕着中间丹井和丹炉，周边按八卦方位一一对应排列，南北中轴线特别长，其他建筑都在这条中轴线的两端一一展开，构成一个严密的建筑体系。这是由道教内丹学派取人体小宇宙、自然大宇宙，同步协调修炼"精气神"思想在建筑上的反映。

2. 道教宫观基本建筑

山门殿　三门并立，中间一大门，两旁一小门，所以称为三门殿，一般供奉青龙神和白虎神，有的道观山门殿即为灵官殿。

灵官殿　在道教神系中，灵官是护法监坛之神，司天上人间纠察之职，所有违法乱纪、不忠不孝者他都要加以制裁。灵官殿相当于佛教的天王殿，供奉王灵官。

三清殿　相当于佛教的大雄宝殿，供奉道教最高神三清。

玉皇殿　供玉皇大帝，有的供奉四御。

三官殿　供奉天官、地官、水官。

3. 著名道观

白云观　道教全真道派十方大丛林制宫观之一，位于北京滨河路（原西便门外）白云观街，中国著名道观之一。始建于唐，当时叫天长观；金世宗时，大加扩建，更名为十方大天长观，是当时北方道教的最大丛林，并藏有《大金玄都宝藏》。金末毁于火灾，后又重建为太极殿。元代改名长春宫，成为中国北方道教中心。明朝重建后改名为"白云观"。它是道教全真龙门派祖庭，享有"全真第一丛林"之誉。

楼观台　位于陕西省西安市周至县东南15千米的终南山北麓，是我国最早的道教宫观，相传最初是西周大夫函谷关令尹喜隐居的地方，素有"天下第一福地"之称。楼观台的名胜古迹,现存上善池、说经台、炼丹炉、吕祖洞、仰天池、栖真。

九、道教的思想及其相关实践对森林文化的贡献

道教的树木崇拜思想是在传承早期的树木崇拜观的基础上,以道教的生态观为指导,糅合了神仙信仰和长生不老的梦想而形成的具有道教色彩的文化现象,影响着人们在对待和处理树木花草过程中所表现的言行。历经岁月的打磨,这一思想以沉淀于民俗民风和民间传说的形式仍然在发挥着影响。道教的树木崇拜思想是道教文化对森林文化发展的一个重大的贡献。

(一)道教从天人合一的整体观念出发,认为人与自然是一个有机的整体

《道德经》说:"道生一,一生二,二生三,三生万物。"道教认为万物以道为源泉和存在依据,天地万物都是由道生成,道化生万物之后,也就作为万物的本体内在于万物之中。王玄览《玄珠录》说:"道能遍物,即物是道。"《道门经法相承次序》记载有潘师正语:"一切有形,皆含道性。"道教以万物皆有道性的观点,提倡物无贵贱、万物平等,认为天地万物、飞禽走兽、草木昆虫都有其存在的价值,都有按照道赋予它的本性实现价值的权利,都有向上发展的可能,人可以修炼成仙,植物和动物也可以修炼成人、修炼成仙,直至达到天人合一的境界。

(二)道教尊重、爱惜、保护包括树木在内的一切生物的生命,契合了现代生态环保思想

人类与自然之间应该建立一种充分适应、和谐共处的关系,维护好这个关系是人类赖以生存和发展的重要前提。《太平经》说:"夫人命乃在天地,欲安者,乃当先安其天地,然后可得长安也。"而维护好这个关系的关键是提倡贵生精神,"天地之大德曰生",尊重、爱惜、保护包括树木在内的一切生物的生命,与万物为友,把恩惠施及草木,辅助万物成长。在谈到花草树木的保护时,《太平经》要求人们:"慎无烧山破石,延及草木,折华伤枝,实于市里,金刃加之,茎根俱尽。其母则怒,上白于父,不惜人年。人亦须草自给,但取枯落不滋者,是为顺常。天地生长,如人欲活,何为自恣,延及后生。有知之人,可无犯禁。"这即是说,人是依赖花草树木而生存的,所以要加以爱护,人们在利用这些资源时应当遵循其生长规律,不能任意地烧山破坏砍伐草木使之不能繁育生长,否则会贻害后代子孙。

(三)道教对人与自然万物关系的认识,丰富了森林文化内涵

道教的树木崇拜把树木纳入到道教的神仙世界,吸收了前人关于神树建木天梯连接天地的神话,赋予了树木的神灵性,树木成为这个世界神奇的元素。

神仙栖息和修道的环境是道教追求的理想环境,无论是人间的洞天福地,还是三清圣境、天上宫阙,莫不是清静安谧,林木茂盛,《淮南子·地形训》描述昆仑山仙境时,说它是山高万丈,绝地之顶,弱水之渊环绕,四周奇木围护;《云笈七签》说天上众星神周围环绕着不同的神树,有玉树、赤树、黑树、三华之树、青华之树等。树木是道教追求的理想环境中必须具有的构件。

第四节 基督教、伊斯兰教

一、基督教

在中国,基督教有两方面的理解:一是广义上的理解,指公元1世纪在巴勒斯坦地区创立,并逐步传播到欧美及世界各地信仰上帝的一种宗教,包括天主教(Roman Catholicism)、新教(Protestantism)、东正教(Easten Orthodoxy)各派;二是狭义上的理解,指16世纪随着资本主义的出现和发展,从天主教中分离出来的一系列新教派。本书从广义上分析,"基督教"指"基督宗教",即总称,而不是新教。目前基督教在全世界有约21.4亿信徒,为拥有信徒最多的宗教。

(一)基督教起源

基督教发源于公元1世纪中叶罗马帝国东部地区的巴勒斯坦地区,起初,基督教是犹太教中的一个教派(拿撒勒派)。

(二)基督教的发展

1. 早期基督教

罗马征服耶路撒冷以后,犹太教内部由于对罗马统治和人民起义持不同态度,形成不同派别,原始基督教与当时犹太教中的艾赛尼派有着许多共同之处和千丝万缕的联系。应该说,早期的基督教是作为群众运动产生的。在其发展过程中,逐渐吸取了各种东方宗教神秘主义思想,还有古代希腊哲学思想等形成自己独特的教会组织,于公元135年从犹太教中分离出来,成立

一种很独立的新宗教。在基督教早期阶段,外界视其为一种秘密性的宗教组织。随着基督教的传播,社会各阶层越来越多人加入教会。公元313年,罗马帝国颁布米兰敕令,承认基督教的合法地位。随着基督教的发展,教会开始将耶稣复活的一天称为后世的复活节,确定12月25日为耶稣的生日,即圣诞节。

2. 中世纪的基督教

公元476年西罗马帝国灭亡至公元1453年东罗马帝国灭亡的这一历史时期被认为是中世纪。这一时期是全世界封建制社会形成到发展的时期,也是世界三大宗教形成并广泛传播的时期。

古代罗马帝国的文明在西欧随着帝国的瓦解,入侵的日耳曼人的文明水平比罗马人低得多,他们建立的国家初期社会混乱无序。面对有较高文明水准的原罗马辖区的居民,要在西欧站稳脚跟,巩固政权,使社会从无序走向有序,只有依靠基督教,客观上造成了日耳曼人政权对天主教会的依赖。正是因为这样,在罗马帝国崩溃后,陆续建立起来的日耳曼人国家,西哥特、法兰克、盎格鲁-撒克逊、伦巴德等,先后皈依了西部正统的天主教派。基督教在古代的传播已有几百年的历史,这时传教又得到世俗政府的大力支持,这样天主教经过几个世纪的传播,实现了西欧的基督教化。公元476年,西罗马帝国被日耳曼人所灭之后,不少日耳曼人的部族,如法兰克人,也开始皈依基督宗教,于是教会便成了中世纪时期西欧的唯一学术权威。公元1054年,基督教分化为公教(在中国称天主教)和正教(在中国称东正教)。天主教以罗马教廷为中心,权力集中于教宗身上;东正教以君士坦丁堡为中心,教会最高权力属于东罗马帝国的皇帝。公元1096—1291年,天主教以维护基督教为名,展开了8次宗教战争(十字军东征)。16世纪,德国、瑞士、荷兰以及北欧部分国家和英国等地发生了宗教改革运动,它产生出脱离天主教会的基督教新教教会。领导人物是马丁·路德、加尔文等人,他们建立了新教和圣公会,脱离了罗马天主教。中国所称的"基督教",基本上都是这个时候产生的新教。

3. 现今的基督教

目前基督宗教乃世界上最大的宗教,到2016年,全球基督教注册信徒有24.6亿人。

(三)基督教在中国

基督教在我国的传播大致可以分为4个时期:唐代、元代、明末清初和晚清以后。

1. 唐朝

据记载,唐太宗贞观九年(公元635年),基督教(中国称景教,现称"基督宗教马龙派")的支派涅斯托利派从叙利亚经波斯开始传入中国。当时一度被认为是异端的聂斯托利派,在唐朝会昌五年(公元845年),唐武宗"重道毁佛",景教与其他外来宗教被禁止传播,在中原地区渐于灭绝,只在西北边陲少数民族中流传。

2. 元朝

忽必烈入主中原以前,基督教(史称景教)在蒙古族古老部族克烈部、汪古部、乃蛮部已经拥有较多信徒。成吉思汗统一蒙古后,景教遂在整个蒙古流传开来,随着蒙古人取得中原政权,景教再次进入我国内地。在中原地区,景教的势力不断扩展,传教机构遍及南北,形成了四大主教区:秦尼、喀什葛尔、汗八里、唐古忒。这时候南方的镇江、扬州、泉州也是景教徒聚居的地区。元朝灭亡后,基督教在我国的传播迅速中断。

3. 明末清初

基督宗教第三次来华传播指明末清初天主教的传入。这次传教始于西班牙人耶稣会士方济各·沙勿略1551年从日本搭乘葡萄牙商船到中国广东上川岛,但他因明朝海禁而无法入内地传教,不久即病死岛上;此后葡萄牙耶稣会士公匦勒等人在澳门建堂传教;明朝万历十年(公元1582年),天主教耶稣会派来利玛窦,他被允许在广东肇庆定居并传教,曾一度成功地使天主教在中国得以立足。此为近代天主教在中国内地传教的真正开端。此后,西方耶稣会传教士纷纷来华。然而天主教各修会之间和传教士内部也因"中国礼仪"问题及在华传教策略之争而形成分歧和矛盾,发展成罗马教皇与中国皇帝之间的权威之争。康熙皇帝宣布禁教、驱逐传教士出境,自1723年雍正登基后,清廷开始了长达百年的禁教。

4. 晚清以后

1840年第一次鸦片战争后,西方基督教凭借不平等条约获得特权,开始大规模传入中国。由于传教活动受到列强不平等条约保护,教会不受我国控制,基督教在中国被称为"洋教",至1949年仅有信徒70万左右。1950年7月,中国基督教界发表《三自宣言》,发起了"三自爱国运动",号召教会自治、自养、自传,中国教会从此走上了独立自主、自办的道路。

(四)基督教的标志与教义

基督教尽管有三大教派,但是基本教义都是相同的。《圣经》是基督教的经典,由《旧约全书》和《新约全书》两部分组成。他们信奉的"上帝"或"天主"本体上是独一的,但是包括圣父、圣子、圣灵(圣神)三个位格。

1. 基督教的标志

十字架是基督教的标志。十字架是一个最早的和最广泛使用的基督教的象征。十字架一词译自英语单词"cross",源于拉丁语的"crux"。十字架是古代一种处以死刑的刑具,是一种死刑的处决方式。特别流行于波斯帝国、大马士革王国、犹太王国、以色列王国、迦太基和古罗马等地,通常用以处死叛逆者、异教徒、奴隶和没有公民权的人。基督教徒普遍认为耶稣以自己的死亡来救赎世人所犯的罪,一般认为被耶稣被钉死在十字架上,以后信徒们便以十字架作为本教派的信仰标志。

2. 基督教的教义

(1)共同教义

基督教的教义取源于《圣经》。虽各宗派说法不一,但基本教义大致相同。主要可归纳为下述四个方面:一是"创世说";二是"原罪说";三是"救赎说";四是"天堂地狱说"。

创世说　基督教重要教义之一。《旧约·创世纪》说,神用五天时间造出了自然界万物,第六天造人,第七天歇息。基督教认为上帝是至高、至美、至能、无所不能;至仁、至义、至隐无往而不在;至坚、至定、但又无从执持,不变而变化一切;无新、无故,而更新一切。

原罪说　基督教经典称,人生来就是有罪的,人类的始祖亚当和夏娃由于受蛇的诱惑,吃了禁果,违犯了上帝的禁令,被逐出伊甸园。从此,人类世世代代都有了罪。人一生下来甚至在母腹中就有了罪。基督教认为,人的本性就是有罪的,所以,人在尘世的最高职责就是向上帝赎罪。

救赎说　基督教认为人只有信耶稣基督,才能免去一切罪。因为整个人类都具有与生俱来的"原罪",是无法自救的。人既然犯了罪,就需要付出"赎价"来补偿,而人又无力自己补偿,所以上帝就差遣其子耶稣基督为人类承受死亡,流出宝血以赎信徒的罪。

天堂地狱说　基督教认为现实物质世界是有罪的,也是有限的,世界末日迟早会到来。人的肉体和人生是短暂的,最终都要死去和过去,而人的灵魂则要永存。人死后其灵魂将根据生前是否信耶稣决定上天堂或下地狱。信仰上帝的人,灵魂将得救;不信仰上帝的罪人死后将进入地狱受到惩罚。

(2)不同教派的教义

天主教　天主教的教义分理性教义和启示教义两大部分。第一,理性教义,也叫自然教义。内容有四条:宇宙只有一个神,天主唯一;天主创造宇宙万物;天主定贫富生死,赏善罚恶;人有灵魂,人死而灵魂不灭。灵魂得宠爱升天堂,否则下地狱。第二,启示教义。也称超性教义,内容有四条:天主至真至善是自有的;天主至公至义;天主全能全智;天主三位一体。天主教强调第二部分教义是教徒必须坚信的,所以称为信德道理。

东正教　东正教以《圣经》为其教义的基本来源,同时承认圣传也是教义的来源之一。东正教派的神学和对于经卷的解释都是遵循基督教兴起初期所传下来的典范。他们所有的努力都是为了要继续和延续基督传给他最初使徒,以及使徒传给早期教会僧侣的神学和信仰。从某种意义上说,东正教是最保守的基督教派。

新教　新教具有与天主教和东正教不同的教义,新教强调"因信称义"、信徒人人都可为祭司和《圣经》具有最高权威三大原则。"因信称义":根据基督教教义,人因有原罪和本罪,不能自救,在上帝面前不能称义。唯一的救法是借上帝之子基督将救恩赐给世人,因此,拯救的根源来自上帝的恩典。信徒皆可为祭司:新教认为既然只凭信心即可得救,那么信徒人人均可为祭司,无须神职人员作为神、人之间的中介。此外,信徒还可以互相代祷,每个信徒都有在宗教生活中彼此照顾相助的权利和义务,都有传播福音的天责。

(五)基督教的宗教仪式和传统节日

1. 基督教的宗教仪式

基督教三大教派的宗教仪式不尽相同,天主教和东正教尤其注重宗教仪式,主要表现为7件圣事:

洗礼　表示洗净原有的罪恶,接受耶稣基督为救主,来更新自己的生命。洗礼是教徒的入教仪式,分"点水礼"和"浸水礼"两种。

坚振　也称"坚信礼"。象征人通过洗礼与上主建立的关系获得巩固。即入教者在接受洗礼后,一定时间内再接受主教的"按手礼"和"敷油礼"。

告解　也称"忏悔"。信徒在神职人员面前忏悔自己的罪过,以求得上帝宽恕,并得到神职人员的信仰辅导。神父或主教对教徒所告诸罪指定补赎方法并为其保密。

圣体　新教称为"圣餐"。教徒吃经主教祝圣后的面饼和葡萄酒，象征吸收了耶稣的血和肉而得到了耶稣的宠光。

婚配　教徒在教堂内，由神职人员主礼，按照都会规定的仪式正式结为夫妻，以求得到上帝的祝福。

神品　通过神品这样一个圣事，传达天主的恩宠，从而执行来自天主的神权，通常由主教念一段经文，按手祝福，表示神职权威的转授，授神职者从此有资格主持各种圣礼。

终缚　在教徒病情危重或临终时，由神职人员为其敷擦圣油，以"赦免"其一生罪过，帮助敷者减轻痛苦或是让他安心地去见上帝。

2. 基督教的传统节日

基督教因教派的不同，节日很多，其中，有的节日已经成为世界性的节日。

圣诞节　英语：Christmas，即"基督弥撒"，是基督教历法的一个传统节日，它是基督徒庆祝耶稣基督诞生的庆祝日。在圣诞节，大部分的基督教教堂都会先在12月24日的平安夜举行礼拜，然后在12月25日庆祝圣诞节。

复活节　是纪念耶稣基督复活的节日。《圣经·新约全书》记载，耶稣被钉死在十字架上，第三天身体复活，复活节因此得名。根据西方教会的传统，在春分节（3月21日）当日见到满月或过了春分见到第一个满月之后，遇到的第一个星期日即为复活节。东方教会则规定，如果满月恰好出现在第一个星期日，则复活节再推迟一周。因此，节期大致在3月22日至4月25日之间。

感恩节　美国国定假日中最地道、最美国式的节日，它和早期美国历史最为密切相关。原意是为了感谢印第安人，后来人们常在这一天感谢他人。自1941年起，感恩节是在每年11月的第四个星期四，从这一天起将休假两天。

情人节　英文：Valentine's Day，又名圣华伦泰节，在每年的2月14日，这节日原来纪念两位同是名叫华伦泰的基督宗教初期教会殉道圣人，是西方的传统节日之一。情人在这一天互送巧克力、贺卡和花，用以表达爱意或友好。

(六) 基督教教堂建筑

1. 建筑形式

对于基督教来说，教堂是建立在现实的世界之上的神圣空间，体现人们对上帝的理解与感受，由于理解及追求的不同形成了教堂建筑的不同风格。主要有 3 种形式：

罗马式　罗马式教堂萌发于加洛林王朝、成熟并流行于 11—12 世纪的西欧、北欧及部分东欧地区，被称为中世纪"第一次国际性时代"的教堂建筑风格。罗马式教堂的雏形是具有山形墙和石头的坡屋顶并使用圆拱，内部空间来象征宇宙，体现一种静态的安宁与凝重；哥特式则用外部结构的急剧上升来象征向天国无限升腾的意思。教堂的一侧或中间往往建有钟塔。屋顶上设一采光的高楼，这是室内唯一能够射进光线的地方，导致教堂内光线幽暗，给人一种神秘宗教气氛和肃穆感。教堂内部装饰主要使用壁画和雕塑，教堂外表的正面墙和内部柱头多用浮雕装饰，这些雕塑形象都与建筑结构浑然一体。罗马式教堂的典型代表为意大利的比萨大教堂。

图 3-31　比萨大教堂

哥特式　哥特式教堂建筑是从罗马式教堂基础上发展起来，哥特式教堂型制基本采用拉丁十字巴西利卡平面，东端半圆形后堂部位小礼拜堂较多，布局复杂。西立面有一对很高的钟塔。三座门洞都有周围的几层线脚，并刻着成串的圣像。哥特式教堂外部有许多造型挺秀、高耸入云的尖塔，堂身墙壁较薄，并以轻盈通秀的飞扶壁。教堂的墙体配有高大明朗、用彩色玻璃镶嵌的花窗，往往能给人造成一种向上升华飞腾、触及天国神秘的幻觉。从三扇大窗户射入的光线揉为一体，启示了三位一体的神秘，而从三个方面射入的光线则属于预言者、使徒和殉教者。在教堂内部，还有许多布局和

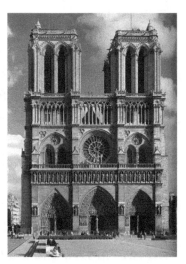

图 3-32　巴黎圣母院

谐的圆柱，壁上、柱身都装饰有形象生动的浮雕和石刻，并能辅以从玻璃花窗射入的五彩光线之点缀和烘托，使人置身于内更感宗教的庄严、肃穆和神圣。哥特式教堂的著名代表有法国的巴黎圣母院。

拜占庭式 其代表为圣索菲亚大教堂。拜占庭建筑的特点有四个方面：第一是屋顶造型普遍使用"穹窿顶"；第二是整体造型中心突出，圆穹顶往往成为整座建筑的构图中心；第三是它创造了把穹顶支承在独立方柱上的结构方法和与之相应的集中式建筑型制，从而使内部空间获得了极大的自由；第四是色彩灿烂夺目。

2. 中国基督教建筑

在发展兴盛的过程中，基督教在世界各地留下了许多著名的教堂，我国现存大型基督教堂是新中国成立前留下来的。我国著名的天主教教堂和遗迹有：北京南堂和北堂、利马窦墓、天津老西开教堂、上海徐家汇天主教堂、佘山圣母大教堂、广州圣心大教堂。我国著名东正教教堂：哈尔滨圣索非亚教堂、上海圣母大教堂。我国著名新教教堂：上海国际礼拜堂、沐恩堂、圣三一堂、景灵堂。

图 3-33 圣索菲亚大教堂

上海徐家汇天主教堂 中国著名的天主教堂，为天主教上海教区主教座堂，正式的名称为"圣母为天主之母之堂"，位于上海市徐家汇。始建于 1847 年，清光绪 22 年（公元 1896 年）重建。整幢建筑为典型的哥特式建筑，共五层，砖木结构，高 79 米，宽 28 米，正祭台处宽 44 米，堂内有苏州产的金山石雕凿 64 根楹柱，门窗为哥特尖拱式，有祭台 19 座，中间大祭台是 1919 年复活节从巴黎运来。堂内可容纳 2500 人同时做弥撒。内部的顶部回廊，通过独特的网状设计结合空气动力学原理，让至少三层楼高的大厅不用人工清洗高位玻璃而且保证在教堂的任何一个地方用平常声音说话能传到教堂的任何一个角落。当时曾有"远东第一大堂"美誉。

图 3-34 徐家汇天主教堂

广州圣心大教堂 坐落于广州市一德路，这座教堂由法国天主教会根据不平等的《天津条约》而建，1857 年英法联军占领广州以后，两广总督府被改建为教堂。教堂始建于1863年，落成于1888年，前后历时25年，至今有130多年的历史。教堂建筑总面积2754平方米，坐北朝南，东西宽32.85米，南北长77.1米，底层建筑面积约2200平方米，而从地面到塔尖高58.5米。教堂属哥特式风格，可与闻名世界的巴黎圣母院媲美。因为1863年6月28日是天主教圣心瞻礼日，正式举行奠基典礼，并命名为圣心大教堂。

上海圣三一堂(Holy Trinity Church) 英国著名建筑师斯科特·凯德纳设计的，1869年建成。这是一座红砖砌筑，室内外均为清水红砖墙面的建筑，俗称"红礼拜堂"，是上海早期最大最华丽的基督教教堂。这座教堂位于黄浦区，是一座专门为英国侨民中的圣公会教徒服务的教堂，1847年先建造了一座小型教堂，1866年5月24日—1869年重新建造，外观为哥特式，是上海早期最大最华丽的基督教堂。1875年升格为圣公会北华教区主教座堂。1949年以后英国侨民撤退，这座教堂就移交给信仰背景相同的中华圣公会江苏教区。

图3-35　圣心大教堂

图3-36　圣三一堂

二、伊斯兰教

伊斯兰教是世界性的宗教之一，中国旧称大食法、大食教度、天方教、清真教、回回教、回教等，与佛教、基督教并列为世界三大宗教。7世纪初兴起于阿拉伯半岛，由麦加人穆罕默德（约公元570—632年）所创传。伊斯兰为阿拉伯语音译，意为"顺从者"，原意为"顺从""和平"，指顺从和信仰宇宙独一的最高主宰安拉及其意志，以求得两世的和平与安宁。信奉伊斯兰教的人统称为"穆斯林"（Muslim）。主要传播于亚洲、非洲，以西亚、北非、中亚、南亚次大陆和东南亚最为盛行。20世纪以来，在西欧、北美和南美一些地区也有不同程度的传播和发展。

（一）伊斯兰教起源

伊斯兰教是为适应封建社会的发展而建立的一种宗教。6世纪末至7世纪初，阿拉伯半岛正处在原始氏族部落解体、阶级社会形成的大变革时期。半岛由于自然环境的差别，社会经济、政治发展极不平衡，造成阶级对立加剧，社会经济危机四起。为了能把分散的、相互冲突的各个部落联合起来，建立一个强大而统一的民族国家，首先需要一个能统一民众思想的一神的宗教。当时，阿拉伯社会新兴封建领主和商业贵族阶级利益的代表人物穆罕默德在学习了基督教思想的基础上创立一神的适合于阿拉伯民族的伊斯兰教。穆罕默德采用类似神示的方式，通过历次"接受真主启示"的神秘活动，以"安拉的使徒"自命，把古莱氏人的部落神"安拉"奉为他的宗教的独一无二的"真主"，把犹太人的祖先亚拉伯罕尊为祖先。新宗教宣扬"一切顺从安拉"，即为"伊斯兰"教，信教者称为"穆斯林"。穆罕默德用宗教的力量使一盘散沙的阿拉伯各部落得到了初步的统一，成为阿拉伯国家的政治和宗教首领。在宗教革命的旗帜下，领导了阿拉伯的社会变革运动，统一了阿拉伯半岛。

（二）伊斯兰教传播与发展

8世纪中叶，阿拉伯帝国建立，随着帝国的扩张，社会矛盾激化，人民起义不断爆发，在穆斯林中引起激烈的争论，发生一系列的斗争与分裂，最终形成了逊尼派与什叶派，以后逐步出现了伊斯玛仪派、巴布教派、巴哈教派和苏菲教派等众多教派。其中，逊尼派是当今世界上最大的一个伊斯兰教派。伊斯兰教由阿拉伯地区性单一民族的宗教发展成世界性的多民族信仰的宗教，是阿拉伯伊斯兰国家通过不断对外扩张、经商交往、文化交流、向世界各地派出传教士等多种途径而得到广泛传播的结果。它的早期传播是在"圣战"中实现的。

公元632年,穆罕默德逝世后,伊斯兰教进入"四大哈里发时期",随着统一的阿拉伯国家的对外征服,伊斯兰教向半岛以外地区广泛传播,被称为"伊斯兰教的开拓时期"。

公元661年起,伊斯兰教进入阿拉伯帝国时期,历经伍麦叶王朝和阿拔斯王朝,地跨亚、非、欧三大洲,伊斯兰教成为帝国占统治地位的宗教,经济和学术文化得到空前的繁荣和发展,被称为"伊斯兰教发展的鼎盛时期"。

13世纪中期,随着异族的入侵,帝国境内东、西部诸多地方割据王朝的独立,阿拉伯帝国解体。中世纪晚期,伊斯兰世界并立着奥斯曼、萨法维、莫卧儿三大帝国,其中奥斯曼帝国版图和影响最大。被称为"伊斯兰教第三次大传播的时期"。

18世纪中叶以后,西方殖民主义者相继侵入伊斯兰世界,许多国家逐步沦为殖民地和半殖民地。伊斯兰世界各国人民在"圣战"和教派运动的旗帜下,多次掀起反抗殖民压迫的民族斗争,给殖民主义者以沉重打击。第二次世界大战后,各伊斯兰国家相继独立,大致形成当今伊斯兰世界的格局。

(三)伊斯兰在我国的传播和发展

伊斯兰教在我国的传播经过了一个漫长而渐进的过程。伊斯兰教何时传入中国,我国的史书上也有不同的记载,目前尚无定论。《旧唐书·大食传》记载:"永徽二年始遣使来贡。自云有国已三十四年,历三主。"永徽二年是阿拉伯伊斯兰帝国与中国在外交上的首次接触。在唐朝中期以前,大食国的使者及商人来华路线主要以陆地为主。伊斯兰教从大食(今阿拉伯),经波斯(伊朗),过天山南北、穿过河西走廊,进入中原,沿丝绸之路进入中国;在海上渠道方面,伊斯兰教从大食(今阿拉伯),经印度洋,到天竺(今印度),经马六甲海峡,到东南沿海广州和泉州等地,沿着香料之路而传入中国。

到了宋代,我国中原地区和契丹、西夏,再加上阿拉伯内部以及波斯、中亚一带内患连连,致使中西陆路交通阻隔,于是在海上贸易方面空前繁荣,宋代的海上贸易促进了伊斯兰教在我国的进一步渗透。

元代是伊斯兰教在中国内地广泛传播和全面发展的重要时期。蒙古汗国兴起后,成吉思汗及其继承者的西征过程使中西交通大开,自愿来华的传教士络绎不绝。当时的大都(今北京)、广州、泉州、扬州、温州、庆元(今宁波)、上海、上都、长安等地是穆斯林商人云集之地。从元末明初起,回回穆斯林遍及全国，他们仍保持着伊斯兰教信仰和文化。他们的宗教信仰和风俗习惯被人们广泛注意，所以，我国又把伊斯兰教称"回回教"。元朝时期，还有相当数量的汉、蒙古、维吾尔等族人因政治、经济和通婚等原因改信了伊斯兰教，成了回回穆斯林。元代统治者设立了"回回国子学"进行宗教及文化教育。

明清统治者对于伊斯兰教和穆斯林，根据其统治的需要而定，时而利用，时而打击。明朝统治者一方面对穆斯林给予一些优惠政策，试图利用伊斯兰教为其统治服务；另一方面，采取民族同化政策，强迫穆斯林同化于汉族。由于穆斯林与非穆斯林通婚时让对方改信伊斯兰教，使穆斯林的人口增加。

清朝统治者对伊斯兰教和穆斯林的政策是以打击为主，安抚为辅。清朝前期以安抚为主，伴以限制；后期则主要是打击。清初，允许穆斯林读书习武，应举入仕；清中叶后，统治者对穆斯林的限制、歧视也日益严重，穆斯林因不堪压迫，多次起义。

新中国成立后，我国政府实行宗教信仰自由政策，虽然这一政策在十年浩劫中曾遭到破坏，但总体而言，伊斯兰教信仰受到尊重，宗教生活得到了保证。不同版本的《古兰经》被出版印行，清真寺得到修建，著名清真寺成为国家保护文物。为发扬伊斯兰教优良传统，团结各民族的穆斯林，1953年，成立了全国统一的宗教团体——中国伊斯兰教协会，积极开展全国性的宗教活动，加强同各国穆斯林的友好联系。1955年，在北京建立了中国伊斯兰经学院。国务院还批准建立了一系列民族自治区、州、县，实行广泛的民族自治。

(四)伊斯兰教教义与标志

1. 教义

伊斯兰教的教规、教义都通过《古兰经》固定下来。基本信条为：万物非主，唯有真主；穆罕默德是主的使者。这在我国穆斯林中视其为"清真言"，突出了伊斯兰教信仰的核心内容。具体而言又有六大信仰之说：

①信安拉。安拉是阿拉伯语音译，为伊斯兰教信奉的唯一主宰。中国通用汉语的穆斯林多译为"真主"，有的地区穆斯林据波斯语音译为"胡达"。伊斯兰教认为，安拉是独一的，是宇宙万物的创造者、恩养者、主宰者和受拜者，除安拉之外别无神灵，安拉是宇宙间至高无上的主宰。

②信天使。伊斯兰教认为天使是安拉用"光"创造的无形妙体，受安拉的差遣管理天国和地狱，并向人间传达安拉的旨意，记录人间的功过。《古兰

经》中有四大天使：哲布勒伊来（Jibra'il）、米卡伊来（Mikal）、阿兹拉伊来（Azral）及伊斯拉非来（Israfil），分别负责传达安拉命令及降示经典、掌管世俗时事、司死亡和吹末日审判的号角。

③信使者。使者又称先知和圣人，是男性自由人。伊斯兰教认为使者是接受了安拉的启示向世人传播宗教的，是安拉"为怜悯全世界的人"而选派的"警告者"，是普慈众生的"先知"，负有传布"安拉之道"的重大使命。

④信经典。认为《古兰经》是安拉启示的一部天经，教徒必须信仰和遵奉，不得诋毁和篡改。伊斯兰教也承认《古兰经》之前安拉曾降示的经典（如《圣经》），但《古兰经》降世之后，信徒即应依它而行事。

⑤信前定。伊斯兰教认为世间的一切都是由安拉预先安排好的，任何人都不能变更，唯有顺从和忍耐才符合真主的意愿。

⑥信后世。认为在今世和后世之间有一个世界末日，在世界末日来临之际，现世界要毁灭，真主将作"末日审判"，届时所有的死人都要复活接受审判，罪人将下地狱，而义人将升入天堂。

2. 标志

伊斯兰教的标志为新月。新月代表一种新生力量，从新月到月圆，标志着伊斯兰教摧枯拉朽、战胜黑暗、圆满功行、光明世界，新月真正作为伊斯兰教的标志是公元15、16世纪。

（五）伊斯兰教的建筑

伊斯兰教的寺院称为"清真寺"或"礼拜寺"，中国古代也称"回回堂"，是举行宗教仪式，传授宗教知识的场所。清真寺是伊斯兰教建筑的主要类型，它是信仰伊斯兰教的居民点中必须建立的建筑。清真寺建筑必须遵守伊斯兰教的通行规则，如礼拜殿的朝向必须面东，使朝拜者可以朝向圣地麦加的方向做礼拜（面向西方）；由于伊斯兰教反对偶像崇拜，所以礼拜殿内不设偶像，仅以殿后的圣龛为礼拜的对象；清真寺建筑装饰纹样不准用动物纹样，只能是植物或文字的图形。

清真寺用敲钟的方式组织教徒做祈祷，从总体上是四面殿堂或护墙围成的一个宽敞的方形院落，形成独特的空间结构。四面一围，隔离了寺外的世俗空间而封围成一个寺内的神圣空间。一般有礼拜大殿（又称大殿）、邦克楼、讲堂、浴室以及阿訇办公居住用房等附属建筑。中国清真寺有殿堂式清真寺和阿拉伯式清真寺两种建筑形式。前者具有中国传统建筑风格，采用四合院式样，沿中轴线展开建筑；后者外观造型为穹顶式，大殿上一大四小圆形绿色穹顶，顶上一弯银白色的新月。

泉州清真寺——中国伊斯兰教的圣地。宋代以后，大批阿拉伯人来泉州经商、传教，其家室也随之在泉州聚居。清真寺的修建是穆斯林商人大量聚居、繁衍的结果，也是伊斯兰教在泉州传播的重要标志。建于北宋大中祥符二年(公元1009年，伊斯兰教历400年)的泉州清真寺是我国现存最早的伊斯兰三大教寺之一，据中文石碑记，元至正十年(公元1350年)、明万历三十七年(公元1609年)两次重修。现存建筑主要有寺门、奉天坛和明善堂，是国内唯一用花岗石和辉绿石建造的典型阿拉伯中亚风格的清真寺。

图 3-37　泉州清真寺

(六)伊斯兰教的主要节日

伊斯兰教的主要节日有开斋节、宰牲节、圣纪节。

1. 开斋节

开斋节是阿拉伯语尔德·菲图尔的译意。我国新疆地区称开斋节为肉孜节，这是波斯语芦茨的转音，也是斋戒的意思。开斋节是伊斯兰教重要的节日之一，全世界穆斯林都很重视这个日子。具体时间是伊斯兰教历的10月1日。斋戒是伊斯兰教中一种相当严格的宗教意识锻炼，斋月期间，在每天星星升起和太阳落下之前，教徒们水米不沾，不能吃任何东西。不行房事、并要戒烟、戒酒。杜绝一切邪念和私欲。一直到日落之后，才可以可进食，但也不能吃得太饱，显得贪婪无节制的样子。这一个月中，只有老弱病残孕者可在白天吃喝，并且在严格的控制之下。这一节日的目的与意义在于控制个人私欲，提醒富贵者不要挥霍。斋戒满一个月后就是开斋节，每年的此节极其重要，男女老少都要沐浴更衣，然后男人们涌向清真寺，妇女们在家铺好方毯开始做礼拜,然后探亲访友,举行礼会和庆祝活动,接受阿訇和亲友的祝福。

2. 宰牲节

又称古尔邦节,意为献牲,即宰牲献祭的意思。宰牲节一词是阿拉伯语尔德·艾祖哈的译意,时间是伊斯兰教历的 12 月 10 日。宰牲节,顾名思义,宰牲成这一节日的重要功课之一。去朝觐的人宰牲,不去朝觐在家里的人有条件的也要宰牲,而且每年每人一只。宰牲的时间是教历 12 月 10、11、12 日这三天内均可。按要求一人拿一只羊、七人合宰一头牛或骆驼也可。最好是肥而美的黑头白羊,其次是黄色、古铜色、棕色、斑白色和黑色。不需要给屠宰者费用,剥下的皮不能卖掉。宰得后将肉分成三份,一份自食,一份赠送亲友,一份施散贫穷的人,这一天除宰牲献祭外,还要到清真寺举行会礼等节日活动。在这期间世界五大洲的数以百万计的穆斯林云集在圣城麦加。

3. 圣纪节

圣纪是指伊斯兰教的复兴者、也是最后的一位使者穆罕默德的诞生纪念日,时间是每年伊斯兰教历的 3 月 12 日。中国穆斯林也称这一天为圣忌,通称为圣会。一般的纪念方式主要是举行各种形式的聚会,讲解穆圣的历史及其伟大功绩,宣扬穆圣高尚的品格等,同时为穆圣诵读《古兰经》及多种赞圣词。

第四章
饮食文化与森林

【导读】饮食文化是以饮食为载体而产生和发展起来的文化现象。随着社会生产力的发展,人们从为了生存和繁殖后代而刀耕火种、茹毛饮血果腹充饥,到"仓廪实而知礼节""衣食足则知荣辱",开始追求"吃得美,吃得有情趣,吃得味好"而享受生活乐趣。由于我国自然环境、气候物产、政治经济、民族习惯与宗教信仰的不同,使得各地区、各民族的饮食风俗千姿百态、异彩纷呈,所以烹饪中的饮食加工技术在世界上首屈一指,体现了中国文化的特征。

第一节 饮食文化

孙中山先生在其《建国方略》一书中说:"我中国近代文明进化,事事皆落人之后,惟饮食一道之进步,至今尚为各国所不及。"中国的饮食,在世界上是享有盛誉的,华侨和华裔外籍人在海外谋生,经营最为普遍的产业就是餐饮业。中国的饮食可以说是"食"遍天下,遍布全球,所向披靡,至今世界上几乎每一个角落都有中餐馆。人类饮食的历史成为人类适应自然、征服自然与改造自然以求得自身生存和发展的历史,而在这历史过程中便逐渐形成了人类的饮食文化。中国饮食文化是人类饮食文化的一部分,也是中国文化的一部分,它优秀的传统、丰富的文化积淀,使我国享有"烹饪王国"的美称。

一、中国饮食文化的发展历程

饮食涉及"饮"与"食"两个方面。"饮"主要指分别代表酒精饮料和非酒精饮料的酒和茶;"食"则是我国长期形成的以五谷为主食,蔬菜、肉类为副食的传统饮食结构。饮食文化内涵深厚,从文化层面上看,它包含物态文化、行为文化和精神文化,其中物态文化包括饮食中的原料、餐具、产品、环境等;行为文化包括相关的工艺文化、消费文化、服务文化;精神文化包括与饮食相关的礼仪制度、审美情趣等。纵观我国饮食文化的发展轨迹,我国饮食文化大致分为以下几个阶段:

(一)原始社会时期(萌芽)

大约在6000~7000年前,我们的祖先就开始在这片土地上就开始种植粟、麦稻等农作物,在与自然作斗争的过程中,我们的祖先将从山林中捕获的野生动物在满足消费的前提下进行驯养,以备应急之需,大约在5000年前就开始饲养牛、马、鸡、犬并种植蔬菜。我们的神话传说中演绎了人类进化的历程,也是一种人类逐步懂得用火以后的饮食文化史。在神话传说时期,人们的饮食放在首要位置,从侧面揭示了远古时期我国原始烹调的四大丰碑:用火、种植、养殖和制陶。

1. 有巢氏

原始人类处于茹毛饮血的旧石器时代,有巢氏教导人民用树枝、树叶建造出简陋的篷盖,使人类在与野兽和洪水的搏斗中求生存,在这一人猿揖别的上古时期，人们主要靠采集植物的果实、嫩叶、根茎，捕捉鸟兽虫鱼作为食物，过着原始、粗陋、生吞活剥的饮食生活。这一时期，没有真正意义的饮食文化。

2. 燧人氏

最初的火，也许是电闪雷鸣、火山爆发、枯草自燃等原因引起的，居住在森林中的先民们遇到大火，就会纷纷逃出森林，但一些动物却因为来不及逃跑而被烧死了，当大火熄灭以后，先民们回到森林，会发现被烧死的动物已经毛尽肉焦，散发出阵阵香味。饥饿中的人们鼓足勇气拿来食用，却觉得熟肉更易嚼、易消化。燧人氏教人从木头钻出火来，教人类炮生为熟，人类从此就跟其他所有的动物分道扬镳，进入石烹的熟食时代。当时烹调方法虽然简单，但是在人类前行的这一点点进步中，确为伟大的成绩。

3. 伏羲氏

当人类知道取火的方法后，伏羲氏作为我国神话中出现的第三位神祇，他教人如何用火烹饪，从此人们享受到香喷喷的饮食，这是饮食艺术的萌芽；伏羲氏还制造渔网，教导水滨的居民们捕鱼；又教导人们挖掘陷阱，捕捉活的动物，训练它们作为家畜。这种"养牺牲以充庖厨"的做法应该说是我国饮食文化上的重大进步。

4. 神农氏

神农氏创立农业，发明陶器享誉后世。当时人们不知道什么东西可以吃和什么东西不可以吃，祇神农氏采集各种花草果实，放到口中咀嚼以确定它们的性质功能。最后他终于发现人们可以吃的食物与药物。神农氏把一些可食用的若干植物，分别定名为"小麦""稻米""高粱"等，教人种植；又教人把若干性情驯顺的野兽如狗、马、牛、猪豢养到家里，其"发明耒耜，教民稼穑"，改善了人类的饮食；陶具的发明使人们第一次拥有了炊具和容器，为制作发酵性食品提供了可能。

5. 黄帝

轩辕黄帝"艺五种、抚万民"，他发明了灶，始为灶神；人们"蒸谷为饭，烹谷为粥"，进一步解决了民食问题，促进了饮食文化的发展。

(二)夏商周到春秋战国时期(初具雏形)

1. 夏商周时期

从真正意义上说,中华饮食文化应追溯到夏商周时期。这一时期,由于农业与养殖业的迅速发展,人们的饮食有了丰富的来源,随着饮食水平的提高,炊具、酒具、食具形式多样。为满足统治阶级吃的需要,国家机构出现了专管膳食的官员。饮食文化可用"钟鸣鼎食"来概括(古代豪门贵族吃饭时要奏乐击钟,用鼎盛着各种珍贵食品,故用"钟鸣鼎食"形容权贵的豪奢排场,旧时还形容富贵人家生活奢侈豪华)。我国的饮食文化初步形成,其表现为:

①食品品种已经比较丰富。饭、粥、糕、点等饭食品种初具雏型;肉酱制品和羹汤菜品多达百种,花色品种多样。

②烹饪技术有相当发展。可以较好运用烘、煨、烤、烧、煮、蒸、渍糟等10多种方法,烹出熊掌、乳猪、大龟、天鹅之类高档菜式。

③饮具、酒具和食具形式多样。我国现已出土的商周青铜器物有4000余件,其中多为炊餐具。

④食馔水平已有很大提高。出现了"八珍""三羹""五齑"等专用食品名称。其中最有影响的是"周代八珍"又叫"珍用八物",它是专为周天子准备的宴饮美食,由2饭6菜组成。

2. 春秋战国、秦时期

这一时期是我国饮食文化的成形时期,春秋时期,孔子对饮食提出了"食不厌精,脍不厌细"的烹饪要求,注重"席不正不坐""食不言"的饮食礼仪,"割不正不食。不得期酱,不食";战国时期,屈原的《楚辞》中记叙了祭祀过程中品质繁多的贡品,从侧面反映了当时做菜的形、色、味等厨艺相当高超。这一时期,以谷物蔬菜为主食,谷物菜疏基本都有了,他们是:

①稷。最重要的是小米,又称谷子,长时期占主导地位,为五谷之长,好的稷叫粱之精品又叫黄粱。

②黍。是大黄粘米,仅次于稷,又称粟,一年生草本植物,叶子线形,子实淡黄色,去皮后叫黄米,煮熟后有黏性,是重要粮食作物之一。

③麦。一年生或两年生的草本植物,是我国北方重要的粮食作物,子实可食用,也可酿酒、制糖。

④菽。是豆类,当时主要是黄豆,黑豆。

⑤麻。即麻子,又叫苴。菽和麻都是百姓穷人吃的。

⑥稻。古代稻是糯米，普通稻叫粳秫，周以后中原才开始引种稻子，属细粮，较珍贵。

⑦菰米。是一种水生植物茭白的种子，黑色，叫雕胡饭，特别香滑，和碎瓷片一起放在皮袋里揉搓脱粒。

(三)汉魏两晋南北朝时期(丰富时期)

这一时期，中国饮食文化非常丰富，主要表现在原料选用范围扩大、食物基本类型得以确定，烹饪技术基本定型。而胡食的传入、素食的兴起；豪门之食、平民之食丰富了饮食发展内容。汉武帝时期，国力强盛，对此对外用兵，西域、西亚、西南亚、南亚地区的物产传入中国，充实了我国饮食文化的品味；魏晋南北朝时期，由于受到道教的影响，人们在饮食上追求"医食同源""药食如一"，丰富了饮食的方法；北魏贾思勰的《齐民要术》在第七、八两卷中记载了古菜谱以及各种菜肴和食品的烹饪方法，并对装盘提出了具体要求。这一时期在饮食方面的成绩体现在：

①从西域引进了石榴、芝麻、葡萄、胡桃(即核桃)、西瓜、甜瓜、黄瓜、菠菜、胡萝卜、茴香、芹菜、胡豆、扁豆、苜蓿(主要用于马粮)、莴笋、大葱、大蒜等物品，丰富了我国的饮食结构。

②从西域传入了一些烹调方法，如炸油饼，胡饼即芝麻烧饼也叫炉烧。

③发明了豆腐(淮南王刘安)，使豆类的营养得到消化，物美价廉，可做出许多种菜肴，1960年河南密县发现的汉墓中的大画像石上就有豆腐作坊的石刻。

④东汉还发明了植物油，在此以前都用动物油，叫脂膏，带角的动物油叫脂，无角的如犬，叫膏，南北朝以后，我国植物油的品种增加。

(四)隋唐至明清时期(高峰)

隋唐到宋这一时期是中国饮食文化发展的第一个高峰期。隋朝谢枫的《食经》是对中国饮食文化的总结，其中，开列了53道菜肴。唐代繁荣的政治、经济、文化也带来饮食文化的繁荣，随着航海业的发展，海产品进入餐桌。宋代，随着社会的发展，适用于高温烹饪的铁质炊具大量出现，进一步提高菜肴的色、香、味。这时期随着商品经济的发展，原来由帝王、显贵垄断的饮宴开始走向商品化，这是我国饮食文化上的重大变革。

明清时期是中国饮食文化第二个高峰期。这一时期，由于商品经济继续发展，资本主义思想的萌芽，追求物质生活成为时尚，饮食水平有了进一步的提高，种类更趋繁多。这一时期的饮食文化是唐宋食俗的继续和发展，同时又混入满、蒙的特点，饮食结构有了很大变化。体现如下：

①在主食方面。菰米已被彻底淘汰，麻子退出主食行列改用榨油，豆料也不再作主食，成为菜肴，北方黄河流域小麦的比例大幅度增加，面成为宋以后北方的主食。明代又一次大规模引进马铃薯、甘薯，蔬菜的种植达到较高水准，成为主要菜肴。

②在肉类方面。人工畜养的畜禽成为肉食主要来源。

③"满汉全席"。满汉全席起兴于清代，是集满族与汉族菜点之精华而形成的历史上最著名的中华大宴，代表了清代饮食文化的最高水平。它是我国一种具有浓郁民族特色的巨型宴席，既有宫廷菜肴之特色，又有地方风味之精华。原是官场中举办宴会时满人和汉人合坐的一种全席。它分为蒙古亲潘宴、延臣宴、万寿宴、千叟宴、九白宴、节令宴 6 种宴席。满汉全席汇集满汉众多名馔，突出满族菜点特殊风味，同时又展示了汉族烹调的特色，为中华菜系文化的瑰宝。全席有冷荤热肴 196 品，点心茶食 124 品，共计肴馔 320 品。

隋唐至明清时期，我国川、鲁、粤、淮扬四大菜系逐步形成并定型，形成了我国的饮食特色。

二、中国地方菜系

我国幅员辽阔，民族众多，由于受气候条件影响，人们口味各有不同；由于受资源特产人们对饮食的用料上"靠山吃山，靠水吃水"形成不同的饮食文化与饮食习惯。在口味上出现了南甜、北咸、东辣、西酸的特点，因此产生许多流派。其中鲁、川、粤、淮扬（苏）、闽、浙、湘、徽菜系，即被人们常说的中国"八大菜系"。有人把"八大菜系"用拟人化的手法描绘为：苏、浙菜好比清秀素丽的江南美女；鲁、徽菜犹如古拙朴实的北方健汉；粤、闽菜宛如风流典雅的公子；川、湘菜就像内涵丰富充实、才艺满身的名士。

（一）八大菜系

1. 鲁菜

发端于春秋战国时的齐国和鲁国（今山东省），形成于秦汉。宋代后，鲁菜成为"北食"的代表。由济南和胶东两部分组成鲁菜两大特色，两地分别代表内陆与沿海的地方风味。鲁菜味浓厚、嗜葱蒜，尤以烹制海鲜、汤菜和各种动物内脏为长。明代以后，鲁菜成为宫廷御膳的主体。主要代表菜有：油爆大虾、红烧海螺、糖醋鲤鱼。

2. 川菜

以成都、重庆两个地方菜为代表，出现成都、重庆两个流派，突出麻、辣、香、鲜、油大、味厚，重用"三椒"（辣椒、花椒、胡椒）和鲜姜。主要代表菜有：宫保鸡丁、麻婆豆腐、鱼香肉丝、干烧鱼翅。四川各地小吃通常也被看作是川菜的组成部分。主要有担担面、川北凉粉、麻辣小面、酸辣粉、叶儿粑、酸辣豆花等，以及用创始人姓氏命名的赖汤圆、龙抄手、钟水饺、吴抄手等品牌。

3. 淮扬菜

又称江苏菜。由扬州、苏州、南京地方菜发展而成，始于春秋，兴于隋唐，盛于明清，素有"东南第一佳味，天下之至美"之美誉。烹调技艺以炖、焖、煨著称；重视调汤，保持原汁。主要代表菜有：鸡汤煮干丝、清炖蟹粉狮子头、水晶肴蹄、鸭包鱼。

4. 浙菜

由杭州、宁波、绍兴等地方菜构成，最负盛名的是杭州菜。浙菜起源于新石器时代的河姆渡文化，经越国先民的开拓积累，汉唐时期的成熟定型。选料刻求"细、特、鲜、嫩"，口味强调鲜嫩软滑，香醇绵糯，清爽不腻。主要代表菜有：龙井虾仁、西湖醋鱼、叫花鸡。

5. 粤菜

有广州、潮州、东江三个流派，以广州菜为代表，相对其他菜系是起步较晚的菜系，但它影响深远，港、澳地区以及世界各国的中菜馆，多数是以粤菜为主。粤菜烹调方法突出煎、炸、烩、炖等，口味特点是爽、淡、脆、鲜。主要代表菜有：三蛇龙虎凤大会、烧乳猪、盐焗鸡、冬瓜盅、咕噜肉。

6. 湘菜

据考证，早在2000多年前的西汉时期，长沙地区就能用兽、禽、鱼等多种原料，以蒸、熬、煮、炙等烹调方法，制作各种款式的佳肴。随着历史的前进及烹饪技术的不断交流，逐步形成了以湘江流域、洞庭湖区和湘西山区三种地方风味为主的湖南菜系。湘菜制作精细，用料广泛，口味多变，品种繁多。其特点是：油重色浓，讲求实惠；在品味上注重酸辣、香鲜、软嫩；在制法上以煨、炖、腊、蒸、炒诸法见称；注重香辣、麻辣、酸、辣、焦麻、香鲜，尤以酸辣居多。主要代表菜有：红煨鱼翅、冰糖湘莲、腊味合蒸。

7. 闽菜

最早起源于福建闽侯县,经历了中原汉族文化和当地古越族文化的混合、交流而逐渐形成,在后来发展中形成福州、闽南、闽西三种流派。以海味为主要原料,注重甜酸咸香、色美味鲜。主要代表菜有:雪花鸡、金寿福、烧片糟鸭、桔汁加吉鱼、太极明虾。

8. 徽菜

最早的徽菜仅仅指徽州菜,不同于安徽菜。现在指的是由皖南、沿江和沿淮地方风味构成的菜系。皖南菜是主要代表,其以火腿佐味,冰糖提鲜、擅长烧炖,讲究火工。主要代表菜有:葫芦鸭子、符离集烧鸡。

(二)中国名吃

1. 佛跳墙

佛跳墙是福建名菜。闽菜鱼汤,有一汤十变之说。一汤,其含义是选以一种原汤为主,配以各种质料之鲜,使各种主料与辅料之味互为融合,使一种原汤可以变成十种不同之味,使十种不同之味还能合为一体。佛跳墙这道菜,相传源于清道光年间,距今有200年历史。此菜以18种主料、12种辅料互为融合。其原料有鸡鸭、羊肘、猪肚、蹄尖、蹄筋、火腿、鸡鸭肫;有鱼唇、鱼翅、海参、鲍鱼、干贝、鱼高肚;也有鸽蛋、香菇、笋尖、竹蛏。30多种原料与辅料分别加工调制后,分层装进坛中。料装坛后先用荷叶密封坛口,然后加盖。煨佛跳墙的火种乃严格质纯无烟的炭火,旺火烧沸后用微火煨5~6小时而成。

图 4-1 佛跳墙

关于佛跳墙的来历，传说福建风俗中有一个规矩叫"试厨"：新婚媳妇第一天上门，第二天回门，第三天须到夫家在大庭广众面前试厨。相传有一个从小娇惯的女子，不会做菜，出嫁前母亲为女儿之应试，想尽办法，把家藏的山珍海味都翻找出来，一一配制后用荷叶装成小包，反复叮嘱。谁知这位新娘到了试厨前一天，忘记各种烹饪方法，只得把母亲包好的各种原料一包包解开，忽然听到公婆要进厨房，新媳妇见桌边有个酒坛，匆忙就将所带的原料都装入坛内，顺手用包原料的荷叶包住了坛口，将酒坛放在快灭火的灶上，就悄悄溜回了娘家。第二天公婆进厨房，发现灶上有个酒坛，还是热的。刚把盖掀开，就浓香四溢，宾客们闻到香味齐声叫好，这就成了佛跳墙。

2. 叫花鸡

相传，很早以前，有一个叫花子，沿途讨饭流落到常熟县的一个村庄。一日，他偶然得来一只鸡，欲宰杀煮食，可既无炊具，又没调料。他来到虞山脚下，将鸡杀死后去掉内脏，带毛涂上黄泥、柴草，把涂好的鸡置火中煨烤，待泥干鸡熟，剥去泥壳，鸡毛也随泥壳脱去，露出了的鸡肉。这种烹制方法就在民间流传开来，大家把这种烹制出来的鸡叫"叫花鸡"。本是不登大雅之堂的街头菜。据说清乾隆皇帝微服出访江南，不小心弄得破衣烂衫流落街头，其中一个叫花子头看他可怜，便把自认为美食的"叫花鸡"送给他，乾隆困饿交加，当然觉得这鸡异常好吃，急问其名，叫花子头不好意思说这鸡叫"叫花鸡"。"叫花鸡"也因为皇上金口一开成了"富贵鸡"，成为名菜。

"叫花鸡"的品种有山景园叫花鸡、王四叫花鸡、虞山牌叫花鸡等。

3. 东坡肉

东坡肉色、香、味俱佳，深受人们喜爱。慢火、少水、多酒，是制作这道菜的诀窍。用一般是由一块约二寸许的方正形猪肉炖制而成，一半为肥肉，一半为瘦肉，入口肥而不腻，带有酒香。

公元1077年，苏轼在徐州上任不到四个月，遇到黄河决口，苏轼率领全城百姓，最终于战胜洪水。百姓纷纷杀猪、宰牛、牵羊，赠给东坡先生。苏东坡一一收下，并亲并指点厨师把这些送来的猪、牛、羊肉，改刀烹制，

图 4-2　东坡肉

回赠给参加抗洪的黎民百姓,故后人称之为"东坡回赠肉"。苏东坡第二次回杭州做地方官时西湖已被葑草湮没了大半。他上任后,发动数万民工疏浚港,把挖起来的泥堆筑了长堤,这条堆筑的长堤,改善了环境,为群众带来水利之益,而且增添了西湖景色。当时,老百姓赞颂苏东坡为地方办了这件好事,春节时不约而同地给他送猪肉。苏东坡嘱咐家人把肉切成方块,用他的烹调方法烧制,连酒一起,按照民工花名册分送到每家每户。可是家人在烧制时,把"连酒一起送"领会成"连酒一起烧",结果烧制出来的红烧肉,更加香酥味美,食者盛赞苏东坡送来的肉烧法别致,可口好吃。以后农历除夕夜,民间家家户户都制作东坡肉。相沿成俗,用来表示对他的怀念之情。现在成为杭州一道传统名菜。

4. 狗不理包子

始创于公元 1858 年清朝咸丰年间,目前已被国家商标局认定为中国驰名商标。狗不理包子用肥瘦鲜猪肉 3∶7 的比例加适量的水,佐以排骨汤或肚汤,加上小磨香油、特制酱油、姜末、葱末、调味剂等,精心调拌成包子馅料,包子皮用半发面,在搓条、放剂之后,擀成直径为 8.5 厘米左右、薄厚均匀的圆形皮。包入馅料,用手指精心捏折,同时用力将褶捻开,每

图 4-3 狗不理包子

个包子有固定的 18 个褶,褶花疏密一致,如白菊花形,最后上炉蒸制而成。据说,袁世凯曾把"狗不理"包子作为贡品进京献给慈禧太后。慈禧太后尝后大悦,曰:"山中走兽云中雁,陆地牛羊海底鲜,不及狗不理香矣,食之长寿也。"从此,狗不理包子名声大振。

据传,在清丰年间,河北武清县杨村有个名叫高贵友的人,因其父四十得子,为求平安养子,将他的乳名取为"狗子",希望他能像小狗一样好养活。狗子十四岁在天津南运河边上的刘家蒸吃铺做小伙计,由于心灵手巧又勤学好问,加上师傅们的精心指点,练就一手好活,很快就小有名气。满师后,高贵友自己开办了一家专营包子的小吃铺,由于手艺好,做事认真,从不掺假,制作的包子口感柔软,鲜香不腻,生意十分兴隆。由于来吃他包子的人越来越多,高贵友忙得顾不上跟顾客说话,吃包子的人都戏称他"狗子卖包

子，不理人"。久而久之，都叫他"狗不理"，把他所经营的包子称作"狗不理包子"。而原店铺字号却渐渐被人们淡忘了。

5. 麻婆豆腐

麻婆豆腐是我国八大菜系之一的川菜中的名品。主要原料由豆腐构成，其特色在于麻、辣、烫、香、酥、嫩、鲜、活。

麻婆豆腐始创于清朝同治元年（公元1862年），开创于成都外北万福桥边，原名"陈兴盛饭铺"。店主陈春富早年辞世，小饭店便由老板娘经营，女老板面上微麻，人称陈麻婆。当年的万福桥上常有贩夫走卒、推车

图4-4 麻婆豆腐

抬轿下苦力之人歇脚。光顾"陈兴盛饭铺"的主要是挑油的脚夫。这些人经常是买点豆腐、牛肉，再从油篓子里舀些菜油要求老板娘代为加工。日子一长，陈氏对烹制豆腐有了一套独特的烹饪技巧。烹制做豆腐色味俱全，深得人们喜爱，陈氏所烹豆腐由此扬名。有好事者观其老板娘面上麻痕便戏之为陈麻婆豆腐。此言不胫而走遂为美谈。饭铺因此冠名为"陈麻婆豆腐"。据《成都通览》记载，陈麻婆豆腐在清朝末年便被列为成都著名食品。由于陈麻婆豆腐历代传人的不断努力，陈麻婆川菜馆虽距今140余年盛名长盛不衰，并扬名海内外，深得国内外美食者好评。

6. 金华火腿

金华火腿是浙江金华风味食品，是金华市最负盛名的传统名产，金华火腿皮色黄亮、形似琵琶、肉色红润、香气浓郁、营养丰富、鲜美可口，素以色、香、味、形"四绝"闻名于世，在国际上享有盛誉。金华火腿相传起源于北宋，北宋名将宗泽战胜而还，乡亲争送猪腿让其带回开封慰劳将士，因路途遥远，便撒盐腌制以便携带。康王赵构见其肉色鲜红似火，赞不绝口，赐名"火腿"，

图4-5 金华火腿

故又称"贡腿"。因火腿集中产于金华一带,俗称"金华火腿"。早在清朝,金华火腿就已远销日本和东南亚各国,曾在1915年巴拿马国际商品博览会上荣获商品质量特别奖。从20世纪30年代开始,金华火腿又进而畅销英国和美洲等地。

7. 羊肉泡馍

羊肉泡馍,古称"羊羹",其制作方法是:先将优质的牛羊肉洗切干净,煮时加葱、姜、花椒、八角、茴香、桂皮等佐料煮烂,汤汁备用。馍,是一种白面烤饼,吃时将其掰碎成黄豆般大小放入碗内,然后交厨师在碗里放一定量的熟肉、原汤,并配以葱末、白菜丝、料酒、粉丝、盐、味精等调料,单勺制作而成。西安的羊肉泡馍馆很多,其中老字号有"老孙家""同盛祥"等较有名气。

图4-6 老孙家羊肉泡馍

泡馍是土生土长的西安吃食,相传宋太祖赵匡胤未得志时,生活贫困,流落街头。一天,身上只有讨来的两块干馍,干硬无法下咽,遇到路边有一羊肉铺正在煮羊肉,便去恳求给一碗羊肉汤把馍泡软再吃。店主见他可怜,让他把馍掰碎,浇了一勺滚烫的羊肉汤泡了泡。赵匡胤将饼掰碎泡入,吃完顿觉神清气爽。登基以后,尝遍世间美味,心中独独放不下记忆中的羊肉汤泡饼,传令厨房仿制,近百厨师苦思冥想,才定下做法,之后成为皇上每天定点菜品。

三、中国饮食文化的内涵及特征

由于自然环境、气候物产等的不同,相对西方而言,中国饮食文化更体现出一种"吃的文化"。西方最初是主要以畜牧为主,肉食在饮食中的比例一直很高,到了近代,种植业比重增加,但是肉食在饮食中的比例仍然比较高。由于自然环境的恶劣,我国在吃的方面不能够随心所欲,长期以来吃穿问题难以解决,将"食"的追求作为人生至乐来追求,吃饭就成为第一要求。我国的饮食从先秦开始,就是以谷物为主,肉少粮多,辅以菜蔬。经过千百年来的积累,我国饮食对从自然获取的材料真正做到"物尽其用"。具体来说中国饮食文化主要呈现以下特征:

①风味多样 由于我国幅员辽阔,在取材上因地理环境和物产不同而不

同;因各地气候条件不一,我国在口味上一直有"南甜、北咸、东酸、西辣"之分,在做法上,流派繁多,这从中国的菜系与地方小吃就可以看出。由于气候不同,我们侧重按季节配置食物,冬天味醇浓厚,夏天清淡凉爽;冬天多炖焖煨,夏天多凉拌冷冻。

②特色浓郁 由于各民族所处的地域,气候条件、地理环境的不同,确定了我国可提供人类生存的原料的丰富性和差异性,我国开发的食物原料之多是世界上罕见的,据统计,我国饮食原料共计1万余种,常用的有3000余种。此外,在餐具上也独具特色,西方人在300年前还是用抓食的时候,我国早在3000年前就使用了"筷子"。由于我国是一个多民族国家,有多少个民族就有多少个不同的口味。

③讲究美感 中国饮食文化的造型是世界饮食文化的一枝奇葩,历来强调食物的色、香、味、形、器的和谐统一。其中,"色"是指食物爽神悦目的颜色,包括本色与配组;"香"指食物散发的气味;"味"指"五滋六味",也指"美味";"形"是食物的美感造型,是饮食形态美和意境美的结合;"器"则是指精美适宜的炊饮器具,"美食还宜美器"早已是古人重要的审美标准之一。

④注重情趣 不仅对饭菜点心的色、香、味有严格的要求,而且对它们的命名、品味的方式以及"序""境""趣"等都有一定的要求。其中的"序"是指宴饮过程中的程序顺序。"境"是指优雅和谐、陶情怡性的宴饮环境。"趣"是指愉快的情绪和高雅的格调。"以乐侑食"追求的便是歌舞之趣。

⑤食医结合 我国食医结合的饮食文化源远流长,形成了食治养生的营养观念,强调饮食与自然的和谐统一。素有"医食同源"和"药膳同功"的说法,利用食物原料的药用价值,做成各种美味佳肴,达到对某些疾病防治的目的。长期以来,形成以食治疗、以食疗为先的饮食观,认为不当的食法伤人之气,食之有道则养人助人之精神与气息,讲究对症下药的食疗。古人还特别强调进食与宇宙节律协调同步,春夏秋冬、朝夕晦明要吃不同性质的食物,甚至加工烹饪食物也要考虑到季节、气候等因素。

四、森林与中国饮食文化

从猿到人的演变过程中,森林作为人类最早摇篮地之一,从早期的动物驯化到农作物的耕种,森林在人类前行的道路中提供不竭的物质能源。据第九次全国森林资源清查结果显示,我国森林面积2.2亿公顷,从元谋猿人、蓝田猿人、北京猿人等的化石发现,中华民族的祖先早在100多万年到几十万年前，就已栖息在长江、黄河流域的崇山峻岭之中，早期人类过着依山为命的"刀耕火种"的生活。即便在后来工业文明的发展中，森林在我国人民的生活中，还是赖以生存、休闲度假的去处。尤其在当今日益兴旺的森林旅游中，饮食和饮食文化在旅游中都有不可替代的作用。

①森林所提供的饮食原料是必不可少的森林旅游吸引要素。20 世纪 60 年代以来，由于工农业、交通运输的现代化进程加快，空气不洁、水质不净等一系列问题使得城市人的生活质量不断下降，森林作为大自然最具活力的生态系统，是一个基本无污染的自然环境，它所提供的饮食原料满足了人类在焦灼的环境污染中有一方净土。由于我国森林分布的地域性差异，"热带雨林""林海雪原"等所提供的动植物资源独具地方特色，使得森林旅游者在旅游中除了满足基本的裹腹之外，还可以体验森林提供的特有地方风味。

②森林所提供的饮食文化，成为我国森林文化的重要组成部分。我国自然条件错综复杂，从南到北分布着高山、高原、丘陵、盆地，由北到南分布着亚寒带、温带、暖温带、亚热带、热带动植物资源，形成独特的森林生态资源。在我国"无所不吃"的饮食文化观念中，森林所提供的饮食资源，是除了水产之外几乎能够覆盖所有饮食资源的。人们在旅游中，除享受森林提供的美味之外，还可以在森林中领略"刀耕火种"的原始文明，也可以领略到现代的生态文明。通过在森林旅游中的饮食活动，了解目的地饮食文化习惯，从中体验森林旅游的无穷乐趣，进而达到传播文化的目的。

③森林活动是一种多边活动，可以进一步繁荣饮食文化。无论茫茫林海，还是雪域高原，都是现代文明社会中人们休闲的好去处，即便是刚刚兴起的探险旅游。旅游者在旅游中的第一生存需要就是饮食，人们在森林旅游中开展狩猎、垂钓、采摘森林中的花果，进而实现旅游中的饮食自助行为以及饮食进程中的各个环节，由于森林旅游场地的开阔性，旅游者可以置身其中，甚至直接参与到这一活动中，而这样的旅游活动是其他旅游形式所不能具有的。

习题

1. 中国饮食文化的发展可分哪几个时期？
2. 中国饮食文化的内涵是什么？
3. 简述中国八大菜系的特点是什么？
4. 饮食与中国森林文化的关系是什么？

第二节 酒文化

酒是一种发酵食品，它是由一种叫酵母菌的微生物分解糖类产生的。在中华民族5000年历史长河中，酒是饮食文化的重要组成部分，一直占据着重要地位，酒几乎渗透到社会生活中的各个领域。中国是酒的王国，酒与国人的生活十分密切，从帝王天子到贩夫走卒，我国社会各阶层都与酒关系密切。据传说记载，酒是一种源于自然的物质，起源于茫茫林海。在广袤的原野中，一些含糖分较高的花果堆积在林海中，在酵母菌作用下，形成了酒，从此，酒与森林结下了不解之缘。我国有众多名酒，其中如茅台等酒早就在国际博览会上获奖。酒的产销量也非常之大，可说是酒的大国。

一、酒的起源与发展

据有关资料记载，地球上最早的酒，应是落地野果自然发酵而成的。我们认为，酒不是人类的发明，而是天工的造化。据记载，我国约在公元前2800—1800年的龙山文化时期，就有了自然发酵的果酒。但是酒最早是什么人开始酿造，至今是一个谜。

(一)酒的起源

1. "猿猴造酒"说

人类还未进化完成的猿人时代，"酒"的概念就已经出现。《清稗类钞·粤西偶记》有一段记载："粤西平乐等地，山中多猿，善采百花酿酒。樵子入山，得其巢穴者，其酒多至数石，饮之，香美异常，名曰猿酒。"我国古代原始森林中果实遍野，以采野果为生的猿猴，在果实成熟的季节，将吃剩的果实随便扔在岩洞中，这些果实腐烂时糖分自然发酵，变成酒浆，形成天然的果子酒。

2. "仪狄造酒"说

相传夏禹时期的仪狄发明了酿酒。公元前2世纪的《吕氏春秋》记载"仪狄作酒"。汉代刘向编辑的《战国策》则进一步说明："昔者，帝女令仪狄作酒而美，进之禹，禹饮而甘之，曰：'后世必有饮酒而亡国者。遂疏仪狄而绝旨酒'。"上述这段记载，大意是：夏禹的女人，叫仪狄去监造酿酒，仪狄经过一番努力，做出来的酒奉献给夏禹品尝。夏禹喝了之后，觉得的确很美好，于是不仅没有奖励造酒有功的仪狄，反而从此疏远了他，对他不仅不再信任和重用了，夏禹从此和美酒绝了缘。但却说后世一定会有因为饮酒无度而误国的君王。

(二) 酒在我国的发展

从上面的表述可以看出，酒在人类的历史上应该是一个自然生成物，最早的自然果酒是自然发酵物品，在人类掌握这一技术后，就在酿酒的器皿与原料上进行改良，我国古代是一个典型的农业社会，由于原料的原因，最早的造酒技术选用的原料为谷物，人们利用谷物糖化再酒化而酿酒，到公元前16世纪左右的商代，人们用黑黍加香草郁酿成的"秬鬯"（《书·文侯之命》），这是当时的极品，为王室所有，而一般的用酒是普通的"醴"。商、周以后，酒广泛用于祭祀活动，民间的喜、丧礼仪，节日欢聚等场合都开始用酒。

公元前200多年的先秦时期，我国出现了用谷物或其副产品培养出一种能发酵的活性微生物或其酶类的"曲"的直接酿酒法。酿酒加曲，是因为酒曲上生长有大量的微生物，还有微生物所分泌的酶（淀粉酶、糖化酶和蛋白酶等），酶具有生物催化作用，可以加速将谷物中的淀粉、蛋白质等转变成糖、氨基酸。糖分在酵母菌的酶的作用下，分解成乙醇，即酒精。这大大先于19世纪的欧洲。

秦汉之际，造酒业从生产实践中总结出制酒六法即："稔"，原料须采成熟的谷物；"泉"，使用优质泉水；"洁"，制造过程要清洁；"时"，下曲要及时；"适"，火候要适宜；"器"，容器要用优质陶制品。

我国在西汉时期，已从西域学习并掌握了葡萄种植和葡萄酿酒技术。汉代以后更发展了制曲技术，曲的种类增多，酒的品种增加了。

魏晋南北朝时期，饮酒风气弥漫社会，由于陷于自身与社会、自然的矛盾，出现了以文人喝酒成风为主要标志的所谓的魏晋风度，名士饮酒成为魏晋风度的内容之一，酒成为他们发泄情感的主要工具。北魏贾思勰著《齐民要术》中的关于制曲、酿酒的论述，是当时制曲、酿酒技术和经验的总结。书中记载了12种不同的酒曲和20多种酒的制法。

到了唐宋，造酒业得到进一步发展，除了粮食酒外，还开始酿造果酒和药酒。唐朝封建统治者，吸取隋朝短期就遭灭亡的教训，轻赋税、均田租，使全国农业发展非常迅速。物质财富的增加，粮食的积累，为酿酒业提供了基础。唐代是中国酒文化的高度发达时期，酿酒技术比前代更加先进，官府设置"良酿署"，既有生产酒的酒匠，也有管理人员。

宋、元、明、清时期，我国酿酒业继续发展，其品种有黄酒、葡萄酒、枣酒、椹子酒、菊花酒、莲花酒、桂花酒、五加皮酒、宫延御酒等多种。南宋朱翼中的《北山酒经》是一部制曲酿酒的专著，记述了当时酿酒工艺的发展和改进。《北山酒经》中提出了："造酒最在浆，浆不酸不可酿酒。"说明酿酒是先制好酸浆，用以保护酵母菌和调节发酵的作用。元明时期又有了蒸馏法酿制的烧酒，从这开始我国酿造举世闻名的中国白酒。明清时期，伴随着造酒业的进一步发展，酒精度较高的蒸馏白酒迅速普及。从此，中国白酒深入生活，成为人们普遍接受的饮料佳品。

二、酒的分类

中国酒的种类繁多，古代与现代的分类标准不同，现代酒按酒的生产方法分类通常有三种：一是按酿造方法分为发酵酒、蒸馏酒和配制酒；二是按酒精的含量分为高度酒、中度酒、低度酒；三是按用曲分大曲酒、小曲酒、麸曲酒、混曲酒等。

（一）按酿造方法分

1. 发酵酒

又叫酿造酒，以粮谷、水果、乳类等为原料，主要经酵母发酵等工艺酿制而成的。主要包括啤酒、葡萄酒、水果酒和黄酒等。因此啤酒按国际分类法归于饮料，所以其广告发布未像其他几类发酵酒那样受限制。

2. 蒸馏酒

蒸馏酒是乙醇浓度高于原发酵产物的各种酒精饮料。蒸馏酒的原料一般是富含天然糖分或容易转化为糖的淀粉等物质。白兰地、威士忌、朗姆酒和我国的白酒都属于蒸馏酒，大多是度数较高的烈性酒（白兰地是葡萄酒蒸馏而成的，威士忌是大麦等谷物发酵酿制后经蒸馏而成的，兰姆酒则是甘蔗酒经蒸馏而成的）。

3. 配制酒

又称调制酒，以酿造酒、蒸馏酒或者食用酒精为主要原料，采用混合蒸馏、萃取液等混合等各种方式而制成的酒。主要有两种配制工艺，一种是在酒和酒之间进行勾兑配制；另一种是以酒与非酒精物质（包括液体、固体和气体）进行勾调配制。

(二)按所用酒曲分

1. 大曲酒

大曲酒以大曲为糖化发酵剂,大曲的原料主要是小麦、大麦,加上一定数量的豌豆。大曲又分为中温曲、高温曲和超高温曲。一般是固态发酵,大曲酒所酿的酒质量较好,多数名优酒均以大曲酿成。

2. 小曲酒

小曲酒是以稻米为原料制成的,多采用半固态发酵,南方的白酒多是小曲酒。

3. 麸曲酒

麸曲酒是新中国成立后在以烟台操作法的基础上发展起来的,分别以纯培养的曲霉菌及纯培养的酒母作为糖化、发酵剂,发酵时间较短,由于生产成本较低,为多数酒厂所采用,以大众为消费对象。

4. 混曲酒

混曲酒是以大曲、小曲、麸曲酒等混合曲为糖发酵剂,采用大曲、小曲方法混合酿制的白酒。

(三)按酒度的高低分

1. 高度酒

酒中含酒精在38%(V/V)以上的酒类。

2. 中度酒

酒中含酒精在20%~38%(V/V)的酒类。

3. 低度酒

酒中含酒精在20%(V/V)以下的酒类。

(四)按原料分类

1. 白酒

白酒是中国特有的一种蒸馏酒。又称烧酒、老白干、烧刀子等。由淀粉或糖质原料制成酒醅或发酵醪经蒸馏而得。酒精含量较高,是以曲类、酒母为糖化发酵剂,利用淀粉质(糖质)原料,经蒸煮、糖化、发酵、蒸馏、陈酿和勾兑而酿制而成的各类酒的通称。

酱香型白酒 以茅台酒为代表。色泽微黄纯正、酱香浓郁、酒体醇厚为其主要特点。发酵工艺最为复杂。所用的大曲多为超高温酒曲。

浓香型白酒 以泸州老窖特曲、五粮液、洋河大曲等酒为代表，以窖香浓郁，口味丰满，入口绵甜干净为特点，发酵原料有多种，以高粱为主。发酵采用混蒸续渣工艺，发酵采用陈年老窖，也有人工培养的老窖。

清香型白酒 以汾酒为代表，其特点是清香芬芳，醇厚绵软，甘润柔和，余味爽净。采用清蒸清渣发酵工艺，发酵采用地缸。

米香型白酒 以桂林三花酒为代表，特点是酒香清柔、幽雅纯净、入口柔绵、回味怡畅、给人以朴实纯正的美感。米香型酒的香气组成是乳酸乙酯含量大于乙酸乙酯，高级醇含量也较多，共同形成它的主体香。米香纯正，以大米为原料，小曲为糖化剂。

其他香型白酒 这类酒的主要代表有西凤酒、董酒、白沙液等，香型各有特征，这些酒的酿造工艺采用浓香型，酱香型或清香型白酒的一些工艺，有的酒的蒸馏工艺也采用串香法。

2. 黄酒

黄酒属于酿造酒，酒精度一般为15%(V/V)左右。黄酒是用谷物酿成的，因可以用"米"代表谷物粮食，故称为"米酒"，现在通行用"RiceWine"表示黄酒。在最新的国家标准中，黄酒的定义是：以稻米、黍米、黑米、玉米、小麦等为原料，经过蒸料，拌以麦曲、米曲或酒药，进行糖化和发酵酿制而成的各类黄酒。按含糖量将分为以下6类：

干黄酒 含糖量少，糖分都发酵变成了酒精最新的国家标准中，其含糖量小于1.00毫克/100毫升(以葡萄糖计)。这种酒发酵温度控制得较低，酵母生长较为旺盛，故发酵彻底，在绍兴地区，干黄酒的代表是"元红酒"。

半干黄酒 酒中的糖分还未全部发酵成酒精，还保留了一些糖分。在生产上，这种酒的加水量较低，相当于在配料时增加了饭量，故又称为"加饭酒"。酒的含糖量在1%~3%。是黄酒中的上品。我国大多数出口酒，均属此种类型。

半甜黄酒 这种酒含糖分3%~10%，是用成品黄酒代水，加入到发酵醪中，使糖化发酵的开始之际，发酵醪中的酒精浓度就达到较高的水平，成品酒中的糖分较高。这种酒，酒香浓郁，酒度适中，味甘甜醇厚。是黄酒中的珍品。

甜黄酒 这种酒，一般是采用淋饭操作法，拌入酒药，搭窝先酿成甜酒酿，当糖化至一定程度时，加入 40%~50% 浓度的米白酒或糟烧酒，以抑制微生物的糖化发酵作用，酒中的糖分含量达到 10.00~20.00 克/100 毫升之间。

三、中国名酒

(一)茅台酒

产于中国的贵州省仁怀市茅台镇，是与苏格兰威士忌、法国科涅克白兰地齐名的三大蒸馏名酒之一。茅台酒历史悠久、源远流长。茅台酒全部生产过程近5年之久，以优质高粱为原料，酿制过程中要经过两次加生沙(生粮)、八次发酵、九次蒸馏，生产周期长达八九个月，再陈贮3年以上，勾兑调配，然后再贮存一年方准装瓶出厂。茅台酒是风格最完美的酱香型大曲酒的典型，故"酱香型"又称"茅香型"。有"国酒"美誉，1915年获得巴拿马万国博览会金奖。

(二)五粮液

产于的四川省宜宾市五粮液酒厂。因采用红高粱、大米、糯米、麦子、玉米5种粮食为原料酿造而得名。早在唐代就盛名，唐代"重碧酒""荔枝绿"是其前身。五粮液喷香浓郁，醇厚甘美，回味悠长。其酿制过程是小麦制曲，人工培窖，双轮低温发酵。1915年，在巴拿马万国博览会获奖；1995年又获巴拿马国际贸易博览会酒类唯一金奖。

(三)剑南春酒

产于四川省绵竹县。因为古代绵竹属于绵州，隶属剑南道，早在唐代就以产美酒而出名，当时酿造的剑南烧春被列为贡品。1958年，绵竹酒厂在原大曲酒的基础上，改进原料与工艺，改名为剑南春。这种酒无色透明，芳香浓郁、余香悠长，属于浓香型白酒。1979年，第三次全国评酒会上，首次被评为国家名酒。该酒具有芳、洌、醇、甘四大特点。

(四)泸州老窖酒

产于四川泸州市曲酒厂，酿酒泸州老窖特曲于1952年被国家确定为浓香型白酒的典型代表。泸州古称江阳。泸州老窖酿酒历史久远，自古便有"江阳古道多佳酿"的美称。这种酒有"浓香、醇和、味甘、悠长"四大特点。泸州老窖窖池于1996年被国务院确定为我国白酒行业唯一的全国重点保护文物，誉为"国宝窖池"。

(五)汾酒

产于山西省汾县杏花村酒厂,是中国清香型白酒的典型代表,工艺精湛,源远流长,素以入口绵、落口甜、饮后余香、回味悠长特色而著称。汾酒有4000年左右的悠久历史,1500年前的南北朝时期,汾酒作为宫廷御酒受到北齐武成帝的极力推崇,被载入二十四史,使汾酒一举成名。1915年荣获巴拿马万国博览会甲等金质大奖章,连续五届被评为国家名酒。

四、酒的礼俗(酒德和酒礼)

在我国可以说是饮酒者众,整个中华民族大家庭当中的56个民族,除信奉伊斯兰教的回族一般不饮酒外,其他民族都是饮酒的。在我国古代,儒家的学说被奉为治国安邦的正统观点,酒的习俗同样受儒家酒文化观点的影响。儒家并不反对饮酒,用酒祭祀敬神,养老奉宾,都是德行。

(一)酒德

酒德,指饮酒的道德规范和酒后应有的风度。酒德两字,最早见于《尚书》和《诗经》,其含义是说饮酒者要有德行。

一是量力而饮。即饮酒不在多少,贵在适量。要正确估量自己的饮酒能力,不作力不从心之饮。过量饮酒或嗜酒成癖,都将导致严重后果。

二是节制有度。即饮酒要注意自我克制,十分酒量最好只喝到六七分,至多不得超过八分,这样才饮酒而不乱。

三是饮酒不能强劝。人们酒量各异,对酒的承受力不一;作为主人在款待客人时,既要热情,又要诚恳;既要热闹,又要理智。切勿强人所难,执意劝饮。还是主随客便,自饮自斟。

(二)酒礼

饮酒作为一种"食"的文化,在远古时代就形成了一很大家必须遵守的礼节。我国古代饮酒有以下一些礼节:

晚辈在长辈面前饮酒,叫侍饮,长辈命晚辈饮酒,晚辈才可举杯;长辈酒杯中的酒尚未饮完,晚辈也不能先饮尽。

古代饮酒的礼仪约有四步:拜、祭、啐、卒爵。就是先作出拜的动作,表示敬意,接着把酒倒出一点在地上,祭谢大地生养之德;然后尝尝酒味,并加以赞扬令主人高兴;最后仰杯而尽。

在酒宴上,主人要向客人敬酒(叫酬),客人要回敬主人(叫酢),敬酒时还有说上几句敬酒辞。客人之间相互也可敬酒(叫旅酬)。有时还要依次向人敬酒(叫行酒)。敬酒时，敬酒的人和被敬酒的人都要"避席"，起立。普通敬酒以三杯为度。

习题

1. 按酿造方法分，可以将酒分为哪几类？
2. 按含酒精的浓度分，可以将酒分为哪几类？
3. 简述中国古代酒文化的发展历程。
4. 中国白酒分为哪几种香型？

第三节　茶文化

"开门七件事，柴米油盐酱醋茶"。中国是茶的故乡，是茶的原产地。上至帝王将相，下至挑夫贩夫无不以茶为好。茶在史前就被人们发现和利用了。当初，茶是作为药用的功能被人们利用的，如《神农本草》记载："神农尝百草，日遇七十二毒，得茶以解之。"随着历史的发展，人们对自然的认识的加深，茶逐渐由药用转为人们的日常饮品。中国茶文化是中国传统文化中的一朵奇葩，它植根于悠久的中华民族传统文化之中，在形成和发展的过程中逐渐由物质文化上升到精神文化的范畴，是融自然科学、社会科学、人文科学于一体的文化体系。中国是茶的故乡，具有4000多年的发展历史。

一、茶文化的概念

广义的茶文化包括物质文化和精神文化两个层次。相应地也分为四个层次，即物态文化、心态文化、行为文化、制度文化。物态文化是指在从事茶的活动方式和产品的总和，即有关茶叶的栽培、制造、加工、保存以及品茶时所用的茶叶、水、茶具以及桌椅、茶室等物品和建筑。心态文化是指人们在应用茶叶的过程中所孕育出来的价值观念、审美情趣、思维方式等。行为文化是指人们在茶叶生产和消费过程中约定俗成的行为模式，通常是以茶礼、茶俗等形式表现出来。制度文化是指人们在从事茶叶生产和消费过程中所形成的社会行为规范，如茶政、茶法等。

二、茶的形成与发展

茶在史前就被人们发现和利用了，人类在寻找事物的过程中发现了茶。

我国植物学家按植物分类学方法来追根溯源，经一系列分析研究，认为茶树起源至今已有 6000 万~7000 万年历史了。中国早期文献中有关茶的史料并不多，根据有限的资料记载，中国的茶事最早兴起于巴蜀（今四川、云南、湖北等省）。因此，巴蜀被称为中国茶叶或茶叶文化的摇篮。秦汉在巴蜀设置郡县以来，制茶的地区日益扩大，当时的饮茶方式为熬茶（像今天熬中药一样）直到汉以前乃至三国时期，茶叶还是一种只流传于巴蜀地区的区域性的简单饮料。经过秦汉时期的发展，到三国、两晋时期，随着各地经济文化的交流，茶叶的种植逐步发展到了中国的东部和南部。永嘉之乱以后，茶叶的种植与饮用在我国的长江下游和东南沿海一带得到了较大的发展。茶已经从特权阶级的专用品走进了寻常百姓家。

隋朝时期，南北大运河的开凿促进了地区间的经济发展与文化交流，也为茶叶的种植与饮茶风尚的传播创造了有利条件。到了盛唐，饮茶之风已遍及全国。茶叶消费量的不断增加，促进了茶叶种植面积的扩大，制茶技术显著提高，出现了茶学；茶税成为当时的一种重要的税收，朝廷建立了茶政；开始有茶的贸易和边销。此时，由于种茶业的发展，饮茶风尚也从南方扩大到北方，从宫廷、士人阶层普及到了社会各阶层，成为"比屋之饮"。特别是"茶圣"陆羽撰写了人类文明史上第一部茶学专著——《茶经》，大大推动了茶文化的传播。《茶经》一书从茶的起源、加工茶叶的工具、茶叶制作的过程、饮茶的器具、烹茶技艺、鉴赏的方法及当时产茶盛地等方面进行了阐述，使茶文化上升到精神的高度。饮茶风俗在宫廷贵族和文人之间更为流行，而且也深入地传到平民百姓的生活当中，成为人们日常生活中不可缺少的东西。

茶在宋代成为社会普遍接受的饮料，出现了不少与茶有关的社会现象、习俗或观念，使茶文化的内容更为丰富起来。王安石《议茶法》记载："茶之为民用，等于米盐，不可一日无。"

元代，蒙古人入主中原成为朝廷的统治者，北方民族虽然嗜茶，但无心像宋代那样追求茶品的精致、程序的烦琐。因而，茶文化在上层社会那里的得不到倡导。因此，在元代，茶文化也无从发展。

到了明代，朱元璋下诏废团茶，改生产散茶，从而"开千古茗饮之风"，使茶的品饮方式发生了历史性的转折，也使茶文化的发展趋向于自然与简约，从此茶文化真正消融于社会生活当中。明代茶人品饮方式从简，摆脱了以前的烦琐程序，追求清饮之风。茶叶开始分为绿茶、青茶、黑茶和白茶几大类。饮茶的方法由煮茶变成冲茶，紫茶壶也开始生产，为茶文化提供更为丰富的内涵。

到了清代，红茶开创了新的制作工艺，丰富了茶的品类，大批名茶如"龙井""碧螺春""铁观音"等接连出现并成为品牌。

三、中国茶的传播

中国茶叶、茶树、饮茶风俗及制茶技术，是随着中外文化交流和商业贸易的开展而传向全世界的。自西汉起，由广东出海传到印度支那半岛和印度南部等地区，南北朝时期传入土耳其，唐宋时期传入日本、斯里兰卡、印尼等国家，16世纪传至欧洲各国并进而传到美洲大陆，又向北方传入波斯、俄国。唐代中叶，中国茶籽被带到日本种植，茶树开始向世界传播。据文献记载，公元805年，日本高僧最澄，从天台山国清寺师满回国时，带去茶种，种植于日本近江，这是中国茶种向外传播的最早记载。

中国茶文化源远流长，随着饮茶习俗的普及扩展，中国茶文化闻名海内外。在茶叶历史上，茶叶向边疆各民族传播，主要是与藏民进行茶马互易。茶马古道是一个非常特殊的地域称谓，起源于唐宋时期的"茶马互市"。藏族由于地处高寒地区，需要摄入大量的脂肪，由于没有蔬菜，需要用茶叶分解体内脂肪。藏族嗜茶的程度到了"宁可三日无食，不可一日无茶"。由于内地战乱频繁，民间役使和军队征战都需要大量的骡马，而藏区和川、滇边地则产良马。于是，具有互补性的茶和马的交易即"茶马互市"便应运而生。茶马互市，各取所需，使中原与边疆、藏族与汉族之间形成了相互依存，共生共荣的关系。

关于"茶马古道"名称，很早就可见于历史文献中。西汉张骞出使西域，拉开了中西交往的序幕。"茶马古道"的线路主要有两条：一条是从四川雅安出发，经泸定、康定、巴塘、昌都到拉萨，再到尼泊尔、印度；另一条路线从云南普洱茶原产地出发，经大理、丽江、中甸、德钦，到西藏邦达、察隅或昌都、洛隆、工布江达、拉萨。

图 4-7　云南茶马古道

四、茶道的形成与流行

(一)茶道

茶道发源于中国。中国茶道兴于唐,盛于宋、明,衰于近代。宋代以后,中国茶道传入日本、朝鲜,获得了新的发展。茶道一词最早在我国唐代的《封氏闻见记》一书卷六饮茶篇记载道:"楚人陆鸿渐为茶论,说茶之功效并煎茶炙茶之法,造茶具二十四式以都统笼贮之,远近倾慕,好事者家藏一副。有常伯熊者,又因鸿渐之论广润色之,于是茶道大行,王公朝士无不饮者。"在中国茶道中,饮茶之道是基础,饮茶修道是目的,饮茶即道是根本。饮茶之道,重在审美艺术性;饮茶修道,重在道德实践性;饮茶即道,重在宗教哲理性。中国茶道集宗教、哲学、美学、道德、艺术于一体,是艺术、修行、达道的结合。

在原始社会,人类在山野狩猎中寻找动植物充饥,茶也是其中一种。在利用茶的过程中,人类将茶叶作为菜来食用。神农尝百草,发现茶以后,茶逐步由充饥发展到药用。到了晋代,人们用茶叶煮食的方法叫"茗粥""茗菜"。现在,居住在我国西南边境的傣族、哈尼族、景颇族还保留喝"竹筒茶"的习惯。由于鲜茶生吃滋味苦涩,后来人们加工后烹煮饮用,从西汉到明代,相继出现了煮茶、煎茶、点茶、泡茶等方式。

中国茶道约成于中唐之际,制茶技术不断发展。陆羽被认为是中国茶道的鼻祖。陆羽《茶经》所倡导的"饮茶之道"实际上是一种艺术性的饮茶,它包括鉴茶、选水、赏器、取火、炙茶、碾末、烧水、煎茶、酌茶、品饮等一系列的程序、礼法、规则。今天广东潮汕地区、福建武夷地区的"工夫茶"是中国古代"饮茶之道"的继承和代表。这时候,出现点茶法,就是不再直接将饼茶碾碎,用沸水点冲。这一方法在宋代、元代时很流行,直到明朝中期还沿用。

到了宋代,基本不再将茶制成茶饼,而是将茶简单地进行加工,特别是绿茶,更是保持了茶叶的原形。

到了明代,明太祖废除了贡团饼茶,使散茶一枝独秀,这一时期茶的饮用方法也改为冲泡,明清时期,主要以壶泡为主,即将茶叶置于茶壶中,用沸水冲泡,然后再分到茶盏中饮用。明代产生的泡茶方式到今天还在沿用。

(二)茶艺

1. 古代茶艺

茶艺是中国茶道的主要内容。茶道要遵循一定的法则。唐代为克服九难：即造、别、器、火、水、炙、末、煮、饮。宋代为三点与三不点品茶："三点"为新茶、甘泉、洁器为一，天气好为一，风流儒雅、气味相投的佳客为一；反之，是为"三不点"。

在我国古代的茶艺中，较早流行的是煎茶、斗茶、工夫茶。

煎茶 把茶末投入壶中和水一块煎煮。唐代的煎茶是茶的最早艺术品尝形式。

斗茶 古代文人雅士各携带茶与水，通过比茶面汤花和品尝鉴赏茶汤以定优劣的一种品茶艺术。斗茶又称为茗战，兴于唐代末，盛于宋代。最先流行于福建建州一带。斗茶是古代品茶艺术的最高表现形式。其最终目的是品尝，特别是要吸掉茶面上的汤花，最后斗茶者还要品茶汤，做到色、香、味三者俱佳，才算斗茶的最后胜利。

工夫茶 所谓工夫茶，并非一种茶叶或茶类的名字。而是一种泡茶的技法。之所以叫工夫茶，是因为这种泡茶的方式极为讲究。操作起来需要一定的工夫，此工夫，乃为沏泡的学问，品饮的工夫。清代至今某些地区流行的工夫茶是唐、宋以来品茶艺术的流风余韵。清代工夫茶流行于福建的汀州、漳州、泉州和广东的潮州。后来在安徽祁门地区也有盛行。工夫茶讲究品饮工夫。饮工夫茶，有自煎自品和待客两种，特别是待客，更为讲究。

2. 现代茶道

结合古代的茶艺，今天的茶道也特别强调五大内容：即茶叶、茶水、火候、茶具、环境等。

茶叶 好的茶叶是茶道的基本要素之一，茶以新茶为最，到了清代，奠定了我国茶类的基本格局：绿茶、红茶、乌龙茶、白茶、紧压茶。茶叶中的有机化学成分和无机矿物元素含有许多营养成分和药效成分。有机化学成分主要有：茶多酚类、植物碱、蛋白质、氨基酸、维生素、果胶素、有机酸、脂多糖、糖类、酶类、色素等。按季节来分可以分为春茶、夏茶、秋茶、冬茶。春茶指当年3月下旬到5月中旬之前采制的茶叶，含有丰富的维生素，特别是氨基酸，富有保健作用。夏茶指5月初至7月初采制的茶叶，由于天气炎热，茶树新的梢芽叶生长迅速，使得能溶解茶汤的水浸出物含量如氨基酸相对减少，而咖啡因、茶多酚含量比春茶多。秋茶指 8 月中旬以后采制的茶叶，茶叶滋味和香气显得比较平和。冬茶大约在 10 月下旬开始采制。由于气候逐渐转冷，茶新梢芽生长缓慢，内含物质逐渐增加，所以滋味醇厚，香气浓烈。

茶水 好的水源是茶的色、香、味的体现基础。唐代陆羽认为煎茶用水是"山水上、江水中、井水下"。他将自然界中的水分为三等。认为山水最佳，因山间的溪泉含有丰富的有益于人体的矿物质，为水中上品。这一标准为后人所赞同。具体说来，作为饮茶的水质要求为"清、活、轻"。"清"指的是水要洁净，透明无色，才能显出茶的本色；"活"是对"死"而言，要求泉水"有源有流"，不是静止水；"轻"对重而言，好泉水"质地轻、浮于上"，劣水"质地重、沉于下"。

火候 茶道讲究火候，一杯好的茶汤，必须掌握不同茶叶的质与量的多少和水的比例以及水温的高低和泡茶时间的长短。比例协调才能芬芳可口，甘醇润喉。唐代陆羽认为水要"三沸"：第一沸是微闻水声；第二沸是边缘有如涌泉连珠；第三沸是如波涛鼓浪。如果超过了"三沸"则属"老水"，不宜泡茶。在现代，一般来说，泡绿茶水温应控制在 80℃ 左右；红茶水温须 100℃。这样才能使茶叶的各种化学成分充分发挥。泡茶时间不宜过长，以 3~5 分钟最适宜，泡得过长，茶汤内的多酚类会增加，带有苦涩味。

茶具 好的茶具能保持茶的浓香醇味。茶具主要指茶壶、茶杯、茶勺等这类饮茶器具。茶具的品种很多，其中主要的有：青瓷茶具、白瓷茶具、黑瓷茶具、彩瓷具、紫砂茶具。青瓷茶具以浙江生产的质量最好，因为色泽青翠，用来冲泡绿茶，更能体现茶的汤色之美。白瓷茶具坯质致密透明，具有无吸水性、音清而韵长的特点，因色泽洁白，能反映出茶汤色泽，称为饮茶器皿中的珍品。黑瓷茶具始于晚唐，鼎盛于宋，延续于元，衰微于明、清。彩瓷具彩色茶具的品种花色很多，其中尤以青花瓷茶具最引人注目。紫砂茶具，由陶器发展而成，是一种新质陶器。它始于宋代，盛于明清，流传至今。紫砂茶具属陶器茶具的一种，它坯质细密坚硬，取天然泥色，大多为紫砂，也有红砂、白砂，成陶火度在 1100~1200℃。紫砂壶耐寒耐热，用之泡茶无熟汤味，能保真香，美中不足的是受色泽限制，用它较难欣赏到茶叶的美姿和汤色。

茶境 茶道讲究环境、气氛、音乐、冲泡技巧及人际关系等。茶好、水灵、具精和恰到好处的冲泡技巧，便造就了一杯好茶，再加上有一个品茶的幽雅环境，便不是单纯的饮茶了，而已上升为一门综合的生活艺术。茂林修竹，水榭山亭、小桥流水，幽居雅室，便是理想的品茶去处。明代冯可宾在《岕茶录》提出品茶的13个条件，可以说是茶境的最好概括。按现代白话文可以翻译为：一要"无事"：自由自在，悠然自得；二要"佳客"：饮茶人要志同道合，推心置腹；三要"幽坐"：环境幽雅，心平气静，无忧无虑；四要"吟诗"：品茶吟诗，以诗助兴；五要"挥翰"：茶墨结缘，品茗泼墨；六要"倘伴"：青山翠竹、小桥流水、闲庭信步。七要"睡起"：一觉醒来，香茶一杯，可清心净口；八要"宿醒"：酒醉饭饱，茶可破醒；九要"清供"：杯茶在手，佐以茶果、茶食，相得益彰；十要"精舍"：居室要幽雅，以增添品饮情趣；十一要"会心"：品尝茶中时，深知茶中事；十二要"赏鉴"：精于茶道，会鉴评，懂欣赏；十三要"文僮"：有茶僮侍候，烧水奉茶。

五、茶的分类与中国名茶

（一）茶的分类

我国茶叶的种类繁多，分类方法比较复杂，一般按加工方法和色泽分为基本茶类和再加工茶类。按色泽（或制作工艺）分类可分为：绿茶、黄茶、白茶、青茶、红茶、黑茶。按季节分按季节分类分为春茶、夏茶、秋茶和冬茶。按其生长环境来分类分为平地茶和高山茶。在加工茶类是以基本茶类为原料进行再加工以后的产品统称再加工茶类，主要有花茶、紧压茶、萃取茶、果味茶、药用保健茶和含茶饮料等。

绿茶 绿茶是一种不经发酵制成的茶，因其叶片及汤呈绿色，称为绿茶。因采取茶树新叶，未经发酵，经杀青、揉捻、干燥等典型工艺，其制成品的色泽，冲泡后的茶汤较多的保存了鲜茶叶的绿色主调。中国绿茶十大名茶是西湖龙井、太湖碧螺春、黄山毛峰、六安瓜片、君山银针、信阳毛尖、太平猴魁、庐山云雾、四川蒙顶、顾渚紫笋茶。

红茶 红茶是一种经过发酵制成的茶，是以茶树的芽叶为原料，经过萎凋、揉捻、发酵、干燥等工艺过程精制而成，因其干茶色泽和冲泡的茶汤以红色为主调，所以叫红茶，具有红茶、红汤、红叶和香甜味醇的特征。我国红茶品种以祁门红茶最为著名，为我国第二大茶类，著名的红茶有安徽祁红、云南镇红、湖北宣红、四川川红。

花茶 花茶是成品绿茶之一，主要以绿茶、红茶或者乌龙茶作为茶坯、配以能够吐香的鲜花作为原料，采用窨制工艺制作而成的茶叶。根据其所用的香花品种不同,分为茉莉花茶、玉兰花茶、桂花花茶、珠兰花茶等,其中以茉莉花茶产量最大。

图4-8　绿茶　　　　　　图4-9　红茶　　　　　　图4-10　玫瑰花茶

乌龙茶　乌龙茶又称青茶,是一种半发酵茶,特征是叶片中心为绿色,边缘为红色,俗称绿叶红镶边。是经过杀青、萎雕、摇青、半发酵、烘焙等工序后制出的品质优异的茶类。乌龙茶由宋代贡茶龙团、凤饼演变而来,创制于公元1725年(清雍正年间)前后。品尝后齿颊留香,回味甘鲜。乌龙茶的药理作用,突出表现在分解脂肪、减肥健美等方面。主要产于福建、广东、台湾等地。一般以产地的茶树命名,如铁观音、大红袍、乌龙、水仙、单枞等。它具有红茶的醇厚,而又比一般红茶涩味浓烈;有绿茶的清爽,而无一般绿茶的涩味,其香气浓烈持久。

图4-11　乌龙茶　　　　　　图4-12　白茶

白茶　因为成品茶的外观呈白色,所以叫白茶,是一种不经发酵,亦不经揉捻的茶。基本工艺为萎凋、烘焙(或阴干)、拣剔、复火等工序。萎凋是形成白茶品质的关键工序。白茶具有外形芽毫完整,满身披毫,毫香清鲜,汤色黄绿清澈,滋味清淡回甘的品质特点,是我国茶类中的特殊珍品。主要产地在福建福鼎县和政和县。

黑茶 因为成品茶的外观呈黑色，所以叫黑茶，属于全发酵茶。制茶工艺一般包括杀青、揉捻、渥堆和干燥四道工序。最早的黑茶是由湖南安化生产的，由绿毛茶经蒸压而成的边销茶黑茶。目前按地域分布，主要分类为湖南黑茶，四川黑茶，云南黑茶（普洱茶）及湖北黑茶。

砖茶 砖茶属紧压茶。用绿茶、花茶、老青茶等原料茶经蒸制后放入砖形模具压制而成。主要产于云南、四川、湖南、湖北等地。砖茶又称边销茶，主要销售边疆、牧区等地。

图 4-13 黑茶

图 4-14 上世纪 70 年代产的湖北赵李桥砖茶

（二）中国名茶

西湖龙井 因产于中国杭州西湖的龙井茶区而得名，浙江杭州西湖的狮峰、龙井、五云山、虎跑一带，历史上曾分为"狮、龙、云、虎"四个品类，其中多认为以产于狮峰的品质为最佳。龙井既是地名，又是泉名和茶名。茶有"四绝"：色绿、香郁、味甘、形美。茶叶为扁形，叶细嫩，条形整齐，宽度一致，为绿黄色，手感光滑，一芽一叶或二叶；芽长于叶，一般长3厘米以下，芽叶均匀成朵，不带夹蒂、碎片，小巧玲珑。龙井茶味道清香，假冒龙井茶则多是清草味，夹蒂较多，手感不光滑。

碧螺春 产于江苏吴县太湖的洞庭山碧螺峰。太湖水面，水气升腾，雾气悠悠，空气湿润，土壤呈微酸性或酸性，质地疏松，极宜于茶树生长，由于茶树与果树间种，所以碧螺春茶叶具有特殊的花朵香味。据记载，碧螺春茶叶早在隋唐时期即负盛名，有千余历史。传说清康熙皇帝南巡苏州赐名为"碧螺春"。碧螺春条索紧结，蜷曲似螺。碧螺春采摘取银芽显露，一芽一叶，茶叶总长度为1.5厘米，每500克有5.8万~7万个芽头，芽为白豪卷曲形，叶为卷曲清绿色，叶底幼嫩，均匀明亮。假的为一芽二叶，芽叶长度不齐，呈黄色。

信阳毛尖 产于河南信阳车云山，该地区山势高峻，生态环境得天独厚：

高档毛尖茶以一芽一叶或一芽二叶为主，中档茶以一芽二三叶为主。毛尖茶色泽嫩绿隐翠，香气清高带熟栗子香，滋味浓厚耐泡，叶底细嫩绿亮。其外形条索紧细、圆、光、直，银绿隐翠，内质香气新鲜，叶底嫩绿匀整，清黑色，一般一芽一叶或一芽二叶，假的为卷曲形，叶片发黄。

君山银针　产于湖南省洞庭湖中的君山岛上，属于黄茶类针形茶，有"金镶玉"之称。君山茶旧时曾经用过黄翎毛、白毛尖等名，后来，因为它的茶芽挺直，布满白毫，形似银针而得名"君山银针"。君山茶历史悠久，唐代就已生产、出名。文成公主出嫁西藏时就曾选带了君山茶。它的特点是：全由芽头制成，茶身满布毫毛，色泽鲜亮；香气高爽，汤色橙黄，滋味甘醇。虽久置而其味不变。冲泡看起来芽尖冲向水面，悬空竖立，然后徐徐下沉杯底，形如群笋出土，又像银刀直立。

黄山毛峰　属于绿茶，产于安徽省歙县黄山。由清代光绪年间谢裕泰茶庄所创制。每年清明谷雨，选摘初展肥壮嫩芽，手工炒制。由于新制茶叶白毫披身，芽尖峰芒，且鲜叶采自黄山高峰，遂将该茶取名为黄山毛峰。其外形细嫩稍卷曲，芽肥壮、匀齐，有锋毫，形状有点像"雀舌"，叶呈金黄色；色泽嫩绿油润，香气清鲜，水色清澈、杏黄、明亮，味醇厚、回甘，叶底芽叶成朵，厚实鲜艳。假茶呈土黄，味苦，叶底不成朵。

祁门红茶　简称祁红，产于安徽省祁门、东至、贵池、石台、黟县，以及江西的浮梁一带，采摘一芽二、三叶的芽叶作原料，经过萎凋、揉捻、发酵，使芽叶由绿色变成紫铜红色，香气透发，然后进行文火烘焙至干。红毛茶制成后，还须进行精制，精制工序复杂花工夫，经毛筛、抖筛、分筛、紧门、撩筛、切断、风选、拣剔、补火、清风、拼和、装箱而制成。茶颜色为棕红色，切成0.6~0.8厘米，味道浓厚，强烈醇和、鲜爽。假茶一般带有人工色素，味苦涩、淡薄，条叶形状不齐。

都匀毛尖　产于贵州都匀县，又称"白毛尖""细毛尖""鱼钩茶""雀舌茶"，是贵州三大名茶之一。采摘标准为一芽一叶初展，长度不超过2.0厘米。茶叶嫩绿匀齐，细小短薄，一芽一叶初展，形似雀舌，长2~2.5厘米，通常炒制500克高级毛尖茶约需5.3万~5.6万个芽头。其外形条索紧细、卷曲，毫毛显露，色泽绿润、内质香气清嫩、新鲜、回甜，水色清澈，叶底嫩绿匀齐。假茶叶底不匀，味苦。

铁观音　产于福建安溪县，叶体沉重如铁，形美如观音，多呈螺旋形，色泽砂绿，光润，绿蒂，具有天然兰花香，汤色清澈金黄，味醇厚甜美，入口微苦，立即转甜，耐冲泡，叶底开展，青绿红边，肥厚明亮，每颗茶都带茶枝，假茶叶形长而薄，条索较粗，无青翠红边，叶泡三遍后便无香味。

武夷岩茶 产于福建省武夷山市。外形条索肥壮、紧结、匀整，带扭曲条形，俗称"蜻蜓头"，叶背起蛙皮状砂粒，俗称"蛤蟆背"，内质香气馥郁、隽永，滋味醇厚回苦，润滑爽口，汤色橙黄，清澈艳丽，叶底匀亮，边缘朱红或起红点，中央叶肉黄绿色，叶脉浅黄色，耐泡6~8次以上，假茶开始味淡，欠韵味，色泽枯暗。

南岳云雾茶 南岳云雾茶产于湖南省中部的南岳衡山。在唐代就列为贡品，唐代名典《茶经》亦有记载："茶出山南者，生衡山县山谷"。南岳云雾茶形状独特，其叶尖且长，状似剑，以开水泡之，尖子朝上，叶瓣斜展如旗，颜色鲜绿，沉于水底，香气浓郁。

六、茶文化与森林

高山出好茶，茶的好坏和产地的自然环境是分不开的。中国是最早发现和利用茶叶的国家，但茶与茶文化却是全人类的共同资源与财富。茶文化是一种中介文化，是物质文化与精神文化的完美结合。

1. 由于森林优良的自然条件，可以使体验者在森林活动达到雅俗共赏

高雅与通俗的结合茶文化是雅俗共赏的文化，在发展过程中一直表现出高雅和通俗两个方面。"琴棋书画诗酒茶"的提法表明茶是与琴棋书画等高雅之物并列的，代表高雅生活的一个方面；而"柴米油盐酱醋茶"的说法又显示茶也是老百姓居家过日子的一种平常之物，是世俗生活不可缺少的东西。我国的幅员辽阔，森林与茶自始至终结下不解之缘。将茶文化列入旅游项目的开发，不仅可以使游客体验自然的茶园生态环境，同时也为游客提供了有关茶叶生产、制作、加工知识的现场课堂与茶文化交流的场所，迎合了现代生活追求自然，体验文化的需要。

2. 由于森林的特色环境，适合开发以茶文化为背景的茶艺活动

我国丰富的茶文化资源为茶艺的发展和丰富提供了源泉。茶艺活动作为一种展示饮茶文化的艺术形式，为游客提供的是一个鉴赏茶叶品质与冲泡技艺的身临其境的过程。通过参与和观赏茶艺活动，游客不仅可以"学艺"，还可以经历茶道精神与茶文化内涵的体验过程。当前多彩的茶艺活动的开展已经成为茶文化旅游中吸引游客的一个亮点。

3. 由于我国森林分布的地域性，适合开发以茶俗为内容的森林活动

我国茶文化的形成有着深厚的历史文化背景。时至今日，茶文化已经与各民族人民的生活紧紧相联，众多特色鲜明、文化底蕴深厚的茶俗礼仪吸引了四方的游客，如云南大理白族的"三道茶"、土家族的"擂茶"、傈僳族的"雷响茶"等都极其富有民族特色。此外，各民族古老的茶传说、茶趣闻轶事和茶歌舞等丰富了茶文化的内容，为游客提供的是一种不同的茶文化体验。

第五章
民俗文化与森林

【导读】诸多的少数民族，处于不同的历史背景和山地森林环境，其宗教、风俗、习惯、情趣以及生活方式和生产方式在表达上显出个别性和差异性，正是这种个别性和差异性，造成了森林文化的多样性和丰富性。民俗文化是由人们在社会生活中所创造的文化现象，它根植于深厚的社会基础。民俗文化的范围很广，民族成员的服饰、居住、饮食、生产、交换、岁时风俗、婚丧嫁娶、道德礼仪、宗教信仰等方方面面都反映了各个民族的特点。

第一节 民俗文化

一、民俗文化的概念

民俗就是民间的风俗,也叫"民间习俗"或"民间习惯""风俗民情""民土民情"等,是广大中下层劳动群众所创造传承的民间社会文化生活,是传统文化的基础和重要组成部分。它是由撒克逊语 Folk 和 Lore 合成,原意义为"在普通人们中流传的传统信仰,传说及风俗等"。作为专门的术语,最早由英国学者汤姆斯(W. S. Thomas)于1946年正式提出。

在我国,民俗一词其实早就出现了。自孔子时代起即将之视为道德教化之用,而后历代的典籍中也多所记载,其中如"民风""风俗"等词的意义都与民俗相近。《说文解字》将"俗"解释为"习也"。中国古籍中对"俗"的解释,主要包含两个重要的内涵:一为下民的自我教化,一为众人所传习。

从现代意义来说,民俗指一个国家或民族中广大民众所创造、享用和传承的生活文化。它以民族的群体为载体,以群体的心理结构为依据,表现在广泛而富有情趣的社会生产与生活领域的一种程式化的行为模式和生活惯制,是一种集体性的文化积淀,是人类物质文化与精神文化的一个最基本的组成部分。民俗文化主要包括:民俗工艺文化、民俗装饰文化、民俗饮食文化、民俗节日文化、民俗戏曲文化、民俗歌舞文化、民俗绘画文化、民俗音乐文化、民俗制作文化等。

二、民俗文化的分类

民俗文化从类型形态上可以简单分为物质民俗文化、社会民俗文化和意识民俗文化。

(一)物质民俗文化

物质民俗文化是指在物质生产、消费和流通中所形成的文化形态。

1. 农耕民俗

指的是农业生产的组织者和劳动者在长期的观察和生产实践中逐步形成的一种风俗文化。我国是一个古老的农业大国,由于气候、地形、土壤等差异,各地在农具使用、作物品种、生产仪式和信仰等方面产生了形态各异的农耕民俗。大体上说，我国秦岭—淮河线以南、青藏高原以东属水田农耕民俗亚型，秦岭—淮河以北属旱地农耕民俗亚型。

2. 畜牧民俗

指在长期畜牧业生产中形成的一种风俗文化。我国大兴安岭—阴山—贺兰山—青藏高原东缘一线的以西、以北，属牧区畜牧民俗亚型，以草原为生产空间；分界线以南和以东为农耕区畜牧民俗亚型。

3. 渔猎民俗

只要有山林、江河、湖海就有渔猎活动。渔猎民俗是指人们在从事渔猎活动中形成的文化习俗，根据其内容，存在着渔业民俗与狩猎民俗两种亚型。

4. 手工业民俗和商业民俗

一般而言，少数民族地区的手工业民俗比较贫乏，汉族地区相对丰富。商业民俗，是指商业领域中的习俗惯制，从商业经营的对象来考察，商业民俗又有贸易民俗与金融民俗两种亚型之分。

5. 服饰民俗

这是指人们(主要是平民百姓)衣着穿戴的习俗惯制。体现出一个地方、一个民族、一个群体的审美情趣和伦理观念。质料、款式、色调、工艺构成了服饰民俗的基本要素。

6. 饮食民俗

是人类在维持生命和进行节日庆典时，渗透进自然、社会、历史因素，因而升华形成的饮食文化，包括饮食惯制、饮食结构、饮食口味、饮食器具和烹饪方式等。以大兴安岭—阴山—贺兰山—青藏高原东缘为界以北、以西区域，饮食结构属于动物脂肪蛋白质型；以南、以东区域属于植物淀粉型。

7. 居住民俗

中国居住民俗经历了洞穴居、巢居—穴居、半穴居—地面居的进化过程。民居的类型主要有窑洞式、穹庐式、干栏式、上栋下宇式等。

8. 行旅民俗

又称交通民俗。在我国，它主要有三方面的传承形态：行旅的习惯路线，出行凭借的交通工具，出行的仪式。

(二)社会民俗

社会民俗是人类社会生活的产物，是社会的经济活动、政治活动在民俗上的反映。

1. 人生礼仪民俗

它的核心是"育儿礼、成年礼、婚礼、寿礼和葬礼"。

2. 岁时节令民俗

我国民俗性的岁时节令很多,从内容上可以分为:农事节日、宗教节日、祭祀节日、纪念节日、文化游乐节日、庆贺节日、商贸节日、社交节日8类。

3. 游艺民俗

常见的有:游戏、杂技、竞技、歌舞等。

(三)意识民俗

1. 原始信仰民俗

包含自然崇拜、动植物崇拜、祖先崇拜以及各种图腾文化。

2. 宗教信仰民俗

包括道教、佛教、伊斯兰教、天主教、基督教等人为宗教的信仰;对财神、灶神、门神、福禄寿星、土地神、药王、关帝、河神等民间神灵的信仰。

3. 禁忌民俗

包括岁时禁忌、人生禁忌、饮食禁忌、起居禁忌、出行禁忌、社会交往禁忌、生产禁忌、语言禁忌等。

4. 巫术民俗

包括占卜、灵符、诅咒、测字、算命等;与原始信仰民俗、宗教信仰民俗、禁忌民俗有着密切的关系。

三、民俗文化与森林的关系

民俗文化作为一种乡土文化,它真实而客观地反映了一定地域人民的社会生产和生活,具有丰富的文化内涵,现已经成为重要战略性资源。我国与森林相关的民俗保存相对完好的地方,多半在交通不便、经济欠发达的老少边穷地区。由于长期与外界交流不多,文化的原生态性保存完好,传统文化积淀深厚,宗教氛围古朴浓郁。民俗与森林的关系如下:

(一)民俗是重要的森林文化资源

林业民俗是民俗的具体表现形式,这种人类在长期的林业生产生活中形成的古老的、具有普遍意义的传统文化心理特征，是一种传统文化的心理和行为积淀。作为一种古老的文化现象，代表着民族智慧。森林是人类的衣食之源，在万物有灵的观念和与自然斗争经验积累中，人类为了自身的繁衍生存，产生了种种民俗，并随着现代化的进程予以保留，在工业文化快速发展的今天，森林活动中涉及的林业民俗是文化的重要资源。

(二)民俗是森林文化审美不可或缺的重要内容

林业民俗作为一种社会现象，蕴藏着丰富的美学内涵，各种形式的美都有所体现，它能给体验者带来多方面美感享受与满足。无以名状的奇异山水美包含了中国绘画、摄影中一切美学的特质。这既给人以自然美、结构美，又给人以艺术美、文化美的享受。而从中产生的民间祭祀神树、祭龙山的林业民俗活动，调整了人与自然界的关系，使人们去适应、利用与保护自然界，让自然界为己服务。从某种意义上满足了一种精神上的需要，减少了对现实生活的忧虑与失望，使他们从容地面对命运和自然的挑战，也成为审美的重要内容。

(三)民俗赋予森林体验者以"文化新鲜感"

由于我国幅员辽阔，在森林活动中，人们可以体验当地的特色文化，森林中民俗契合了特色的需要，这对释放工业文明带来的文化张力，增添文化新鲜感具有现实意义。例如，在森林旅游中我们常见较多的是各种祀神及娱乐活动。旧时这种庙会活动，纯属祭祀性质，之后逐渐演变成了集武术、杂技、歌舞、表演、书法、彩灯、文物珍奇等的展览及商贸洽谈于一体的大型盛会。

习题

1. 民俗文化的概念是什么？
2. 民俗文化与森林的关系是什么？

第二节　民族文化

一、民族的概念

民族是一个源自西方的历史性的政治范畴。马克思认为，民族是人们在历史上形成的一个有共同语言、共同地域、共同经济生活以及表现于共同文化上的共同心理素质的稳定的共同体。在中国古代典籍中与"民族"概念相同的词有"民、族、种、部、类"等。民族有时也泛指历史上形成的、处于不同社会发展阶段的各种人们共同体，如原始民族、古代民族、现代民族等。

二、我国民族概况

我国是一个多民族国家，共有汉族、藏族、满族、蒙古族、维吾尔族、回族、壮族等56个民族。汉族是中国人口最多，地域分布最广的民族。汉族广泛分布在全国各地，约占我国总人口的92%，其他55个民族称为"少数民族"。

中国各民族分布的特点是：大杂居、小聚居。少数民族人口虽少，但分布很广，主要分布在内蒙古、新疆、宁夏、广西、西藏、云南、贵州、青海、四川、甘肃、黑龙江、辽宁、吉林、湖南、湖北、海南、台湾等省（自治区）。其中民族成分最多的是云南省，有52个民族。据国家统计局网站消息，2019年末，中国大陆总人口（包括31个省、自治区、直辖市和中国人民解放军现役军人，不包括香港、澳门特别行政区和台湾省以及海外华侨人数）140 005万人，除汉族外，人口过千万的民族依次为壮族、回族、满族和维吾尔族，是第二到第五大民族；苗族、彝族、土家族人口过800万，依次为第六至第八大民族；藏族628.2187万人，蒙古族598.1840万人，为第九、第十大民族。布依、侗、朝鲜等9个民族人口依次在100万~300万；畲族、傈僳族等17个民族人口均在10万~100万；布朗、塔吉克等13个民族人口依次均在1万~10万。门巴族、鄂伦春族和独龙族等7个民族均在1万人以下，其中塔塔尔族、赫哲族、高山族和珞巴族4个民族人口均不足5000人；珞巴族仅有2965人，为人数最少的民族。我国少数民族语言中，21个民族语言有文字。目前我国已经建立5个少数民族自治区、31个少数民族自治州、80个少数民族自治县。

三、世界民族概况

目前，世界有200多个国家和地区，约有大小民族2000多个。人口在一亿以上的有7个（汉族、印度斯坦、美利坚、俄罗斯、孟加拉、大和、巴西等民族），约占全球总人口的42%以上。人口在5000万~1亿的有9个（德意志、比哈尔、意大利、爪哇、墨西哥、泰卢固、英吉利、朝鲜等民族），约占全球人口的12.5%。全球人口在10万人以上的民族共约550余个，其人数合计占总人口的9.9%。人口较少的民族有的仅百人或几十人（如印度的安达曼族和明戈比族，印度尼西亚的托瓦拉族等）。

我国少数民族居住地区约占我国总面积的50%~60%。我国各少数民族中，除回、畲族外，都有自己的语言。畲族和回族共用汉语。满族自清初入关以来与汉族广泛相处，逐渐采用汉语取代满语。我国少数民族语言，属汉藏语系的有29个民族，如藏族、壮族、苗族、瑶族、布依族等；属阿尔泰语系的有17个民族语言，如维吾尔族、哈萨克族；属南亚语系的有3个民族语言；属印欧语系的有塔吉克语和俄罗斯语2个；属南岛语系的有高山语。

四、汉族

汉族是中国56个民族中人口最多的民族（根据国家统计局发布2019年汉族人口为130 118.052万人，占92.94%），也是世界上人口最多的民族。汉族是原称为"华夏"的中原居民，后同其他民族逐渐同化、融合。汉族之名自汉王朝始称。汉族的得名，是因建立汉代大帝国。先秦时期原名华夏，或称华，或称夏，是汉族的先民。炎黄二帝传说是华夏的民族英雄，所以人们常说汉族是炎黄子孙或黄帝子孙。

(一) 汉族的起源

1. 华夏族

华夏族的历史，传说从"三皇""五帝"开始，以后就是"三代"——夏、商、周（周又分为西周、东周，东周包括春秋、战国两段）。在春秋战国之际，"华""夏"和"华夏"作为民族名称，正式见于史籍。关于华夏族的名称由来，孔颖达曾在为《左传》"裔不谋夏，夷不乱华"作疏："中国有礼仪之大，故称夏，有服装之美，故谓之华。""华夏"一词又是一个地域概念，指的是中国的中原地区，即黄河中下游一带，包括今天的陕西、河南、河北南部、山东部分地区。中国大地上的古代居民，按汉文史籍的记载，以黄河流域的夏王国为中心，其周围是东夷西羌，南蛮北狄。说整个西南部有三个大的部落族群：即西部的氐羌族群，西南部的百濮族群，南方的百越族群。夏人自称"华夏"。据史料记载，生活在我国古代的远古部落，大体分为三大部分：从公元前约3000年起，当今汉族的主体华夏族在黄河流域起源并开始逐渐发展，进入了新石器时期，并先后经历了母系和父系氏族公社阶段。公元前2400年，活动于陕西中部地区的一个姬姓部落，首领是黄帝，其南面还有一个以炎帝为首的姜姓部落，双方经常发生摩擦。两大部落终于爆发了阪泉之战，黄帝打败了炎帝，之后两个部落结为联盟，并攻占了周边各个部落，华夏族的前身由此产生。

2. 汉族

汉族曾经被称为"秦人",西域各国有称华夏民族为"秦人"的习惯,由于秦王朝国运很短,"秦人"的称呼很快被人们遗忘了。汉代历经西汉到东汉,前后长达400多年,在对外交往中,其他民族称汉朝的军队为"汉兵",汉朝的使者为"汉使",汉朝的人为"汉人"。

(二)汉族的主要节日

节日的全新解释是:必须选举一些日子让人们欢聚畅饮,于是便有了节日,而且节日很多,几乎月月都有。中国人一年中的几个重大节日都有相应的饮酒活动,如端午节饮"菖蒲酒",重阳节饮"菊花酒",除夕夜饮"年酒"。在一些地方,如江西民间,春季插完禾苗后,要欢聚饮酒,庆贺丰收时更要饮酒,酒席散尽之时,往往是"家家扶得醉人归"。代代相传的举国共饮的节日有:

1. 春节

俗称过年。汉武帝时规定正月初一为元旦;辛亥革命后,正月初一改称为春节。春节期间要饮用屠苏酒、椒花酒(椒柏酒);寓意吉祥、康宁、长寿。"屠苏"原是草庵之名。相传古时有一人住在屠苏庵中,每年除夕夜里,他给邻里一包药,让人们将药放在水中浸泡,到元旦时,再用这井水对酒,合家欢饮,使全家人一年中都不会染上瘟疫。后人便将这草庵之名作为酒名。饮屠苏酒始于东汉。明代李时珍的《本草纲目》中有这样的记载:"屠苏酒,陈延之《小品方》云,'此华佗方也'。元旦饮之,辟疫疠一切不正之气。"饮用方法也颇讲究,由"幼及长"。"椒花酒"是用椒花浸泡制成的酒,它的饮用方法与屠苏酒一样。梁宗懔在《荆楚岁时记》中有这样的记载:"俗有岁首用椒酒,椒花芬香,故采花以贡樽。正月饮酒,先小者,以小者得岁,先酒贺之。老者失岁,故后与酒。"宋代王安石在《元旦》一诗中写道:"爆竹声中一岁除,春风送暖入屠苏。千门万户曈曈日,总把新桃换旧符。"北周庚信在诗中写道:"正朝辟恶酒,新年长命杯。柏吐随铭主,椒花逐颂来。"

2. 灯节

又称元宵节、上元节。这个节日始于唐代,因为时间在农历正月十五,是三官大帝的生日,所以过去人们都向天宫祈福,必用五牲、果品、酒供祭。祭礼后,撤供,家人团聚畅饮一番以祝贺新春佳节结束。晚上观灯、看烟火、食元宵(汤圆)。

3. 中和节

又称春社日，时在农历二月一日，祭祀土神，祈求丰收，有饮中和酒、宜春酒的习俗，说是可以医治耳疾，因而人们又称之为"治聋酒"。宋代李涛在诗中写道："社翁今日没心情，为乏治聋酒一瓶。恼乱玉堂将欲遍，依稀巡到第三厅。"据《广记》记载："村舍作中和酒，祭勾芒种，以祈年谷"。据清代陈梦雷纂的《古今图书集成·酒部》记载："中和节，民间里间酿酒，谓宜春酒。"

4. 清明节

时间约在阳历4月5日前后。人们一般将寒食节与清明节合为一个节日，有扫墓、踏青的习俗，始于春秋时期的晋国。这个节日饮酒不受限制。据唐代段成式著的《酉阳杂俎》记载：在唐朝时，于清明节宫中设宴饮酒之后，宪宗李纯又赐给宰相李绛酴酒。清明节饮酒有两种原因：一是寒食节期间，不能生火吃热食，只能吃凉食，饮酒可以增加热量；二是借酒来平缓或暂时麻醉人们哀悼亲人的心情。古人对清明饮酒赋诗较多，唐代白居易在诗中写道："何处难忘酒，朱门美少年。春分花发后，寒食月明前。"杜牧在《清明》一诗中写道："清明时节雨纷纷，路上行人欲断魂。借问酒家何处有，牧童遥指杏花村。"

5. 端午节

又称端阳节、重午节、端五节、重五节、女儿节、天中节、地腊节。时在农历五月五日，大约形成于春秋战国之际。人们为了辟邪、除恶、解毒，有饮菖蒲酒、雄黄酒的习俗。同时还有为了壮阳增寿而饮蟾蜍酒和镇静安眠而饮夜合欢花酒的习俗。最为普遍及流传最广的是饮菖蒲酒。据文献记载：唐代光启年间（公元885—888年），即有饮"菖蒲酒"事例。唐代殷尧藩在诗中写道："少年佳节倍多情，老去谁知感慨生，不效艾符趋习俗，但祈蒲酒话升平。"后逐渐在民间广泛流传。历代文献都有所记载，如唐代《外台秘要》《千金方》、宋代《太平圣惠方》，元代《元稗类钞》，明代《本草纲目》《普济方》及清代《清稗类钞》等古籍书中，均载有此酒的配方及服法。菖蒲酒是我国传统的时令饮料，而且历代帝王也将它列为御膳时令香醪。明代刘若愚在《明宫史》中记载："初五日午时，饮朱砂、雄黄、菖蒲酒、吃粽子。"清代顾铁卿在《清嘉录》中也有记载："研雄黄末、屑蒲根，和酒以饮，谓之雄黄酒。"由于雄黄有毒，现在人们不再用雄黄兑制酒饮用了。对饮蟾蜍酒、夜合欢花酒，在《女红余志》、清代南沙三余氏撰的《南明野史》中有所记载。

6. 中秋节

又称仲秋节、团圆节,时在农历八月十五日。在这个节日里,无论家人团聚,还是挚友相会,人们都离不开赏月饮酒。文献诗词中对中秋节饮酒的反映比较多,《说林》记载:"八月黍成,可为酎酒。"五代王仁裕著的《天宝遗事》记载,唐玄宗在宫中举行中秋夜文酒宴,并熄灭灯烛,月下进行"月饮"。韩愈在诗中写道:"一年明月今宵多,人生由命非由他,有酒不饮奈明何?"到了清代,中秋节以饮桂花酒为习俗。据清代潘荣陛著的《帝京岁时记胜》记载,八月中秋,"时品"饮"桂花东酒"。

7. 除夕

俗称大年三十夜。时在一年最后一天的晚上。人们有别岁、守岁的习俗。即除夕夜通宵不寐,回顾过去,展望未来。始于南北朝时期。梁代徐君倩在《共内人夜坐守岁》一诗中写道:"欢多情未及,赏至莫停杯。酒中喜桃子,粽里觅杨梅。帘开风入帐,烛尽炭成灰,勿疑鬓钗重,为待晓光催。"除夕守岁都是要饮酒的,唐代白居易在《客中守岁》一诗中写道:"守岁樽无酒,思乡泪满巾。"孟浩然写有这样的诗句:"续明催画烛,守岁接长宴。"宋代苏轼在《岁晚三首序》中写道:"岁晚相馈问为'馈岁',酒食相邀呼为'别岁',至除夕夜达旦不眠为'守岁'。"除夕饮用的酒品有"屠苏酒""椒柏酒"。这原是正月初一的饮用酒品,后来改为在除夕饮用。宋代苏轼在《除日》一诗中写道:"年年最后饮屠苏,不觉来年七十岁。"明代袁凯在《客中除夕》一诗中写道:"一杯柏叶酒,未敌泪千行。"唐代杜甫在《杜位宅守岁》一诗中写道:"守岁阿戎家,椒盘已颂花。"

习题

1. 汉族有哪些传统节日,传统节日中有哪些重要活动(至少列举三个)?
2. 在中国人口最多的十大民族分别是哪些?

第三节 祭祀文化与民间信仰

祭祀就是按一定的仪式,向神灵致敬和献礼,以恭敬的动作膜拜它,请它帮助人们实现靠人力难以实现的愿望。人们把这一人间的通则加于神灵身上,便成为祭祀的心理动因。

祭祀的对象就是神灵，神灵的产生是有其发展过程的。在人类的童年时代，人们思维简单，富于幻想，对于自然物和一切自然现象都感到神秘而恐惧。天上的风云变幻、日月运行，地上的山石树木、飞禽走兽，都被视为有神灵主宰，于是产生了万物有灵的观念。这些神灵既哺育了人类成长，又给人类的生存带来威胁；人类感激这些神灵，同时也对它们产生了畏惧，因而对这众多的神灵顶礼膜拜，求其降福免灾。人类对自身的生老病死、幻觉梦境，也是难以理解的。古代先民相信，人死后其灵魂有一种超自然的能力，能与生者在梦中交流，并可以作祟于生者，使其生病或遭灾。这种敬畏众神的心理便是祭祀行为产生的重要因素。万物有灵形成多神崇拜，也使人们的祭祀对象繁多。中国古代宇宙观最基本的三要素是天、地、人，《礼记·礼运》称："夫礼，必本于天，殽于地，列于鬼神。"《周礼·春官》记载，周代最高神职"大宗伯"就"掌建邦之天神、人鬼、地示之礼"。《史记·礼书》也说："上事天，下事地，尊先祖而隆君师，是礼之三本也。"我们可把众多的神灵分为天神、人鬼和地神。天界神灵主要有天神、日神、月神、星神、雷神、雨神和风云诸神。地界神灵主要有社神、山神、水神、石神、火神及动植物诸神，它们源于大地，与人类生存密切相关。人界神灵种类繁多，主要有祖先神、圣贤神，行业神、起居器物神等，它们直接与人们的日常生活密切关联，享受了最多的祭品。

一、图腾

所谓图腾，就是原始时代的人们把某种动物，植物或非生物当作自己的亲属、祖先或保护神。相信它们不仅不会伤害自己，而且还能保护自己，并且能获得它们的超人的力量，勇气和技能。人们以尊敬的态度对待它们，一般情况下不得伤害。氏族，家族等社会组织以图腾命名，并以图腾作为标志。自然崇拜是在生产力极其低下的条件下，伴随着早期人类最初的自觉而产生的一种原始信仰。它实际上是将支配早期人类生活的自然力和自然物人格化，变成超自然的神灵，作为崇拜。

所谓图腾文化，就是由图腾关念衍生的种种文化现象，也就是原始时代的人们把图腾当做亲属，祖先或保护神之后，为了表示自己对图腾的崇敬而创造的各种文化现象，这些文化现象英语统称之为 totemism。

图腾文化是人类历史上最古老，最奇特的文化现象之一，图腾文化的核心是图腾观念激发了原始人的想象力和创造力，逐步滋生了图腾名称、图腾标志、图腾禁忌、图腾外婚、图腾仪式、图腾生育信仰、图腾化身信仰、图腾圣物、图腾圣地、图腾神话、图腾艺术等，从而形成了独具一格、绚丽多彩的图腾文化。

图腾标志或称图腾符号，即以图腾形象作为群体的标志和象征。

二、民间信仰

民间信仰是指民众自发地对具有超自然力的精神体的信奉与尊重。它包括原始宗教在民间的传承、人为宗教在民间的渗透、民间普遍的俗信以及一般的民众迷信。民间信仰是一个笼统的概念，将民间信仰单独作为一个概念，考虑到它对应于一个官方宗教而存在，而且也因为它有别于制度化的宗教，这一文化体系由信仰、仪式和象征3个互相联系、互相作用的有机体组成。在长期的历史过程中，传统的信仰、仪式和象征不仅影响着占中国社会大多数的一般民众的思维方式、生产实践、社会关系和政治行为，还与上层建筑和象征体系的构造形成微妙的冲突和互补关系。因而，民间的信仰、仪式和象征的研究，不仅可以提供一个考察中国社会—文化的基层的角度，而且对于理解中国社会—文化全貌，有重要的意义。

从意识形态上讲，它是非官方的文化；从文化形态上讲，它重在实践、较少利用文本并以地方的方言形式传承；从社会力量上讲，它受社会中的多数（即农民）的支撑并与民间的生活密不可分。

"中国民间信仰"指的是对流行在中国民众间的神、祖先、鬼的信仰。民间信仰的谱系主要由庙祭、年度祭祀、生命周期仪式、血缘性的家族、地域性庙宇的仪式组织、世界观和宇宙观等象征体系组成。民间信仰主要是指俗神信仰，亦即非宗教信仰。这种信仰在我国具有悠久的历史，比佛教信仰和道教信仰更具有民间特色。中国民间俗神信仰的一个典型特征，就是把传统信仰的神灵和各种宗教的神灵进行反复筛选、淘汰、组合，构成一个杂乱的神灵信仰体系。不问各路神灵的出身来历，有灵就香火旺。这鲜明地反映了中国世俗信仰的多元性和功利性，所以说，中国民间信仰具有多教合一，多神崇拜的特点。

民间的信仰、仪式和象征这一系列的文化现象具有双重特性：一方面，它们类似于原始巫术和万物有灵论的遗存与"世俗生活"分不开；另一方面，它们又与宗教现象有相当的类似之处。虽然民俗学者、人类学家在具体田野调查过程中都十分重视民间文化模式的研究，但是他们就民间信仰是否属于

"宗教"这一问题,存在很大的争议。

在传统中国,无论是政府、士大夫还是宗教实践者,都未曾采用过"民间宗教"这个名称来描述一般民众的信仰、仪式和象征体系。封建政府对民间的宗教式活动采用的是双重态度:一方面,为了避免民间非官方意识形态的发展,对民间的祭祀活动实行排斥;另一方面,为了创造自己的象征并使之为民间接受,又有选择性地对民间象征加以提倡。这种"分而治之"的政策,导致了地方政府对民间信仰系统化意义的否定。同时,士大夫阶层受儒家哲学和宋明理学的影响,只支持"孝道"和一定范围的祭祖,对民间的神、鬼、灵、物崇拜等多取否定的态度。相比封建政府和士大夫阶层,与民间社会有密切联系的民间佛教徒和道士,因依赖民间的祭祀和巫术活动为生,所以对民间的"神圣行为"较为支持。但是,他们不承认其宗教体系的所在,而是把后者当成比他们自己的宗教体系低等的仪式看待。作为民间信仰的主要实践者的一般民众,因为缺乏自我界定的力量并且视自己的宗教活动为世俗生活的一部分,所以也不把它们看成"宗教"。

真正把中国的民间信仰视为真正意义上的宗教是19世纪末20世纪初的国外人类学家。19世纪末,荷兰籍的汉学家德格如特依据福建民间调查写成《中国宗教体系》(公元1892年)一书。他把民间的信仰和仪式与古典的文本传统相联系,认为民间信仰体系是中国古典文化传统的实践内容,是一个系统化的宗教。

在功能主义风行的19世纪20—50年代,社会人类学界把中国民间仪式看成与宗教具有同等地位和功能的体系。例如,社会人类学大师拉德克利夫·布朗在他的《宗教与社会》(1945)一文中花了较多篇幅谈论中国宗教的特性。他认为,中国古典的哲学家和官员对宗教的社会功能给予极大的关注,他们认为合乎规范地举行仪式是社会赖以维系自己秩序的关键,这种看法在民间被广泛接受。布朗进一步认为,中国人对仪式的重视,不仅证明中国宗教的主要内涵是仪式,而且为理解世界上的所有宗教提供了很好的参考。在他看来,因为宗教的支柱是仪式而不是信仰,因此不管是文明社会还是原始社会,仪式可以作为宗教体系加以研究。

民间信仰在中国的存在已有几千年的历史,它是一个民族丰富文化的储存器。随着时间的流逝,文化生态的变迁,许多民间信仰习俗生命力丧失殆尽而退出了历史舞台,有的却超越时空顽强地存活了下来,更多的是以新的面目出现。随着全球一体化和我国现代化进程的加快,在民间许多已经消失的民间信仰又重新出现，在人们的精神生活中发挥着越来越重要的作用。为什么在现代化的过程中许多所谓的"旧"礼俗会得以再生或者说复兴？其原因是多种多样的。如果我们可以把民间信仰的复兴界定为传统的再发明或主观历史的出现的话，那么这种传统复兴现象的出现应与不同区域在一定历史条件下表现出来的社会、经济、文化等方面的特点有关。它反映了民间把"过去"的文化改造为能够表述当前社会问题的交流模式的过程。

不可否认的是，对占中国人口大多数的农村居民和一般民众而言，民间信仰是中国文化不可分割的有机组成部分。民间信仰虽不具有制度化宗教的某些特点，但其依然拥有复杂社会宗教的某些特点，与社会中的文本传统、官方文化和社会精英有相当微妙的关系，因此，从某种程度上说它属于世界上少见的宗教类型范畴。在现代化过程中人们不免会思考民间信仰作为一种传统势力是否与现代化的需要相适应这个问题。因此，考察民间信仰和现代化的关系，成为一个重要的学术课题，这种研究包括民间信仰是否包含现代化或反现代化的精神和伦理，以及现代化过程中民间信仰的实际遭遇和现状的反思。这些都是学界比较敏感的热点和前沿问题，因而不在本文探讨的范围之列。

三、中国民间神仙谱系

占据中国民间普通民众信仰思想的既不是外来的基督教、伊斯兰教，也不是融儒释道于一体的佛教，而是原始的自然崇拜，表现形式就是"万物有灵"论，也叫"泛灵信仰"。这是人类早期的一种信仰形式，在原始居民看来不管是日月山川、花鸟虫鱼等自然之灵，还是活人体内的灵魂、死后出窍的鬼魂、人体之外的精灵都是同人类一样有生命的，有七情六欲，而且人类都惹不起他们，否则就会受到惩罚，给人们自身带来灾难。反映在精神世界上，表现为形成了一系列既自成体系有丰富发达的神仙谱系。概括起来主要有：

(一)自然神(自然保护神)

既有日、月、风雨、雷电、星星、彩虹等宇宙神，也有风火水土等世界组成物质，还包括了一切可视可感的动植物，如日神、月神、斗姆、北斗、南斗、织女、雷神、雷部诸神、电母、风神、雨神、虹神、火神、水神、四渎神、河伯、江神、潮神、海神、龙王、水神萧公、平浪侯晏公、山神、五岳神、石神、花神、树神、狐仙、青蛙神、蛇神、虫王、牛王、马王、羊神。

(二)始祖神

我国的原始初民尽管以形象思维为主,抽象思维不发达,科学知识缺乏,却喜欢追问"人从哪里来?""宇宙世界的本质是什么?"等重大问题。在不断探讨人类自身来源的过程中,形成了自己的始祖神。如盘古、女娲、伏羲、炎帝、黄帝、神农、少昊、颛顼、帝喾、羲和、常羲、尧、舜、禹、夸父、羿、嫦娥等。

(三)冥界神

冥界神主要形成于认为宗教形成之后,来源于佛教和道教的系列神话人物如阎罗王、十殿阎王、孟婆神官、牛头马面、黑白无常等。

(四)生活守护神

在人们少而禽兽多,人们不能胜虫蛇的原始时代,生活环境尤其恶劣,原始初民为了获得生存所需要的物质,往往寄希望于无形的自然力量,在生产实践中就形成了生活的守护神,如后土、城隍、土地神。

(五)行业神

三百六十行行出状元。然而在实际生活中,不用说是出类拔萃的状元,就是获得基本的物质条件都是十分艰难的,各行各业的从业者,为了获取生活资料,均对自己的行业精英进行膜拜,从而形成了行业神。如印染——葛洪。纺织——黄帝。裁缝——轩辕氏或黄道婆。造纸——蔡伦。造船——鲁班。雕刻——鲁班。制鞋——达摩。酿酒——杜康。书坊——文昌帝君或朱文公。制盐——葛洪。酱园——蔡邕。香烛业——九天玄女。屠宰——张飞。米行——神农或"五谷神"。干果——关公。

习题

1. 名词解释:图腾。
2. 结合自身经历,谈谈你对民间信仰的认识。

阅读链接(一)

门神

门神系道教因袭民俗所奉的司门之神。民间信奉门神,由来已久。《礼记·祭法》云:王为群姓立七祀,诸侯为国立五祀,大夫立三祀,適士立二祀,皆有门、庶士、庶人立一祀，或立户，或立灶。可见自先秦以来，上自天子，下至庶人，皆崇拜门神。

由于中国历史悠久，地域辽阔，门神的具体崇拜对象，常因时因地而异。最早的门神是神荼郁垒。首见于王充《论衡·订鬼》所引《山海经》："沧海之中，有度朔之山，上有大桃木，其屈蟠三千里，其枝间东北曰鬼门，万鬼所出入也。上有二神人，一曰神荼，二曰郁垒。"纬书《河图括地象》云："桃都山有大桃树，盘屈三千里，上有金鸡，日照此则鸣。下有二神，一名郁，一名垒，以伺不祥之鬼，得则杀之。"

以上诸书皆以神荼、郁垒为二人，应劭《风俗通义》更以为昆弟二人。清俞正燮对此加以辩驳，认为最初应是一人，或即一桃木人。其《癸巳存稿》卷十三云："晋司马彪《续汉书·礼仪志》云：'大傩讫，设桃梗郁垒。'是专有荼垒或郁偏一桃木人，而不云神荼神蔡。晋葛洪《枕中书》云：'元都大真王言：蔡郁垒为东方鬼帝。'语虽不可据，然可知汉魏晋道士相传，神荼郁垒止是一神，姓蔡名郁垒。汉时宫廷礼制，亦以为一人。"此说虽然有据，亦只能反映风俗之演变，不能据此断定作二神之非；在汉代，神荼、郁垒分为二神，已经成为当时风俗。

继神荼、郁垒之后，唐代又出现钟馗捉鬼的故事，钟馗亦被作为门神以驱鬼魅。事见明陈耀文《天中记》卷四引《唐逸史》(已佚)之文曰："(唐)明皇开元(公元713—741年)讲武骊山翠华，还宫，上不悦，因痁疾作卧，梦一小鬼，衣绛犊鼻，跣一足，履一足，腰悬一履，搢一筠扇，盗太真绣香囊及上玉笛，绕殿奔戏上前。上叱问之，臣乃虚耗也。'上曰：'未闻虚耗之名。'小鬼答曰：'虚者，望空虚中盗人物如戏，耗即耗人家喜事成忧。'上怒，欲呼武士鞭朝靴，径捉小鬼，先刳其目，然后劈而啖之。上问大者：'尔何人也？'奏云：'臣终南山进士钟馗也。因武德(公元618—626年)中，应举不捷，羞归故里，触殿阶而死。'乃诏画工吴道子曰：'试与朕如梦图之。'道子奉旨，恍若有睹，立笔成图进呈，上视之，抚几曰：'是卿与朕同梦耳！'赐与百金。"《唐逸史》所记未必可信，但自唐代开始，人们相信钟馗能捉鬼驱邪却是事实。据记载，唐吴道子确曾作过钟馗画，悬于室内或贴于门上被视为门神。《清嘉录》卷五引明《杨慎外集》云："钟馗即终葵，古人多以终葵为名，其后误为钟馗。俗画一神像，帖于门，手持椎以击鬼。"明史玄《旧京遗事》云："禁中岁除，各宫门改易春联，及安放绢画钟馗神像。像以三尺素木小屏装之，缀铜环悬挂，最为精雅。先数日，各宫颁钟馗神于诸亲皇家。"清顾炎武《日知录》卷三十二"终葵"条云："今人于户上画钟馗像，云唐时人，能捕鬼者。"可见以钟馗为门神，亦流行颇久。

元代以后，又曾以唐秦叔宝和胡敬德(或作尉迟敬德)为门神。《正统道藏·搜神记》和《三教搜神大全》。《搜神记》卷六"门神"条曰："神即唐之秦叔宝、胡敬德二将军也。唐太宗后宫夜无宁刻，惧以告群臣。叔宝奏曰：'臣平生杀人如摧枯，积尸加聚蚁，何惧小鬼乎！愿同敬德戎装(立门)以伺。'太宗可其奏，夜果无警。太宗嘉之，谓二人守夜无眠，命画工图二人之像，全装怒发，一如平时，悬于宫掖之左右门，邪祟以息。后世沿袭，遂永为门神云。"此记载仅见于此二书(实源于一书)，不见其前之典籍。其所云秦叔宝二人虽为唐人，但不能证明此俗起于唐代，不过北宋末已出现戎装门神，是否出于北宋末，谨录此以俟考。南宋佚名氏《枫窗小牍》卷下云："靖康已前，汴中家户门神多番样，戴虎头盔，而王公之门，至以浑金饰之。"宋赵与时《宾退录》云："除夕用镇殿将军二人，甲胄装。"他们皆未指明戎装门神姓甚名谁，或许根本就未有特定者（如秦叔宝等），仅因为戎装像很威严，更易对鬼神起震慑作用而采用之。明清时期则有明著戎装门神为秦叔宝、尉迟敬德者，清顾禄《清嘉录》卷十二《门神》条云："夜分易门神。俗画秦叔宝、尉迟敬德之像，彩印于纸，小户贴之。"又说："或朱纸书神荼、郁垒，以代门丞，安于左右扉；或书钟馗进士三字，斜贴后户以却鬼。"表明历代出现的三个主要门神，在清代都受到同样的供奉。

除以上三个影响较大的门神外，旧时苏州地区又曾以温将军、岳元帅为门神。《吴县志》云："门神彩画五色，多写温、岳二神之像。"此"温"神或谓晋代之温峤，或谓东岳大帝属下之温将军，"岳"神即指岳飞。又有所谓文门神、武门神、祈福门神。文门神即画著朝服的一般文官像；武门神除秦叔宝、尉迟敬德外，也有并不专指某武官者；祈福门神，即以福、禄、寿星三神像贴于门者。另外，又有一些地区以赵云、赵公明、孙膑、庞涓为门神的。据清姚福均《铸鼎余闻》卷一载，道教则有专祀之门神，谓"宋范致能《岳阳风土记》云：'老子祠有二神像，所谓青龙白也。'……明姚宗仪《常熟私志》叙寺观篇云：致道观山门二大神，左为青龙孟章神君，右为白虎监兵神君。"应该指出，以上三个主要门神的相继出现，并不完全表现为新陈代谢形式，即不都是新的出现后，就立即代替了旧门神的地位（只有部分情况如此），而更多的则是新的出现后，旧的仍然沿用不改，或新、旧同时供奉。如前所述，宋陈元靓《岁时广记》、宋高承《事物纪原》均说当时民间所奉的门神，仍为神荼、郁垒，而此时已是钟馗出现很久了。甚至到了清代，每逢元旦，贵戚家仍悬神荼、郁垒，《北京岁华记》《清嘉录》亦有所记。

瘟神

中国古代民间信奉的司瘟疫之神。即：春瘟张元伯，夏瘟刘元达，秋瘟赵公明，冬瘟钟仕贵，总管中瘟史文业。瘟疫，古人或单称瘟、温、或疫，是一种急性传染病。在古代民智未开，医疗条件低劣的情况下，人们对这种可怕疾病，恐惧至极，很容易认为是鬼神作祟。因此乞求神灵保护，当是很早就出现的行为。

最早的疫鬼始见于纬书，为三人。《礼稽命征》云："颛顼有三子，生而亡去，为疫鬼：一居江水，是为疟鬼；一居若水，为魍魉；一居人宫室区隅，善惊人小儿，为小鬼。"高承《事物纪原》卷八引《礼纬》亦记此三疫鬼，称为高阳之子。《龙鱼河图》又有"五湿鬼"之名，曰："岁暮夕四更，取二十豆子，二十七麻子，家人头发，少合麻豆，著井中，祝敕井吏，其家竟年不遭伤寒，辟五温鬼。"此后，若干著作即按比"三""五"之数，相继写出三鬼、五瘟故事。首先是干宝《搜神记》卷五之"三鬼"。此书这里出现的是三个散播疾病取人魂魄之鬼王，三鬼中，有一个隐名，有姓名者为赵公明、钟士季二人。南朝梁陶弘景《真诰·协昌期》载建吉冢埋圆石文，曰："天帝告土下冢中王气五方诸神赵公明等，某国公侯甲乙，年如（若）干岁，生值清真之气，死归神宫，翳身冥乡，潜宁冲虚，辟斥诸禁忌，不得妄为害气。"这里出现的是主管地下冢中的五方神，五神中，有姓名者，只赵公明一人，其余四人皆隐名,达、张元伯、赵公明、李公仲、史文业、钟任季、少都符,各将五伤鬼精二十五万人,行瘟疫病。"这里出现的是七个主瘟疫病的瘟神,后来的五瘟神之名已全具,只钟仕贵作钟仕季,且多出李公仲、少都符二人。其后《正一瘟司辟毒神灯仪》中有云:志心归命:东方行瘟张使者,南方行瘟田使者,西方行瘟赵使者,北方行瘟史使者,中央行瘟钟使者。这里已明确称五瘟神为五瘟使者,其张姓、赵姓等又大体与后世五瘟相符,只是此处是按五方而不是按四季加总管中央为名,且南瘟姓田不姓刘,钟、史二人又易位,是与后世不同者。

南宋天心派道士路时中《无上玄元三天玉堂大法》卷十三《斩瘟断疫品》论述瘟神行瘟之由及制瘟之法,略云:"但今末世,时代浇薄,人心破坏,五情乱杂。"故"东方青瘟鬼刘元达,木之精,领万鬼行恶风之病南方赤瘟鬼张元伯,火之精,领万鬼行热毒之病;西方白瘟鬼赵公明,金之精,领万鬼行注气之病,北方黑瘟鬼钟士季,水之精,领万鬼行恶毒之病;中央黄瘟鬼史文业,土之精,领万鬼行恶疮痈肿",据说,"若能知瘟鬼名字,鬼不敢加害,三呼其名,其鬼自灭"。元代成书明代略有增纂的《三教搜神大全》又为五瘟神作传,其卷四"五瘟使者"称:"昔隋文帝开皇十一年六月,内有五力士,现于凌空三、五丈,于身披五色袍,各执一物。一人执杓子并罐子,一人执皮袋并剑,一人执扇,一人执锤,一人执火壶。史居仁曰:'此何神?主何灾福也?'张居仁奏曰:'此是五方力士,在天上为五鬼,在地为五瘟,名曰五瘟(神)。如现之者,主国民有瘟疫之疾,此天行时病也。'帝曰:'何以治之,而得免矣?'张居仁曰:'此行病者,乃天之降疾,无法而治之。'于是其年国人病死者甚众。是时帝乃立祠,白袍力士封为感应将军,黑袍力士封为感成将军,黄袍力士封为感威将军。隋唐皆用五月五日祭之。后匡阜真人游至此祠,即收伏五瘟神为部将也。"旧时各地建庙祀瘟神,有些地区称瘟祖庙。祭祀日期各说不一。《三教搜神大全》谓隋唐时五月五日祭之,宋陈元靓《岁时广记》卷七引《岁时杂记》则谓元旦祭之,曰:"元日四鼓祭五瘟之神,其器用酒食并席,祭讫,皆抑(遗)弃于墙外。"《诸神圣诞日玉匣记等集》又称,九月初三为五瘟诞辰,该日为其祭祀日。

土地神

中国旧时信奉的村社守护神。《礼记·郊特牲》曰:"地载万物,天垂象,取财于地,取法于天,是以尊天而亲地也。故教民美报焉。"比较朴素地表达了上古人们酬谢土地负载万物、生养万物之功的心情。其后,又出现了以整个大地为对象的抽象化的地神崇拜,这种地神被称为"后土",是封建皇帝的专祀;而各个地区及村社仍奉祀该地区该村社的地方小神。这种地方小神初称社、社公,后称土地。纬书《孝经援神契》曰:"社者,五土之总神,土地广博,不可遍敬,故封土为社而祀之,以报功也。"《汉书·五行志》注曰:"旧制,二十五家为一社。"《礼记·祭法》云:"大夫以下包士庶,成群聚而居,满百家以上,得立社。"此二十五家或一百家所立之社,为地方行政小单位,所祀之神即称社公或土地。社公和土地之称皆见于东汉。《后汉书·方术传》称费长房得卖药翁之符后,"遂能医疗众病,鞭笞百鬼,及驱使社公。"王充《论衡·讥日篇》曰:"如土地之神不能原人之意,苟恶人动扰之,则虽择日何益哉!"此后典籍中有相沿称社公者,但更多的则称土地。

最初人们崇敬社公、土地,是因为它能生长五谷,负载万物,养育百姓,更多是从它的自然属性方面着眼的。随着社会生产力的提高和文化的发展,这种自然崇拜便转变为人格神崇拜。人们用以象征它的不再是"封土为社"的那一方土,而是一个具有人格特征的拟人神。甚至随着封建国家从中央到地方各级政权制度的完善,更将它视为与封建政权最下层官吏相当的一级小神。

最早有姓氏和名讳的土地神出于六朝。《道要灵祇神鬼品经·社神品》曰:"《老子天地鬼神目录》云:京师社神,天之正臣,左阴右阳,姓黄名崇,下名山大神,社皆臣从之。河南社神,天帝三光也,左青右白,姓戴名高,本冀州渤海人也。秩万石,主阴阳相运。……《三皇经》云:豫州社神,姓范名礼;雍州社神,姓修名理;梁州社神,姓黄名宗;荆州社神,姓张名豫;扬州社神,姓邹名混;徐州社神,姓韩名季;青州社神,姓殷名育;衮州社神,姓费名明;冀州社神,姓冯名迁;稷姓戴名高。右九州,上应天九星之根,九宫阶在领九州……"

东晋以后,民间多奉一些生前作善事者或被认为廉正的官吏作土地。最早一例为《搜神记》卷五所载之蒋子文,其文曰:"蒋子文者,广陵人也。……汉末为秣陵尉。逐贼至钟山下,贼击伤额,因解绶缚之,有顷遂死。"洪迈《夷坚志》记此类神话尤多。其《夷坚支志》乙卷九称,南朝沈约因将父亲的墓地捐给湖州乌镇普静寺,寺僧们遂祀沈约为该寺土地。其《夷坚丙志》卷一,记李允升死后作东桥土地《夷坚支志》甲卷八,记陈彦忠死后作简寂观土地;《夷坚支志》戊卷四,记王仲寅死后作辰州土地;《夷坚支志》癸卷四,记杨文昌死后作画眉山土地;《夷坚三志》辛卷十,记黄廿七父死后作湖口庙土地等。《古今图书集成·神异典》亦多记人死为土地之事。

明清以来,民间又多以历代名人作各方土地。《茶香室续钞》卷十九引明郎瑛《七修类稿》云:"苏郡西天王堂土地,绝肖我太祖高皇帝。闻当时至其地而化,主杨氏异焉,遂令塑工像之。后闻人言,像太祖,即以黄绢帐之于外,不容人看。"清赵翼《陔余丛考》卷三十五云:"今翰林院及吏部所祀土地神,相传为唐之韩昌黎,不知其所始。……又《宋史·徐应镳传》:临安太学,本岳飞故第,故飞为太学土地神。今翰林、吏部之祀昌黎,盖亦仿此。"清俞樾《茶香室丛钞》卷十五云:"国朝景星杓《山斋客谈》云:吾杭仁和北乡有瓜山土地祠,俗戏惧内者曰:'瓜山土神,夫人作主。'吾友卢书苍经其祠,视碑,始知为汉祢衡也。祢正平为杭之土地,已不可解,乃更有惧内之说,则更奇矣。《茶香室三钞》卷十九云:"国朝徐逢吉《清波小志》云:清波门城西二图土谷祠,在方家峪口,祀大禹皇帝。……按:吾邑乌山土地,称尧皇土地,亦此类。"清姚福均《铸鼎余闻》卷三云:"今世俗之祀土地,又随所在以人实之。如县治则祀萧何、曹参,翰林院及吏部祀唐韩愈,黟县县治大门内祀唐薛稷、宋鲜于侁,常熟县学宫侧祀唐张旭,俱不知所自始。"从诸书所记看,宋以后,无论城乡、学校、住宅、寺观、山岳皆有土地庙,凡有人烟之处,皆有供奉的香火。人们对土地的信仰,并不亚于城隍。且因其与人民最接近,对它颇有几分亲切感。

旧时的土地庙，一般都供一男一女两个神像，男的多为白发老叟，称土地公公，女的为其夫人，称土地婆婆。有的地区又称田公、田婆。土地配祀夫人，不知起于何时。宋洪迈《夷坚志补》卷十五《榷货务土地》载，临安土地之夫人甚美。证明至迟到南宋，土地已配祀夫人。《古今图书集成·神异典》卷四十八更记一则趣事云："中丞东桥顾公璘，正德间知台州府，有土地祠设夫人像？人告曰：'府前庙神缺夫人，请移土地夫人配之。'公令卜于神，许，遂移夫人像入庙。时为语曰：'土地夫人嫁庙神，庙神欢喜土地嗔。'既期年，郡人曰：'夫人人配一年，当有子。'复卜于神，神许，遂设太子像。"民间以二月二日为土地生日，到时，"官府谒祭，吏胥奉香火者，各牲乐以献。"

财神

财神又称赵公元帅，赵玄坛。中国古代民间信奉的司财之神。干宝《搜神记》《真诰》《太上洞渊神咒经》等，皆以为五瘟之一（见神话之瘟神）。直至元代成书明代略有增纂的《道藏·搜神记》和《三教搜神大全》始称之为财神。《三教搜神大全》卷三云："赵元帅，姓赵讳公明，钟（终）南山人也。自秦时避世山中，精修至道。功成，钦奉玉帝旨，召为神霄副帅。其服色：头戴铁冠，手执铁鞭者，金遘水气也；面色黑而胡须者北气也；跨虎者金象也。元帅上奉天门之令，策役三界，巡察五方，提点九州，为直殿大将军，为北极侍御史。昔汉祖天师修炼仙丹，龙神奏帝请威猛神吏为之守护，由是元帅上奉玉旨，授正一玄坛元帅。元帅飞升之后，永镇龙虎名山。厥今三元开坛传度，其趋善建功谢过之人，及顽冥不化者，皆元帅掌之。……驱雷役电，唤雨呼风，除瘟剪疟。至如讼冤伸抑，公能使之解释，公平买卖求财，公能使之宜利和合。

但有公平之事，可以对神祷，无不如意。据记载，赵公明身兼数职：既是神霄副帅，要掌管驱雷役电，唤雨呼风；又是张天师炼丹守护神（玄坛元帅），要掌管玄坛传度，训导建功谢罪；又是瘟神，要掌管除瘟剪疟。其作为财神的面貌，还不很清楚。

《封神演义》第四十七、四十八回，写峨眉山道人赵公明助商，五夷山散人萧升、曹宝助周。双方交战，各显道法，姜子牙最后用巫祝术才将赵公明弄死。以后姜子牙封神，封赵公明为金龙如意正一龙虎玄坛真君，统率招宝天尊萧升，纳珍天尊曹宝，招财使者陈九公，利市仙官姚少司。显然，作者是把赵公明作为财神来写的，如招宝、纳珍、招财、利市等部下后，其作为财神的形象就较为清楚了。

明清时期，各地建庙塑像以祀之。其像头戴铁冠，一手执铁鞭，一手执翘宝，黑面浓须，身跨黑虎、全副戎装。俗以三月十五日为神诞日，设献祭之。清顾铁卿《清嘉录》卷三云："（三月）十五日，为玄坛神诞辰，谓神司财，能致人富，故居人塑像供奉。"但也有以阴历正月初五日为财神生日的。届时，许多地方商家都置办鱼、肉、水果、鞭炮，供以香案，迎接财神。明清时一些地方志，如《姑苏志》《浙江通志》等，又称赵公明为三国蜀将赵子龙之从兄弟。

由于中国历史悠久，地域辽阔，除许多地区奉赵公明为财神外，又有一些地区以春秋战国时之范蠡或五路神何五路为财神的。《铸鼎余闻》卷四云："五路神俗称为财神。其实即五祀门行中霤之行神，出门五路皆得财也。"又云："《无锡县志》载，或说云神姓何名五路，元末御寇死，因祀之。"或云："此又一神，与财神无涉。"此外，还有文财神、武财神之称，说者以殷代忠臣比干为文财神，关帝为武财神。

雷神

雷神又称雷公或雷师，其信仰起源至战国。《山海经》中描绘的雷神形象为："雷泽中有雷神，龙身而人头，鼓其腹则雷也。"其《大荒东经》则曰："状如牛，苍身而无角，一足……其声如雷。皆为半人半兽形。图画之工，图雷之状，累累如连鼓之形。又图一人，若力士之容，谓之雷公。使之左手引连鼓，右手推椎，若击之状。"

民间自古崇敬雷神，流传许多雷神故事，尤以唐宋为甚。唐宋文人笔记中，多记大雷雨后，雷神、雷鬼从空而降，雷神霹打不孝子和不法商人，及雷神娶妇等故事，反映出人们对雷神既存敬畏心理，又寄托主持正义的愿望。在这些故事中，唐沈既济《雷民传》所记雷公育子事更引人注目，该传称："昔（雷州民）陈氏因雷雨昼冥，庭中得大卵，覆之数月，卵破，有婴儿出焉。自后日有雷扣击户庭，入其室中，就于儿所，似若孵哺者。岁余，儿能食，乃不复至。遂以为己子。陈义即卵中儿也。"元代成书明代略有增纂的道藏本《搜神记》和《三教搜神大全》将上述故事略加改造增益，写成雷神陈文玉的故事。《搜神记》卷一曰："旧记云：陈太建（公元569—582年）初，（雷州）民陈氏者，因猎获一卵，围及尺余，携归家。忽一日，霹雳而开，生一子，有文在手，曰'雷州'。后养成，名文玉，乡俗呼为雷种。后为本州刺史，殁而有灵，乡人庙祀之。阴雨则有电光吼声自庙而出。宋元累封王爵，庙号'显震'，德祐（公元1275年）中，更名'威化'"。据清《续文献通考》卷七十九，"宋宁宗庆元三年加封雷州雷神为广佑王。庙在雷州英榜山。神宗熙宁九年，封威德王，孝宗乾道三年，加昭显，至是封广佑王。理宗淳祐十一年，再加普济，恭帝德祐元年，加威德英灵"。道教亦尊奉雷神，杜光庭删定的《道门科范大全集》卷十二、十八等，已将风伯雨师、雷公电母作为乞求雨雪的启请神灵，北宋后的雷法道士又以之为施行雷法的使役神。后者肇始于唐，杜光庭《神仙感遇传》卷一《叶迁韶传》载，一次雷雨中，雷公被树枝所夹，不能脱身。后为叶迁韶所救出，雷公"愧谢之"，"以墨篆一卷与之曰：'依此行之，可以致雷雨，祛疾苦，立功救人。我兄弟五人，要闻雷声，但唤雷大、雷二，即相应。然雷五性刚躁，无危急之事，不可唤之。'自是行符致雨，咸有殊效"。北宋末兴起的神霄、清微诸派，以施行雷法为事。声称总管雷政之主神为"九天应元雷声普化天尊"，雷师、雷公为其下属神。《九天应元雷声普化天尊玉枢宝经》即假托普化天尊之口，向雷师皓翁讲经说法，命对"不忠君王，不孝父母，不敬师长"者，"即付五雷斩勘之司，先斩其神，后勘其形，……以至勘形震尸，使之崩裂"云云。

旧时各地多有雷神庙，清末黄斐然《集说诠真》云："今俗所塑之雷神，状若力士，裸胸袒腹，背插两翅，额具三目，脸赤如猴，下颏长而锐，足如鹰鹯，而爪更厉。左手执楔，右手执槌，作欲击状。自顶至旁，环悬连鼓五个，左足盘蹑一鼓，称曰雷公江天君。"

第四节 丧葬礼仪与森林

丧葬也是一种文化，是民俗文化的重要组成部分，我国民间有着丰富多彩的丧葬礼仪。不同的民族有不同的丧葬文化，甚至同一民族在不同的历史时期或者不同的支系都有不同的丧葬文化。例如，苗族就有洞葬、火葬、土葬等多种方式。不同的民族实现同一的丧葬方式也很普遍，如采用过洞葬的有苗族、瑶族、土家族、侗族等。土葬是大多数民族奉行的一种丧葬方式。丧葬礼仪源自人们对先祖的纪念，对先祖丰功伟绩的追念，也是灵魂不死并能感应后人的交感巫术心理在发挥作用，其浓缩、凝聚了人民的观念意识和情感意志。祖先崇拜就是丧葬礼仪具体而微的体现。

一、祖先崇拜的起源和演变

中国祖先崇拜的信仰，起源甚早。人类学、民族学田野调查的民族志资料表明，在未有文字之前的原始民族就已有祖先崇拜。祖先崇拜源于原始初民对人类生、老、病、死的懵懂迷惑也是万物有灵论的呈现。考古学研究成果显示，在山顶洞人时代（距今约一万八九千年前），就有埋葬仪式，学者相信这是基于某一特殊的"死后信仰"的行为。到了龙山文化时期，已有象征祖先崇拜的陶祖塑像，可称之为中国祖先崇拜的雏形。纪年所记："黄帝崩，其臣左彻取衣冠几杖而庙祀之"被认为是祖先崇拜的滥觞。从此以后，就有了祖宗的祭祀，如《国语》所说："有虞氏禘黄帝而祖颛顼，郊尧而宗舜。夏后氏禘黄帝而祖颛顼，郊鲧两宗禹……"殷商时期，从殷墟发掘出的甲骨残片，绝大部分是祭祀祖先的资料，这表示殷人对祖先祭祀的发达，祖灵所扮演的角色，已与人世之事息息相关了，祖先崇拜与天神崇拜已逐渐接近，以致混合了。

周代对祖宗神的崇拜逐渐压倒了对天神的崇拜，而成为祭祀活动的主体。文王特别受崇敬，从《诗·大雅》看文王与上帝的关系特别密切，而成为上帝的代理人，暗示宗教中人文精神的抬头。春秋战国时期，学术朋兴，经过人文精神的洗礼后，宗教思想就分出了两条路，所谓知识阶级者走向怀疑的路，进而反对，这有老子和庄子；孔子则采中庸态度，既是"敬鬼神而远之"，又将祖先祭祀的基础转化成"慎终追远，民德归厚矣"及"报本反始"等伦理观念，以致早期的神灵崇拜逐渐有被扬弃之势。大多数的平民则走那一条传统信仰的路，迷信天神人鬼。

到秦汉时代，帝王为保住地位和基业，排斥不利于己的学说，使祖先祭祀的理论，处处参杂阴阳五行思想和谶纬学说，而祭祖行为则配合了征兆、符命、五德、天统之说；另一方面，由于汉高祖以太牢去祀孔子，以后历代君王则一面维持古代人鬼崇拜，一面又提倡儒教，所以在汉代祭祖已是件极普遍的礼俗，且已深深地融于民间的日常生活中。

汉魏嬗替，在魏晋玄学及佛道思想的冲击下，传统的孝道仍能传承下来，但在平民社会里，佛道理念及习俗逐渐掺入人们生活中，便已被儒家伦理化的祖先崇拜披上浓厚的宗教化色彩。至宋代，儒、释、道三教合一后，祭祖礼俗逐渐繁复而制度化。祭祖经过长时期的沿革变迁后，汇为一股传统，流传至今。

二、祖先崇拜的表现

早期的进化论社会文化学家泰勒认为，人类的宗教经过了"万物有灵"论、"多神"论以及"一神"论三个阶段。通过民族志的田野调查，他得出了原始宗教来源于原始初民对睡梦、迷糊等现象的困惑和不解。在原始初民看来，人有两个灵魂，一个灵魂依附在实体性的人身上，另一个灵魂在人处于生病、睡觉、恍惚状态时就会离开人的身体。此外，有生命的动植物以及无生命的江河湖泊等世界万物都与人一样是有灵魂的，祖先崇拜就是万物有灵的具体表现。"祖先崇拜作为维系社会群体的文化活动，反映着氏族共同体的基本社会结构，社会关系以及上层建筑意识形态的各种观念、法则。"①此外，祖先崇拜与原始初民的原始思维紧连在一起。英国哲学家罗素说过："离我们本身最远的东西：首先是天，其次是地，接着是动植物，然后是人体，而最后（迄今还未完成）是人的思维。"②神话的思维方式是原始人思维的一种表现，它反映了原始人的社会生活内容和社会要求，它的特点是通过类比，"以己及物""由己推人"。"万物有灵"的观点是原始人的普遍意识。他们或者与先祖居住过、生活过，或者坐在火塘边反复聆听过祖辈、父辈们传诵先祖的事迹，因而对先祖总有一种根基上的亲近，尽管先祖离他们远去，血缘上的联系使得他们认为先祖的灵魂寄托在山川、河流、日月星辰、动植物等有灵性的生命体上，进而把万物看成是与人同样有生命的，并存在着生命之间的相互联系。祖先崇拜表现在信仰实践中就是不同的祭祖观，在我国漫长的历史长河中，形成

---

① 杨昌国. 论"苗族古歌"的原始文化心理[J]. 贵州文史丛刊，1988，(2)：97.
② 拉法格. 宗教与科学[M]. 北京：商务印书馆，1982：24.

了以下几个方面的祭祖观：

(一)原始的祭祖观

礼记祭法："有虞氏祖颛顼而宗尧。夏后氏祖颛顼而宗禹。"郑玄注疏："有虞氏以上尚德，禘郊祖宗，配用有德者而已；自夏已下，稍用其姓氏之先后次第。"的记载表明最初的祀祖，并不以血统为标准，乃是以功德为标准，到夏后氏以后，始由尚功德转成尚血统而行祭祀。至于殷商时代，董作宾先生在其《中国古代文化的认识》一文中，谈到殷人信仰的中心在于人鬼，十万片甲骨文字，大部分是为祭祀占卜用的。殷人认为过世的祖先其精灵依然存在，和上帝很接近，且其有一种神秘的力量，可以降祸延福于子孙。中央研究院史语所陈韵珊研究员从卜辞内容研究殷人祖先崇拜的理念时，亦有相同的结论。可知上帝在殷人眼中是高不可攀，令人敬而畏之，且视祖先为具超能力的神明，祈福避祸均乞助于祖先神，这是殷人祭祖的主要观念；周人则不仅深信祖先的灵魂有降祸赐福的能力，且可配乎天。于是祖宗神取得形式上同等于天的确定地位，在实质上成为祭祀的主体了。再加上周人认为君主是天子，但因"殷革夏命，周代殷祀"之鼎革无常的现象，愈加深天不可信，其旨意难捉摸，唯先王的典型美德可以遵行的感受，所以产生了以"敬德"为主的祭祀理论。期望藉勉励祭祖来纪念并效法先人的德性，并透过有血统关系的先祖代为请命，得天福佑。综合上文，可以肯定地说，祖先崇拜之原始本质仍与敬畏上天有关，其宗教意义超过其伦理意义，祖先已被神格偶像化，却也有人文精神的倾向在其中了。

(二)儒家的祭祖观

在春秋战国时代，大多数学者都有发表思想与言论的自由，对古代思想都加以价值的重估。孔子虽不愿否定神鬼，但也表示出他的怀疑。《说苑辩物》中记载孔子回答子贡，死人有知无知之间时，很明白地说："吾欲言死者有知也，恐孝子顺孙妨生以送死也；欲言无知，恐不孝子孙弃不葬祀也；赐欲知死人有知无知，死徐自知之，未为晚也。"季路问"事鬼神"，子曰："未能事人焉能事鬼？""敢问死？"，曰："未知生焉知死？"(《论语卷十一》)可知孔子在态度上是存疑的不可知论者。在理念上他不信"死后有知""人死为鬼"，但他觉得神鬼信仰，对社会也确有实用，因此孔子注重祭祀，认为祭祀是维持伦理的一种教化方法。伦理的中心就是孝，对于孝道的培植，当然是教化上的重点，而培植的方法就是"生则养，死则敬享"。故有"生事之以礼，死葬之以礼,祭之以礼"的教导,赋予祖先崇拜"报本、追远、崇德"的意义,期望民德因而归厚。所以儒家的祭祖观可从"祭如在,祭神如神在,……吾不与祭如不祭"(《论语.八佾篇》)所用的几个"如"字及"慎终追远,民德归厚矣!"与"祭者教之本也已"(《礼记祭统》)的言论明白其鬼神观完全是主观的,不是客观的,其所以制定士丧礼、既夕礼(即丧葬祭祀礼仪)乃欲孝子履践之而能达成尽哀、报恩、不以死伤生、教孝四项目标。无怪乎墨子曾很切中的批评孔子,说他是"无鬼而学祭礼";但也因此在原始宗教信仰中添入理性的成分,把祖先崇拜由亡灵崇拜的层次提升到伦理化的祭祀,以孝德和祖先崇拜建立起关联性,盼藉此宗教活动而达伦理教化之目的。此影响之大如美国哈佛大学精研汉学的拉图莱教授(Keneth Scott Latourette)所说:"对中国人之崇拜死者,孔子主张的影响要较其他任何一个因素的影响来得大,当然这大部分是孔子主义的仪式及特殊观念所致"。

(三)民间的祭祖观

凭新石器时代到夏朝已出土的许多陪葬日用陶器中出现食物遗存痕迹这一件事,及殷墟卜辞和周人重祭祖甚于祭天的记载,配合在长沙马王堆出土的墓中帛画所表现的汉人死后世界观,及其他汉墓殉葬物的存在,可以肯定地说"灵魂不灭"的观念一直深植在中国人的宇宙观里。人是有灵魂的,一旦死亡,肉体归于土,灵魂到称为"阴间"的另一个世界去,住在阴界的亡魂仍过着与人世相同的生活,还是有食衣住行等日常生活需求,而这必须由阳世子孙来供奉。他们相信祖先可以保佑自己的子孙,但若得不到适当的供养也会降祸惩罚子孙。再加上圣贤的理论如"事死如事生,事亡如事存,孝之至也"(《中庸十九章》),"丧礼无他焉,明死生之义,送以哀敬,而终周藏也,……事生饰始也,送死饰终也,终始具而孝子之事毕,圣人之道备矣"(《荀子礼论》)等,无形中也给平民带来"人死为鬼,鬼与生人的世界相似雷同,并且可以互相沟通"的观念,而更加强了既有的鬼魂信仰。道教相信人有三魂,当人一过世时,一归阴间,一入坟墓,一留于祖先牌位,这种灵魂观与佛教的"地狱道""饿鬼道"的来世观,也大大丰富了民间祖先崇拜的亡魂观和祭拜方式。此外,又有从阴阳五行混合而生的谶纬学说及从佛道天堂地狱的来世思想产生的经忏符箓、修仙学佛……迷信加添于原有的人鬼信仰上,对民间祭祖观的影响,也不容忽视。及至宋代以后,儒道释三教在死后世界观及仪式上均相混融合,儒家的大传统虽仍是民间祖先崇拜的核心,但如余英时教授所说的,任何哲学或学术思想至终均走向世俗化,而民间信仰正表现了这种特征。所以民间的祭祖观至今仍以古时供养亡灵,求亡灵庇荫以至繁荣子孙为本。

三、祖先崇拜的社会功能

20世纪20年代初,英国悄然兴起了功能主义人类学派,代表性人物是马林诺夫斯基和拉德克里夫·布朗。他们认为文化人类学的主要任务就是将文化作为一个有机整体来考察,目的在于了解有机整体中各个组成部分之间的关系。马林诺夫斯基认为,在一个社会中,所有文化都是为满足人的需要服务的,"一种特质的功能,就在于满足该群体成员的基本需要或次生需要"①。藉人类学家对民族文化的研究,可以看出文化是如何有力塑模一个民间的信仰,以及民间信仰又是如何成为其文化体系的一部分,从而反过来影响文化的其他层面的。了解祖先崇拜和社会的互动关系,对祖先崇拜问题的探讨可提供比单从宗教角度去研究更为积极而宽广的基础。祖先崇拜的社会机制,主要体现在以下几个方面:

(一)互惠

由于活着无法确知死后的世界,也无法捉摸死者的意愿,所以对死者的感情总在悲哀中夹杂着恐惧。一是怕祖先在地狱受苦或成了饿鬼孤魂,二是怕饿鬼作祟子孙。故借着祭祀,一方面安抚祖灵,另一方面避凶趋吉求祖灵保佑。这种互惠的功能是被中外学者所肯定的,如左传昭公七年"鬼有所归,乃不为厉,以其无归,或为人害";陈重先生亦提到祖先崇拜出于恐惧,目的无非是闪避亡灵的作祟,于同一书中他还提到德森(Derson)也有相同主张,而舒尔茨(H. Schultz)虽采取中庸态度,仍认为祖先崇拜是以安慰亡灵之法来避祸消灾。章景明先生则认为是藉事奉鬼神以祈福求吉。且在一项测验中,发现在60年代出生,受科学威力笼罩的大学生所参加的抽样调查中,只有15%在潜意识中不受民俗仪式所刺激而引起心理恐惧。由此可知即使在"习惯性的科学态度"下,人们有理由来坚持其"不迷信"的态度,但在其潜意识中却对民俗仪式有所恐惧,且对其所指陈的基本假设——鬼魂作用点头。此外,庄士敦(Johnston)在描述威海卫的一书中用了一句"没有祖产,没有祖先牌位"来说明财产和祭祀的互惠关系;亚赫恩(Ahern)的《中国乡村的祭祀》(*The Cult of the Deadina Chinese Village*)一书及陈祥水在彰化埔心村所作的田野调查也证

---

① C.恩拨,M恩伯.文化的变异[M].沈阳:辽宁人民出版社,1988.

实了这个互惠关系。所以自古至今，虽科学渐发达，社会越文明，但借着遵行祖先崇拜的常规，使死者及在世者皆得到好处的互惠心态依然左右着人心。

(二) 延续

灵魂不灭是祖先崇拜最基本的观念。儒家对鬼神的态度是存疑而不讨论，其认为人如能在死前留下自己亲生的子女或后代，就是自己生命及祖先生命的延续，这是生物性的延续。但浸润于儒家思想的中国人不仅是延续生物性的生命为满足，也重视社会性、文化性及道义性诸部分的生命延续。这种儒家文化的永生观可回溯至鲁国人叔孙豹所言的"立德、立功、立言，三不朽"的概念。然能因此而被后世尊崇追念的人，唯圣贤孝子忠臣义士，毕竟很少，人们却因此而为这等人立庙宇塑金身，当作不朽的神明祀之，以致在道德教化上又逐渐蒙上宗教的意味了。至于绝大多数平凡无特殊贡献的人，唯有家族及子孙因血统关系而追念不忘，借着祀奉祭拜祖先，使人人在子孙追念中获得不朽。祭祀者也盼藉此能儆醒世人宁可以善行贻子孙效法，绝不可失足以辱子孙。上举用意虽佳，但这种理念仍限于知识分子，基层民众仍偏重于祖灵享受"长生福禄"之神位观念。只要自己能繁衍后代以保香火不断，便能使祖先"视死如归"安然而去，且也算尽了人子之责。所以祖先崇拜的最基本理念还是承认死掉的人存在另一个世界，借着他在另一个世界的存在来持续活着之人的延续。故香火一代代传下去是中国人最看重的事，而在这祖先崇拜的礼俗中，就表现出中国人所追求的"永生"之道是什么了。

(三) 家族

就儒家的生物性延续而言，"家族"是祖先生命延续的具体表现；就寻常百姓而言，家族或家是供给祖灵必须品最稳固的社会团体。所以家族成为连接过去与未来的一环，一个人死后是否能成为祖先，并不因为他的死亡，而是因为他有后嗣。所以父子关系才是维持祖先崇拜的依据，然而仅以父子世代间的关系还不能充分说明祖先崇拜，还要考虑社会组织中的权威与社会地位之传递。可见祖先崇拜是父权父系制度的基础，而父权父系是家族制度的根本，也是社会组织得以延续的依凭。故祖灵的祭拜与家族的建立扩展成为中国社会发展的连锁因素。祭祖既成了中国宗法社会的骨干，中国人便借此形式来发挥中国式地方政治的权利，以致祠堂如解决家庭纠纷的法院，并担任社会治安的维持，义仓、济贫、义学等功用。如宗祠隐然成为维系社会、法律、道德、传统的重心了。很明显，祖先崇拜发挥了加强家族意识、整合社会的功能。

(四)孝思

祖灵的延续有助于家族的繁衍，而汉民族父系家族制度得以维持，不外乎借着孝道及注重香火传衍的祭祖制度，于是孝德与祭祖二者发生联系，且成为中国传统社会中非常重要的理念与力量。由孔子答樊迟问孝的回话"生，事之以礼，死，葬之以礼，祭之以礼"中可知丧葬祭祀之礼的本身即是孝道的一环，是孝思的体现。此外，圣人制丧祭礼更赋予教孝之功用，是以《大戴礼·盛德篇》曰："凡不孝生于不仁爱也，不仁爱生于丧祭之礼不明，丧祭之礼所以教仁爱也，……故曰丧祭之礼明，则民孝矣。"在士丧既夕礼中特别标明孝子升降由西阶而不由阼阶，也是强调教孝作用；而最显著的莫过于祭之以孙为尸，乃藉此令孝子之子观看其父事王父之礼如何，而知子事父之道。可见儒家唯盼借着慎终追远，使民德归厚矣。但民间误解了此意，视祖先崇拜为一种"事死如事生便祖灵享'长生福禄'"的孝道的延长。所谓"不孝有三，无后为大"（《孟子离娄上》）。据赵注"不娶无子，绝先祖祀"，表现出他们对祖先崇拜的理解。祖先崇拜如此被赋予伦理的义务，而导致"人人都要祭祖，凡不祭祖就是不孝"的错误价值评价观念，而此一观念统摄中国人心理至为久远。至此，"孝"的观念便在大、小传统里被遵奉着，"孝"就变成祖先崇拜的教条了。

综观上述，这具有崇德、慎终、追远及亡灵神格化本质的祖先崇拜在中国社会实扮演极重要的角色。

四、中国古代陵墓

中国古代习用土葬。新石器时代墓葬多为长方形或方形竖穴式土坑墓，地面无标志。在河南安阳殷墟遗址中曾发现不少巨大的墓穴，有的距地表深达10余米，并有大量奴隶殉葬和车、马等随葬。周代陵墓集中在陕西省西安和河南省洛阳附近，尚未发现确切地点，陵制不详。战国时期陵墓开始形成巨大坟丘，设有固定陵区。秦始皇陵在陕西临潼县，规模巨大，封土很高，围绕陵丘设内外二城及享殿、石刻、陪葬墓等。据记载，地下寝宫装饰华丽，随葬各种奇珍异宝，其建筑规模对后世陵墓影响很大。汉代帝王陵墓多于陵侧建城邑，称为陵邑。唐代是中国陵墓建筑史上一个高潮，有的陵墓因山而筑，气势雄伟。由于帝王谒陵的需要，在陵园内设立了祭享殿堂，称为上宫；同时陵外设置斋戒、驻跸用的下宫。陵区内置陪葬墓，安葬诸王、公主、嫔妃，乃至宰相、功臣、大将、命官。陵山前排列石人、石兽、阙楼等。北宋除徽、钦二帝被金所虏，囚死漠北外，七代帝陵都集中在河南省巩义市，规模小于唐陵。南宋建都临安，仍拟还都汴梁，故帝王灵柩暂厝绍兴，称攒宫。元代帝王死后，葬于漠北起辇谷，按蒙古族习俗，平地埋葬，不设陵丘及地面建筑，因此至今陵址难寻。明代是中国陵墓建筑史上另一高潮。明代太祖孝陵(见明孝陵)在江苏省南京，其余各帝陵在北京昌平县天寿山，总称明十三陵。各陵都背山而建，在地面按轴线布置宝顶、方城、明楼、石五供、棂星门、祾恩殿、祾恩门等一组建筑，在整个陵区前设置总神道，建石象生、碑亭、大红门、石牌坊等，造成肃穆庄严的气氛。清代陵墓，前期的永陵在辽宁新宾，福陵、昭陵在沈阳，其余陵墓建于河北遵化和易县，分别称为清东陵和清西陵。建筑布局和形制因袭明陵，建筑的雕饰风格更为华丽。

空间布局和艺术构思陵墓是建筑、雕刻、绘画、自然环境融于一体的综合性艺术。其布局可概括为3种形式：①以陵山为主体的布局方式。以秦始皇陵为代表。其封土为覆斗状，周围建城垣，背衬骊山，轮廓简洁，气象巍峨，创造出纪念性气氛。②以神道贯串全局的轴线布局方式。这种布局重点强调正面神道。如唐代高宗乾陵，以山峰为陵山主体，前面布置阙门、石象生、碑刻、华表等组成神道。神道前再建阙楼。借神道上起伏、开合的空间变化，衬托陵墓建筑的宏伟气魄。③建筑群组的布局方式。明清的陵墓都是选择群山环绕的封闭性环境作为陵区，将各帝陵协调地布置在一处。在神道上增设牌坊、大红门、碑亭等，建筑与环境密切结合在一起，创造出庄严肃穆的环境。中国古代人崇信人死之后，在阴间仍然过着类似阳间的生活，对待死者应该"事死如事生"，因而陵墓的地上、地下建筑和随葬生活用品均应仿照世间。文献记载，秦汉时代陵区内设殿堂收藏已故帝王的衣冠、用具，置宫人献食，犹如生时状况。秦始皇陵地下寝宫内"上具天文，下具地理""以水银为百川江河大海"，并用金银珍宝雕刻鸟兽树木，完全是人间世界的写照。陵东已发掘出兵马俑坑3处，坑中兵马俑密布，完全是一队万马奔腾的军阵缩影。唐代陵园布局仿长安城，四面出门，门外立双阙。神路两侧布石人、石兽、石柱、番酋像等。

用材和结构陵墓墓室使用木、砖、石3种材料。因时代不同结构形式有变化。大型木椁墓室是殷代开始一直到西汉时期墓室的特点。早期为井椟式结构，即用大木纵横交搭构成。到西汉时又出现用大木枋密排构成的"黄肠题凑"形式，形成木构墓室的高潮，汉代一些王墓即属此制。砖筑墓室是墓室结构的重要形式，反映出早期砖结构技术的发展水平。砖筑墓室分为空心砖砌筑和型砖砌筑两类。空心砖墓室始于战国末期，型砖墓室约始于西汉中期，南北朝和隋唐时期应用渐广。墓室顶部结构有几种形式，方形墓室顶部为叠涩或拱券，长方形墓室顶部为筒拱等。例如，南京南唐李昪钦陵墓室的前、中二室为砖砌墓室。石筑墓室多采用拱券结构，五代时期的前蜀王建墓的墓室是由多道半圆形拱券组成。宋陵墓室虽然是由石料构成，但顶部是由木梁承重，为木石混合结构。明清陵墓墓室全部用高级石料砌筑的拱券，与无梁殿相似。数室相互贯通，形成一组华丽的地下宫殿。

习题

1. 结合查阅的资料，谈谈中国各民族特殊的丧葬方式（四种以上），并简述其各自特点。
2. 结合查阅的资料，谈谈中国古代著名的皇陵及其特点。

阅读链接（二）

舜帝古陵

舜帝陵位于九疑山舜陵景区，是九疑山风景区的目标人文景观，是我国最古老的陵墓。

舜帝陵陵区由陵山（舜源峰）、舜陵庙、神道及陵园组成，占地 600 余亩。陵山舜源峰上小下大，呈覆斗状，海拔 600 余米，气势恢宏。山北麓建有陵庙，陵庙坐南向北，规模宏大，占地 24 644 平方米。分为前后两重院落，五进建筑。陵庙内建有庄严肃穆的山门、午门、拜殿、正殿、寝殿、厢房。陵庙外有长 200 米的神道。

图 5-1　舜帝古陵

舜陵是中国五大古帝陵之一，是中国唯一的舜帝陵墓，乃舜帝南巡崩于苍梧之野而葬于九疑山。陵庙祭碑廊内保存的历代祭碑 36 方，它们是珍贵的历史文物，是历史的见证。在古木参天的陵区内，陵庙建筑上的石雕、楹联、壁绘栩栩如生，令人流连忘返。附近有娥皇峰、女英峰、美女峰、梳子峰、舜峰（三分石）、箫韶峰、斑竹岩、舜池、舜溪皆与舜帝奏九韶之乐及二妃挥泪斑。

炎帝陵

炎帝陵位于高平市城东北17公里处的庄里村，这里山川秀丽，风景优美，陵区周围东、西、南三面沟壑纵横，北面丘陵起伏，青山映翠。西望羊头山，巍然挺拔，南眺丹河谷地，云蒸霞蔚。晋长二级公路，由南而北，像一条美丽的玉带，系在陵区之内。小东仓河涓涓地在脚下流淌，我们中华民族的始祖炎帝就长眠于此。

图5-2　炎帝陵

庄里村炎帝陵，俗称"皇坟"。陵后有庙，谓之五谷庙。炎帝的陵墓，在轩辕氏黄帝时就已经有了，封参卢于潞，守其先茔，以奉神农之祀。五谷庙创建年代不详，最迟在宋代时早已有之。该庙座北面南，建筑规模宏大，周有城墙，分为上下两院，在其中轴线上，分列为舞台、献台、山门、甬道、正殿。原来庙院内碑石林立，约有四五十通碑。现仅存正殿五间，东西厢房十几间。在东厢房的后墙上，有"炎帝陵"石碑一通，是明万历三十九年（公元1161年）申道统所立。"炎帝陵"石碑的后面有一个甬道（现已封住），可通墓穴，墓内有盏万年灯，常年不熄。

正殿面阔五间，进深六椽，悬山式屋顶，琉璃脊饰，为元代所建，明代时曾进行过较大的维修。屋顶正中脊刹上，正面刻有"炎帝神农殿"，背面刻有"大明嘉靖六年"的题记。殿内神台高约1米，刻有龙、麒麟、鹿、花卉等浮雕图案，雕刻精美，为宋金遗物。殿内神台上原有暖阁，塑有炎帝及夫人后妃像，现塑像不存。东西两边的山墙上绘有精美的壁画，壁画的内容可能是神农种五谷、制农具、尝百草等，现不存。据明嘉靖年间《续修炎帝后妃像增制暖宫记》碑载："炎帝神农氏陵庙，历代相传，载在祀典，其形势嵯峨，林木深阻久矣，吾邑封内之胜迹。"故关炎帝行宫内明成化十一年（公元1475年）《重修炎帝行宫碑》记载："神农炎帝行宫盘基在故关里村前，肇基太古，无文考验，祠在换马村东南，见存坟冢，木栏绕护，然祠与宫相去凡七百余步矣。"高平县志记载："上古炎帝陵相传在县北四十里换马镇，帝尝五谷于此，后人思之乃作陵，陵后有庙，春秋供祀，现石桌尚在。"

明郑藩朱载育在《羊头山新记》一文中写道："山之东南曰故关村，村之东二里曰换马镇，镇东南一里许有古冢，垣址东西广六十步，南北袤百步，松柏茂密，相传为炎帝陵，有石栏石柱存焉，盖金元物也。"庙院内有一柏树根，周长 6 米，据此推断，五谷庙至少有上千年的历史。每年的四月初八，是炎帝陵、五谷庙的祭祖节，周围的村子，如故关、北营、换马、庄里、口则等要举行盛大的庙会，会期将近一个月。有句民谣"走扬州，下汉口，不如五谷庙里当社首"，就是形容当时庙会的盛况，历朝历代，岁时致祭。元成宗大德九年（公元 1305 年）亦尝遗祭，禁樵采。过去，每年县府亦派员到庄里炎帝陵祭祀，并且还要为万年灯添油。

羊头山是炎帝神农氏尝五谷之地，现羊头山上神农城、神农泉、五谷畦、神农庙等遗址遗迹尚存。有关炎帝神农氏的民间传说更是丰富多彩。除庄里炎帝陵是专门祭礼炎帝外，本地还有许多祭祀炎帝的庙宇，如故关的炎帝行宫，下台的炎帝中庙，市城东关的炎帝下庙，邢村的炎帝庙，永录的炎帝庙等，据不完全统计，至少有三十余处。

炎帝是中华民族的始祖、是中华第一大帝，是农业之神，医药之神，史称农皇。庄里村炎帝陵是我们炎黄子孙寻根问祖，谒陵扫墓的神圣之地，是中华第一陵。①

第五节　民间节庆与森林

一、民间节庆

一个民族全面的生活方式，应指物质、精神的总括。乡村、宗教、种族、民族等，无不在森林的庇护下发生。民间节庆指民间传统的庆祝或祭祀的节日和专门活动，具有明显的地域性和地方民俗特色，有着极强的参与性。根据有关统计资料，中国 56 个民族从古到今有节日 1700 多个，其中少数民族民间节日就有 1200 多个，汉族节日 500 多个。中国节日数量之大，在世界上首屈一指，这与中国悠久的历史文化和众多的民族成分有密切关系。

传统节日，指岁时节日，它们历史悠久，流传面广，具有极大的普及性、群众性甚至全民特点，其中影响较大的、至今仍广泛流传的主要节日，分别是春节、元宵节、清明节、端午节、中秋节、重阳节等。除了传统的岁时节日外，还产生了许多适应现代生活需要，或是在某种历史背景下形成的一些纪念日或社会公共活动日。民间节庆参与者众多，广受社会各界的关注，每一个节庆都是一次民俗文化的盛宴，因而节庆总是颇受人们关注。

---

① 常四龙．三晋名胜[M]．太原：山西古籍出版社，1998．

二、少数民族节庆

我国少数民族远离中心,位居祖国的边缘,居住环境相对复杂恶劣。文化是与环境相对应的,有什么样的环境就有什么样的文化,环境不同文化也就各异。在不断地与环境相适应过程中,各民族都形成了自己独特的民俗文化,节庆文化就是其中的经典形态。丰富多彩极具浓郁民族风情特色的民族节日,是吸引游客观赏和参与的一项大有潜力的资源。如云南、四川两省彝、白、佤、布朗、纳西、阿昌等民族,都有欢度火把节的传统;此外,还有傣族的泼水节,蒙古族的那达慕大会,白族的三月节,青海、甘肃、宁夏等省(自治区)民间的花儿会,苗族的牯脏节、瑶族的盘王节等。节日期间观者如潮,游者如织,是民族文化和旅游者的盛宴。

三、非物质文化遗产与节庆

联合国教科文组织在2003年10月17日通过了《保护非物质文化遗产国际公约》,根据此公约我们可以把"非物质文化遗产"所涉及的内容概括为:①口头传统,包括作为无形文化遗产媒介的语言;②表演艺术;③社会实践、仪式礼仪、节日庆典;④有关自然界和宇宙的知识和实践;⑤传统的手工艺技能。由此可见节庆属于非物质文化遗产。民间节庆的本质规定性是它的文化性,不同民族的民间节庆是以其文化属性来区分的,节庆也是一个民族的文化符号,是一个民族区分另一个民族的文化身份标识。节庆本身就极具文化旅游价值,如贴上非物质文化遗产的标签就犹如镀了一层金,多了一块金字招牌。因而一些地方政府,在抓"申请非物质文化遗产就是抓经济"思想的指导下,总是尽其所能,挖掘整理甚至捆绑包装独具地域特色的民间节庆,以之申遗。在他们看来,申请了非物质文化遗产,尤其是国家级或者是世界级的,就等于多了一个经济增长点。

四、民间节庆的开发与保护

民间节庆作为文化的产物是历史性的,与特定环境下的文化生态相适应。20世纪中期美国著名文化人类学家斯图尔德为解决那些具有不同地方特色的文化形貌和模式的起源提出了"文化生态学"概念。文化生态学主张把文化放到整个环境中去考察它的形成、发展以及变化过程,这里的环境不仅指地理环境和自然条件,还包括社会环境和人文环境。文化生态学强调文化在适应环境过程中形成其独特性，随着环境的变化文化将由旧形态向新形态转变。文化通过适应环境而产生多样性。物质性的自然生态与意识性的社会、人文生态共同构建了文化的母体，文化在这里产生又在这里发展、变化直至灭亡。文化生态是文化赖以生存的土壤，文化在特定的时空里与文化生态相互影响、相互制约、在动态中寻求平衡。文化生态系统失衡，文化将面临生存危机。由于文化生态的破坏和变迁，许多旧有的民间节庆逐步退出了历史的舞台，这是历史的必然，然而20世纪90年代以来，许多已经消亡了的民间节庆，却以星火燎原之势逐渐复苏。民间节庆的复活，其原因是多种多样的。一是有些节庆赖以生存的文化生态尚未破坏，之前的"消亡"是由于政治的"干扰"，人为蓄意的破坏；二是地方精英出于保护地方文化的需要而进行的不懈努力；三是地方政府为了促进经济的发展，选择了一条"文化搭台，经济唱戏"的复兴模式。

民间节庆尤其是少数民族地区的节庆，是宝贵的文化旅游资源。民族地区各地方政府都意识到了保持民族文化独特性的重要，都把传统民族文化的传承、保护纳入了议事日程，纷纷借助"文化搭台，经济唱戏"的平台保存传统民族文化推动经济发展。所谓的经济唱戏唱的就是旅游经济的戏，文化搭台搭的就是传统民族文化的台，其实就是重新认识传统民族文化，整合利用传统民族文化资源。旅游是新兴的可持续发展产业，被称为"无烟产业"，它成了许多民族国家和地区的支柱产业。如我国云南省丽江市的东巴文化旅游以及湖南省凤凰县的苗族、土家族文化旅游，都已经成为各自经济收入的主要来源。受发展经济强烈愿望的驱动，地方政府甚至是民族社区居民为了吸引更多的游客，在旅游市场上分得一份蛋糕。往往会自觉地、有意识地复兴本民族的传统文化。在这种文化语境下，包括民间节庆在内的传统文化，日益受到重视也就成为必然。地方政府的重视，有利于节庆文化的保护开发和利用。南岭各瑶族县［湖南、广东、广西3省（自治区）交界的10个瑶族县］每年在10月16日，盘王生日这一天都会举办瑶族文化节，由各县轮流承办。1990年开始，由南岭各瑶族县轮办的南岭瑶族文化艺术节至今已第十届了，在传承和宣传保护瑶族文化方面起到了很好的推动作用。

人们就保护、开发、利用包括民间节庆在内的传统文化早已经达成了共识。在具体方式上，各方意见并不统一，不少学者对地方政府打着经济的"幌子"兴文化复兴之名的做法颇有微词，在他们看来因复兴变异了的传统文化，不是真正的保护，在文化生态情景下的原生态保护，才是真正的保护。这些学者主张为了保护而保护，漠视了文化主体的发展权，并不是真正意义上的保护。保护是为了更好地开发更好的地发展，把保护与发展结合起来，在保护中发展，在发展中保护，才是真正科学的保护模式。现阶段，包括节庆在内的传统文化保护实践模式多种多样，但真正广大群受众普遍接受且行之有效的并不多，还有待于社会各方力量的共同努力探讨。

习题

1. 论述题：结合你所学的知识，谈谈你的家乡有哪些民间节庆活动。
2. 论述题：结合你所学的知识，谈谈你对节庆旅游的认识。

第六节　附会与森林

附会，顾名思义就是把本来没有的人和事说成有，把本来没有联系的人和事赋予人的情感变成现实的存在。附会作为一种独特的旅游文化现象古已有之，融合了人文景观与自然景观的因素是旅游资源再生产的一种途径，运用得好可以提升旅游点的知名度和美誉度。附会具有旅游文化的传统和特色，是一种值得重视的文化现象。

一、附会的形式

（一）因形似而附会

1. 概念

这是人们在改造生存环境的过程中，对于自然界中的诸多现象以人类自己来作比较，将多情的人生色彩涂抹在那无情的形似物上，从而创造出动人的传说。

2. 载体

主要是山、石等自然物。

3. 凡例

少林初祖达摩洞；海南毛公山；云南阿诗玛。阿诗玛是彝族支系撒尼人古老的叙事史诗中的女主人公，是民间至善至美女性的典型。美丽倔强的阿诗玛因拒嫁恶霸热布巴拉的儿子，被恶霸放出洪水冲走，变成了巨大的石峰。

4. 目的

深层次折射中华民族的传统文化观、爱情伦理观和人生观。

(二)因音近而附会

1. 概念

一音多字是中国文字学的普遍现象,在中国的山水名称之中,有的名称与名人及人们欣然向往的美好事物读音相近或相同,于是人们就将这些有形的山水寄情或移情到现实生活中的名人和美好事物身上。

2. 载体

主要体现为山、石、水等。

3. 凡例

桂林伏波岩 《广西通志》卷,九十四《一候志》载:"伏波"应作"波"。水回流曰伏,是山屹立水之实,漓水至此四旋乃去故名。汉代有一个叫马文渊的良将,人称"伏波将军"。据史载,文渊将军征交趾(今越南),未至桂林地,后人却牵强附会将"波"与"伏波"联系在一起,因而有了桂林伏波岩之名。

大姑山、小姑山、澎郎矶 大姑山、小姑山原来称大孤山、小孤山,这两座山在江水中耸然独立,江侧石矶为澎浪矶。现附会为大孤山、小孤山,彭浪矶。

苏轼在《李思训〈长江绝岛图〉》中以调侃的语气写下了"沙平风软望不到,孤山久与船低昂,峨峨两烟鬟,晓镜开新妆,舟中贾客莫漫狂,小姑前年嫁彭郎"。

4. 目的

体现人们的审美意识,凸显自然景观的审美内涵。

(三)因弘道而附会

1. 概念

在宗教文化中,传教士为争取士大夫和广大民众信徒而编出的菩萨显灵,惩恶扬善之类的故事。

2. 载体

自然景观,山、水(一般是蕴含在对景点的深层介绍之中)等。

3. 凡例

骊山温泉 传说秦始皇称帝时,曾经对一位美丽的神女调戏,神女生气后吐唾液于其脸上，后来，秦始皇的脸生了疮，奇痒难耐，求恕于神女，经神女指点，取温泉水洗，才得以治愈。

麻姑仙境　在衡山天柱峰下的峡谷中，因我国古代第一个女道士——魏华存的侍女麻姑而得名，据说麻姑经常上山采药，并开辟了一个宽广数里的草药花圃，香气弥漫山岗，后其居住过的地方被人修建，形成今天的麻姑仙境。

桥山龙驭(黄帝—鼎湖龙)　因为明朝的时候有一个叫做唐琦的人，旅游至此根据黄帝乘龙飞天的传说而写下的，在西安以北150千米的桥山黄帝陵。据说，黄帝采了首山的铜，在荆山下的湖边铸了一只大鼎，鼎刚铸成，有天龙下界垂下胡须来接黄帝上天，黄帝跨上龙背，有70多个臣子和宫女也爬了上去，天龙要上升了，还有一些小臣上不去，都紧紧地抓住龙须，把龙须都拔落了，桥山龙驭故而得名。

4. 目的

宗教徒为了弘扬本教的教义与教规。

(四) 因误解空间而附会

1. 概念

由于中国的风景名胜并非是根据确凿的记录开发，历史记载不准，导致空间上的误解，最终达到移花接木的旅游开发效果。

2. 载体

古战场遗址，名人生活场所、名建筑、名山等。

3. 凡例

东坡赤壁　因苏东坡的《赤壁赋》而闻名，原来苏东坡所写的赤壁并非三国作战的赤壁，而是长江边上的一个叫赤鼻矶的地方。一方面是音近而附会；另一方面因为空间的误解而误会。

南山　海南有一个南山，衡阳有座衡山，我们经常讲福如东海，寿比南山，一般的说法是这里的南山是南岳衡山，而海南的南山作为佛教南传之地，也有人把这里作为寿比南山的南山。

4. 目的

以名人、名山提高旅游景点的社会声誉。

(五)因名人而附会

1. 概念

历史名人是一种稀缺的资源,人类向往进步和文明,往往利用名人足迹所至,史载不详而加以杜撰附会旅游景点。

2. 载体

名人。

3. 凡例

昭君墓 昭君作为和平的象征,深受我国各族人民的爱戴。昭君去世后,人们都希望她葬在自己的家乡,由此,全国各地有多处昭君墓。仅内蒙古一个自治区就有多处昭君墓。

小乔墓 三国时期的著名美女"大小乔"的故居及"小乔墓"的归宿也是一个争论不休的话题。关于"大小乔"的故居,有湖北嘉鱼、浙江义乌、安徽潜山等说法,"小乔墓"等则有湖南岳阳、安徽南陵之争。因岳阳楼旁有鲁肃的观兵楼——岳阳楼的前身,于是岳阳便有了有"小乔墓"所在地的美丽传说。

杜甫公园 唐代诗人杜甫的足迹遍布祖国大江南北,其殒身之地,史学看法并不一致。杜甫是否到过耒阳,史载不详。但是,衡阳的耒阳人民就是利用史学语焉不详的记录,把杜甫的殒身之地附会为耒阳,并斥资设计了杜甫公园。

4. 目的

借名人提高景点的文化品位。

(六)因名篇而附会

1. 概念

中国旅游上有这样一句话,山川因名人而胜,因名篇而传,于是人民利用社会流传广、知晓人多的历史名篇来扩大景点的社会影响。

2. 载体

自然景观及人文景观。

3. 凡例

马当神风送滕王阁 公元663年,王勃自山西临汾到江苏六合省父途径南昌,巧遇洪州都督阎伯屿举行重阳雅聚,在酒宴上即席写下了《秋日登洪府

滕王阁饯别序》，但后来被别人附会为马当神风送滕王阁。

黄鹤楼　地处武汉的黄鹤楼，因崔颢一诗而闻名遐迩。但是到了明代，却有人附会出李白望楼搁笔的故事，据说李白写了"一拳打碎黄鹤楼，一脚踢翻鹦鹉洲，眼前有景道不得，崔颢题诗在上头"。其实这首诗并非李白所作，而是两个和尚在辩论时的禅语讥讽。

绍兴沈园　因陆游的一首《钗头凤》而享誉，这首词是陆游为怀念青年时代迫于母命而休掉的爱妻唐琬而作。据陆游的弟子刘克庄的《后村诗话·续集》卷二中提到，陆游休妻后，确曾与唐琬遇于沈园，但只是"坐间目成而已"，既未对话，更未送酒。

4. 目的

借名篇提高景点的文化内涵。

二、关于附会的思考

①从历史本质看，附会不是历史，但它却能从本质上反映历史的本来面目。

②从思维方式看，附会所惯用的是直觉思维，即具有仰观于天，俯察于地，远取诸物，近取诸身的特点。

③从表现方法看，附会多借助丰富的想象、奇特的夸张和强烈的对比等浪漫主义的修辞技巧。因而不可避免地存在着雷同现象。

牵强也罢，附会也好。从旅游的视角出发，附会手法生产了一批闻名全国的著名风景区，刺激了地域经济地增长，为宣传地方做出了积极贡献。越演越烈的"名人故里"之争，其热闹的背后，其实就是附会在起作用。幕后的推手亦即市场这只看不见的"手"。我们不必拘泥于历史的真实，也不必计较历史的虚实，为了争名人而互相攻击更是不理智。捕风捉影似的附会毫无意义，基于历史因素的附会却是有其积极的一面。

习题

1. 名词解释：附会。
2. 简答题：附会的形式有哪些？
3. 论述题：根据你所学的知识，谈谈你对附会的看法。

第六章
生态文明与森林文化

【导读】生态文明是在人类历史发展过程中形成的人与自然、人与社会环境和谐统一、可持续发展的文化成果的总和,是人与自然交流融通的状态。生态文明观的核心是从"人统治自然"过渡到"人与自然协调发展"。中华文明五千年的光辉历程颇为远见地闪烁着生态伦理的思想。不少研究东方文明的西方学者在归纳了中华文明的各家生态伦理思想后,甚至提出"如果人类要在21世纪生存下去,必须回到2500年前去吸取孔子的智慧"。

第一节 森林生态文明概述

一、生态文明的含义

生态文明的含义可以从广义和狭义两个角度来理解。从广义角度来看，生态文明是人类社会继原始文明、农业文明、工业文明后的新型文明形态。它以人与自然协调发展作为行为准则，建立健康有序的生态机制，实现经济、社会、自然环境的可持续发展。这种文明形态表现在物质、精神、政治等各个领域，体现人类取得的物质、精神、制度成果的总和。从狭义角度来看，生态文明是与物质文明、政治文明和精神文明相并列的现实文明形式之一，着重强调人类在处理与自然关系时所达到的文明程度。生态文明不仅说明人类应该用更为文明而非野蛮的方式来对待大自然，而且在文化价值观、生产方式、生活方式、社会结构上都体现出一种人与自然关系的崭新视角。

在政治制度方面，环境问题进入政治结构、法律体系，成为社会的中心议题之一，在物质形态方面，创造了新的物质形式，改造传统的物质生产领域，形成新的产业体系，如循环经济、绿色产业；在精神领域，创造生态文化形式，包括环境教育、环境科技、环境伦理，提高环保意识。

生态文明与其他文明形态关系十分密切。一方面，社会主义的物质文明、政治文明和精神文明离不开社会主义的生态文明。没有良好的生态条件，人类既不可能有高度的物质享受，也不可能有高度的政治享受和精神享受。没有生态安全，人类自身就会陷入最深刻的生存危机。从这个意义上说，生态文明是物质文明、政治文明和精神文明的基础和前提，没有生态文明，就不可能有高度发达的物质文明、政治文明和精神文明。另一方面，人类自身作为建设生态文明的主体，必须将生态文明的内容和要求内在地体现在人类的法律制度、思想意识、生活方式和行为方式中，并以此作为衡量人类文明程度的一个基本标尺。也就是说，建设社会主义的物质文明，内在地要求社会经济与自然生态的平衡发展和可持续发展；建设社会主义的政治文明，内在地包含着保护生态、实现人与自然和谐相处的制度安排和政策法规；建设社会主义的精神文明，内在地包含着环境保护和生态平衡的思想观念和精神追求。

人类在处理与生态的关系上有3种模式：一是生态掠夺型，先污染后治理，以挥霍资源为特征的消费模式，这是早期工业化国家的旧式工业化道路；二是生态回归型，崇尚原始生态系统，人完全顺应自然；三是生态建设型，主张在不超越地球承载力的条件下适度开发。提出建设生态文明，不论对于实现以人为本、全面协调可持续发展，还是对于改善生态环境、提高人民生活质量，实现全面建设小康社会的目标，都是至关重要的。

二、生态文明的提出

胡锦涛同志在党的十七大报告中提出了实现全面建设小康社会奋斗目标的新要求。继"建设社会主义物质文明、精神文明"和"建设社会主义政治文明"之后，我党、政府首次提出"建设生态文明，基本形成节约能源资源和保护生态环境的产业结构、增长方式、消费模式"，"生态文明"的提出是对科学发展、和谐发展理念的再次升华，意义深远，使建设小康社会的目标更为清晰、内涵更为丰富，既是对五千年中华文明的承载，也是社会主义先进文明的体现，是我国政府将人与自然的关系纳入社会发展目标中统筹考虑，是对子孙后代和世界环境负责的庄重承诺。

党的十八大以来，习近平总书记一直强调建设生态文明，维护生态安全，把生态文明建设纳入中国特色社会主义事业"五位一体"总体布局中，他指出"环境就是民生，青山就是美丽，蓝天也是幸福。要像保护眼睛一样保护生态环境，像对待生命一样对待生态环境，建设生态文明关系人民福祉，关乎民族未来；要正确处理好经济发展同生态环境保护的关系，牢固树立保护生态环境就是保护生产力、改善生态环境就是发展生产力的理念，更加自觉地推动绿色发展、循环发展、低碳发展，决不以牺牲环境为代价去换取一时的经济增长，生态环境保护是功在当代、利在千秋的事业，是一项长期任务，要久久为功"等。

党的十九大报告中提出了坚持人与自然和谐共生，明确指出建设生态文明是中华民族永续发展的千年大计。报告要求从推进绿色发展、着力解决突出环境问题、加大生态系统保护力度和改革生态环境监管体制等四方面加快生态文明体制改革，建设美丽中国。中国绿色发展的道路吸引着世界目光，也赢得了国际社会的认可，一幅绿水青山、鸟语花香的美丽中国新画卷，正在全面铺开。

(一)生态文明的中华文明背景

历史上，中华文明因为"闭关锁国"成为世界工业文明的迟到者，但在信息社会高度发展的今天不能成为生态文明的迟到者。儒家的"天地变化，圣人效之""与天地相似，故不违""知周乎万物，而道济天下，故不过"，肯定天地万物的内在价值，主张以仁爱之心对待自然，体现了以人为本的价值取向和人文精神。正如《中庸》里说："能尽人之性，则能尽物之性；能尽物之性，则可以赞天地之化育；可以赞天地之化育，则可以与天地参矣。"

道家提出"天人合一""道法自然"，以"崇尚自然、效法天地"作为人生行为的基本皈依，强调人要以尊重自然规律为最高准则，人必须顺应自然，达到"天地与我并生，而万物与我为一"的境界。庄子将"物中有我，我中有物，物我合一"的境界称为"物化"，是主客体的相融，与现代环境友好意识相通，与现代生态伦理学相合。

佛家亦有万物是佛性的统一，众生皆为有情，万物皆有生存权利的思想，如《涅槃经》中说："一切众生悉有佛性，如来常住无有变异。"正是如此，佛教从善待万物的立场出发，将"勿杀生"奉为"五戒"之首，生态伦理成为佛家慈悲向善的修炼内容。

《周易》中"天行健，君子以自强不息；地势坤，君子以厚德载物"，认为天地为最大而能包容万物，天地合而万物生焉，四时行焉，相应于此，君子应刚毅坚卓，奋发图强，应增厚美德，容载万物，因此，"自强不息"和"厚德载物"常被用来概括中华文明精神，实质上也成为现代生态文明的内涵。

（二）生态文明的社会主义体制背景

农业文明带动了封建主义的产生，工业文明推动了资本主义的兴起，而生态文明将促进社会主义的全面发展。马克思主义包含着对工业文明的反思，恩格斯说："人们会重新感觉到，而且也认识到自身和自然界的一致，而那种把精神和物质、人类和自然、灵魂和肉体对立起来的荒谬的、反自然的观点，也就愈不可能存在了。但是要实行这种调节，单是依靠认识是不够的，这还需要对我们现有的生产方式，以及和这种生产方式连在一起的我们今天的整个社会制度实行完全的变革。"这是对资本主义的超越，使生态文明成为马克思主义的内在要求和社会主义的根本属性。

生态文明体现了社会主义的基本原则，它首先强调以人为本原则，同时反对极端人类中心主义与极端生态中心主义；生态文明为社会主义理论的融合提供了平台，作为对工业文明的超越，生态文明代表了一种更为高级的人类文明形态，社会主义思想作为对资本主义的超越，代表了一种更为美好的社会和谐理想；生态文明也只能是社会主义的，由于将生态文明与社会主义相结合,生态社会主义成为对社会主义本质的重大发现,生态问题必将成为社会主义批判资本主义制度的思想武器;生态文明应成为社会主义文明体系的基础,社会主义的物质文明、政治文明和精神文明离不开生态文明,没有良好的生态条件,人不可能有高度的物质享受、政治享受和精神享受,没有生态安全,人类自身就会陷入不可逆转的生存危机,生态文明是物质文明、政治文明和精神文明的前提。此外,在面对全球普遍存在的生态问题上,生态社会主义等新型社会主义流派的探索,不仅在学术上对社会主义进行了理论创新,也在实践中把马克思主义与当代全球问题具体结合起来,给未来人类社会指出了新的方向。

归纳起来,中国传统文化中固有的生态和谐观,为实现生态文明提供了坚实的哲学基础与思想源泉。建设社会主义和谐社会与环境友好型社会等一系列与生态文明建设的本质相融政治理念奠定了坚实的基础。[①]

三、建设生态文明的重大意义

工业革命以来的世界经济大发展,是靠掠夺性消耗能源资源来推动的。改革开放以来,摆脱贫困、发展优先是社会主旋律,取得的经济成就为世人所瞩目,但资源枯竭与生态环境恶化日益显现,已成社会可持续发展的瓶颈。一系列数据表明,我国当今的生态环境恶化,必须高度重视生态文明的建设。据统计,我国人均土地面积是世界平均水平的1/3,人均耕地是世界平均水平的45%。我国经济持续高速增长,也带来了环境污染、生态破坏、资源短缺等问题,基本生产要素的环境和资源的匮乏已成为经济发展的瓶颈。生态文明是在生态危机日益严重的背景下,在对人的活动意义进行深刻反思之后提出的文化变革目标,是人们对可持续发展问题认识深化的必然结果,生态文明的提出对人类发展有着重大意义,也是我国可持续发展的必由之路。

第一,生态文明的提出是人类发展道路上的一次飞跃。生态文明理念,并不是要求人们消极地对待自然,面对自然无所作为,而是强调在产业发展、经济增长、改变消费模式的进程中,尽最大可能积极主动地节约能源资源和保护生态环境。这实际上是建设和谐社会理念在生态与经济发展方面的升华,不仅对中国社会发展有着深远影响,而且也是对改善全球日益严峻的环境生态问题,促进人类社会发展有重大意义。

第二,生态文明的提出有利于解决社会发展中遇到的突出问题。生态文

---

① http://www.wenquan.gov.cn/Entironment/2008-1-16/2008116145847744.html.

明强调人的自觉与自律，强调人与自然环境的相互依存、相互促进、共处共融，以尊重和维护生态环境为主旨，以可持续发展为根据，以未来人类的继续发展为着眼点。面对全球人口、生态环境、自然资源和经济社会发展的矛盾日益突出，许多环境污染、生态破坏、资源缺乏、物价上涨等问题日益显现，这些问题的出现有其历史必然性，很大程度上也是源于人类在社会建设中忽视生态平衡、盲目发展。生态文明的提出必然能使我们在发展经济建设的同时平衡人与自然的关系，从而缓解现有的社会矛盾，改善生存环境。

第三，生态文明的提出是构建和谐社会和三大文明建设的重要支撑点。大量事实表明，人与自然的和谐关系是人与人、人与社会关系和谐的核心，因为生态环境的良性发展关系到人类繁衍生息的根本问题，是和谐社会与文明建设的支撑点，与物质文明、政治文明、精神文明一起，关系到人类的根本利益。

第四，生态文明的提出有利于提高全社会对保护自然生态的重视及全人类共同保护和建设地球家园的认识。把保护自然生态提到文明建设的高度，是对现代文明建设基本经验的深层次认识和理性升华。生态文明突破民族、国家、阶级的藩篱，超越一切狭隘的个人、集团利益，从人类整体发展的角度，强调了世界民族、各国政府、全社会对对地球的共同责任和义务，促使人与人之间在更广泛领域内实现一种平等的合作关系，共同保护和建设地球家园。[①]

第二节 生态文明与森林文化

一、生态文明与森林文化的可持续发展理论基础

生态文明的理论基础是可持续发展理论。1987年世界环境与发展委员会发表的《我们共同的未来》，把可持续发展定义为："既满足当代人的需要，又不对后代满足自身需求的能力构成危害的发展。"它包括两个关键性的概念：一是人类的需求；二是环境限度。

生态文明观的核心是"人与自然协调发展"，其发展经历了"人统治自然"的错误观点时期。以环境为代价，人类社会一度以自然"主宰者"的形象，将

---

① 孟来福. 生态文明的提出、问题及对策思考[J]. 西北大学学报(哲学社会科学版). 2010(5)：168-170.

自己的智慧和生命凌驾于一切生物之上，为满足人类需求，肆无忌惮的挥霍自然财富，是违背生态文明的野蛮行为，当这种行为突破了自然环境可承受的限度，环境的反作用力开始向人类发出警告信号。生态文明是一场涉及生产方式、生活方式和价值观念的世界性革命，是不可逆转的世界潮流，是人类社会继农业文明、工业文明后进行的一次新选择，体现了环境限度下对人类需求满足的可持续发展理论思想。

以人类的森林旅游为例，森林旅游是集森林体验和养生于一体的人类活动，以可持续发展理论为指导，在保持和增强未来发展机会的同时满足目前游客和旅游地居民当前的各种需求，其实质是指要求旅游与自然、文化和人类的生存环境成为一个整体。1992年，联合国召开的环境与发展会议发表的《21世纪议程》中共有7处直接提到了旅游业。这些都是森林旅游发展的可持续发展理论基础。可持续发展理论赋予森林旅游3重含义：①满足需要：发展森林旅游首先是通过适度利用森林旅游资源，实现经济创收，满足当地经济发展的需要，满足旅游者的需要以及"可持续"财富增长的需要；②环境限制：以"旅游环境承载力"作为判断森林旅游可持续发展和增长是否能够实现的重要指标，寻找到旅游承载力的一个最优值，并将森林旅游开发控制在这一范围内，保证环境系统自我调节功能的正常发挥；③平等：包括同代人之间的平等和上下代人之间的平等，不得以牺牲发展中国家人民利益发展森林旅游，也不能以牺牲人类后代生存利益换取发达国家或当代人对森林旅游的需求满足，森林旅游的发展必须具备以全人类利益为基础的全局观和未来发展的长远眼光。①

二、森林文化是生态文明建设的载体

（一）森林活动产生的文化资源改善了传统林业产业结构

现代社会，人们渴望走出"围城"，回归大自然，在绿色的自然环境中获得宁静、寻求心理和谐与身体健康。这种期望，随着物质生活的丰富而变得越来越强烈。对于"森林"的需求，已由过度的经济需求，逐渐让位于生态和社会的需求，森林的生态效益、社会效益在现代社会生活中要超越经济效益而发挥出更大的作用。

森林旅游业是林业与旅游业的组成部分，早在1992年，森林旅游仅以门

---

① http://a.lwcj.com/lvyouzixun00001972.htm.

票为主的收入就首次突破亿元大关,到 2003 年时已达到 50 多亿元。从森林旅游业的旅游特点看,是旅游业中增长最快的行业,是世界旅游业的发展方向;其次,从行业特点看,它将成为林业 21 世纪的主导部门和新的经济增长点。森林资源作为商品是其价值和使用价值的统一,同时还具有其特殊的价值——生态价值,这是劳动在生态环境中凝结所形成的价值。森林旅游是作为特殊的生态补偿形式,使森林生态、社会、经济效益有机结合起来。

林业内在的三大产业体系,包括第一产业的种植林业(营林)、狩猎业,第二产业的木材采运、木材加工、林化工业、林机制造业等,以及第三产业的服务性林业(森林旅游)等生态林业。但三大产业中唯有森林旅游业处于创新发展阶段,属朝阳产业。此外,其需求富于弹性最大,不易形成对环境的持续过大压力;生产效率上升空间最大,有利于形成推动产业发展的持续动力;森林旅游与商业、服务业、交通运输业、康养休闲业等相关产业联系紧密,属于关联度高的产业,更容易形成产业带动,形成经济效益、社会效益和生态效益的巨大连带影响。由于这种关联效应,最终形成了对林业自身第一、二产业的推动;充分发挥森林旅游业和林业产业内部第一、第二产业的强聚合作用,有利于解决林业的诸多矛盾,改善林区二元经济结构,实现林业由粗放经营向集约经营转变,实现林业的可持续发展。

(二)森林体验能够发挥生态文明的教育功能

依托国家森林公园、自然保护区、风景名胜区、植物园、林场等森林旅游资源,我国森林旅游积极发挥着生态文明教育作用,以森林公园为例:我国自 1982 年 9 月建立第一个国家森林公园——湖南省张家界国家森林公园以来,经过发展,森林公园的建设取得了明显成效。每年到森林公园参观、游览、访问和学习的游客快速增加,我国森林旅游人数和总产值正以每年 20%以上的速度递增①。森林旅游为现代林业建设注入生机和活力,森林公园不仅成为弘扬生态文明的主要场所,还成为形式多样的教育基地,多年的发展建设,在促进森林旅游业的同时,也提高了公众的生态保护意识,可归纳为森林旅游发挥着生态文明教育的警示、认知和引导三大主要功能。

1. 教育警示功能

西语中的文明一词 Civilization,其本意之一是城市化。这既意味着走出自然、改变自然,又标志着人类自我中心。这种核心理念蔓延至今,便催生了

---

① http://www.forestry.gov.cn/portal/main/s/225/content-276083.html.

从工业革命直到全球现代化的一系列社会巨变——不仅有都市的繁华景象，还有林立的钢筋水泥、喧嚣的汽笛、灰蒙的天空，人们渴望走进与回归清新自然的环境，于是选择森林旅游、户外等方式走近能帮助其放松的农田、小溪、大山、森林等自然环境，看到的往往却是被工业园占据的农田、漂浮垃圾的小溪、土地裸露的大山和缺少了鸟语花香的森林。不仅如此，根据官方的统计报道：在我国，沙漠化和严重沙漠化趋势的土地占国土面积的30.58%；水土流失土地面积占国土面积的1/3；15%~20%的动植物种类濒危；全国正常年份缺水400亿立方米，400多座城市供水不足；化学需氧量和二氧化硫等主要污染物不降反升，环境事故居高不下……种种环境问题直接威胁着人类生存，当人们进行森林旅游时，不禁思考如果再不意识到环境保护的问题与每个人息息相关，那么脚下踩踏的一方自然土地、看到的一片绿色，有可能在转瞬间都不复存在。现有的良好森林旅游资源在带给人们自然清新的享受时，也是反比环境恶化问题，给人们以环境警示。

2. 教育认知功能

人们在体验祖国壮丽秀美的自然风光、感受回归大自然愉悦心情的同时，能够激发爱国热情，培养热爱森林、保护自然的美好情愫。为让更多的人们了解森林、认识林业、探索自然。各森林公园、自然保护区、风景名胜区、植物园等根据拥有的资源情况，加强森林（自然）博物馆、标本馆以及宣传科普的标识、标牌等生态文化基础设施的建设。例如，河北前南峪国家森林公园建立了水土保持展览馆、林业发展史展览馆和太行民居博物馆；广西三江侗族自治县依托侗家鼓楼和风雨桥等民族风格建筑群，建立了三江侗族生态博物馆，收藏、陈列展示体现侗族历史、文化、生产、生活习俗的各类文物；内蒙古森工乌尔旗汗国家森林公园的自然博物馆，收集存档的标本种类达2054种、13 695件，是林业行业中馆藏标本最全、科目最多、制作水平最高的自然博物馆。哈尔滨国家森林公园建立了13个植物专类园区，园内设置植物标牌、解说牌，每年开展"认知植物，亲近自然"等一系列科普活动，使上万名中小学生接受植物科普知识的教育；山东昆嵛山国家森林公园采集、制作昆虫标本800余种10万余件，植物标本700多种，每年都有20多所大、中院校的学生来公园实习。各类森林旅游资源积极发挥着教育认知功能，帮助旅游者拓展环境知识，增强其环境保护意识。

3. 教育引导功能

目前，我国一批国家级森林公园已经被命名为省级以上的科普教育基地、生态道德教育基地、国防教育基地等,更多的森林公园也已经成为大中小学生的实习基地、夏(冬)令营活动基地,科研人员的实验基地,广大艺术爱好者、艺术家的写生、创作基地、影视拍摄基地等。依托森林旅游资源,人们的旅游活动有了更多的富于"环境保护"的主题,如湖南长沙自2000年开始,每年举行以"低碳出行"为主题的环湘自行车骑行比赛;湖南衡阳户外登山协会定期举行环境公益主题的登山、穿越、徒步、溯溪等活动;国家园林城市、国家森林城市成都于2009年12月举行首届森林文化旅游节,到2019年共举行了8届森林文化旅游节,结合成都林业资源,引导开发赏花、观叶、看鸟、寻蝶、采果、品茶、避暑、科考等八大绿色生态旅游项目。通过这些活动,一方面,旅游者在游览休闲过程中拓宽了对自然的认知,受到了自然生态知识的科普教育,并树立起环境保护的意识,在个人生活与工作中倡导环境保护行为,成为环境保护的具体行为者;另一方面,合理引导开展的森林旅游活动也引导当地居民,意识到旅游资源的良性发展才能给他们带来长期有保障的经济实惠,因此,旅游资源地居民也能积极主动担任起保护环境的工作。[1]

(三)森林体验活动改变了传统旅游形式,拓展了生态文明的内涵

传统的旅游围绕"吃、住、行、游、购、娱"的一贯模式展开,基本与观光地区的生态学及特点无关,其目的在于消遣和娱乐,旅游者在传统旅游中的经历不够丰富,体验不够深刻,对其观念的影响意义不大。而森林体验等旅游不同于传统旅游,旅游者为自然区域本身所具有的森林旅游资源吸引,在旅游活动中结合感官体验、心境体验和意识升华,实现旅游审美的悦耳悦目、悦心悦意和悦神悦志的递进,体验深刻且富于生态文明的深远意义;森林旅游产品开发设计更是以研究资源自然特征为基础,对野生生物和自然资源进行非消耗性的利用,同时融合区域内富于文化特征的旅游资源,使森林旅游活动中的自然旅游资源与人文旅游资源互为补充,彰显生态文明精神;森林旅游为防止严重的环境危害,以严格的管理为手段,实现进行影响和综合效益的评价,避免出现传统旅游形式中因为计划不周带来的环境负效应;这种精心设计计划还能使旅游资源所在区域成为一个支持地方传播知识、技能和生活方式,以保存当地居民的传统价值并向外界传播其文化的中心,促进文化繁荣;森林旅游使生态文明渗入到旅游的基本要素中,规划设计吃、

---

[1] http://www.enjoychina.cc/html/huwaixinwen/chengdu/20100109/22650.html.

住、行、游、购、娱的绿色生态产品，使人们的旅游活动与环境效益密切结合起来，让参与的人们尽情享受大自然的古朴、清静，让他们亲身感受"生态"的意义，再影响人们的旅游观念，进而对人们的生活产生影响。

第三节 森林生态文明建设

一、森林生态文明建设的和谐发展基础

(一)森林生态文明建设应以科学发展观为指导

胡锦涛同志在十七大报告中强调，要建设生态文明，基本形成节约能源资源和保护生态环境的产业结构、增长方式、消费模式；循环经济形成较大规模，可再生能源比重显著上升；主要污染物排放得到有效控制，生态环境质量明显改善；生态文明观念在全社会牢固树立。森林旅游生态文明建设是旅游行业和林业践行科学发展观的具体体现，是推进行业发展的基础和保障。实质上，森林旅游生态文明建设从本质上与科学发展观是一致的，都是以尊重和维护生态环境为出发点，强调人与自然、人与人以及经济与社会的协调发展；以可持续发展为依托；以生产发展、生活富裕、生态良好为基本原则；以人的全面发展为最终目标。

习近平总书记提出："生态兴则文明兴，生态衰则文明衰。"不重视生态的政府是不清醒的政府，不重视生态的领导是不称职的领导，不重视生态的企业是没有希望的企业，不重视生态的公民不能算是具备现代文明意识的公民。因此，建设生态文明必须以科学发展观为指导，从思想意识上实现三大转变：必须从传统的"向自然宣战""征服自然"等理念，向树立"人与自然和谐相处"的理念转变；必须从粗放型的以过度消耗资源破坏环境为代价的增长模式，向增强可持续发展能力、实现经济社会又好又快发展的模式转变；必须从把增长简单地等同于发展的观念、重物轻人的发展观念，向以人的全面发展为核心的发展理念转变。

(二)森林生态文明建设的三个层次

以科学发展观为指导进行森林旅游生态文明建设，必须明确森林生态文明三个层次，主要包括生态意识文明层、生态制度文明层和生态行为文明层。

生态意识文明层 帮助社会和个人正确认知森林旅游生态问题，能树立

进步的生态意识、健康的生态心理、高尚的生态道德以及在森林旅游所有活动中表现出自然、平等、和谐的价值取向，是森林生态文明建设的核心层内容。

生态制度文明层　政府和行业高度重视生态文明的建设，为规范和引导生态文明建设，建立起森林生态制度、法律和规范，形成森林生态文明建设的标准，突出了以法制为基础的森林旅游生态文明建设的强制性生态技术法律地位和作用，是正确对待森林生态问题的一种进步的制度形态，处于森林生态文明的中间层。

生态行为文明层　在森林生态文明意识层和制度层的影响和引导下，人们在从事森林实践活动中，以具体的行为活动表现出的生态文明形态，是森林生态文明的表象层，包括合理开发森林资源、科学规划森林旅游区域建设、有序引导旅游者参与森林旅游活动等一切具有生态文明意义的参与和管理活动，同时还包括旅游者和森林旅游区社区居民的生态意识和行为能力的培育。

(三)森林生态文明建设的四个延展

建设森林生态文明，不同于传统意义上的污染控制和生态恢复，森林生态文明建设不仅包括人们在森林生态问题上所有积极的、进步的思想观念、制度和行为的建设，而且包括生态文明经济性、政治性、文化性和社会性的延展。主要包括：

经济性延展　指森林经济性活动要符合人与自然和谐的要求，所有的经济活动都必须绿色化、无害化以及生态环境保护产业化。开展森林经济活动要从资源合理开发的可持续发展角度出发，努力实现森林活动中循环经济的发展。打破传统经济活动中忽视环境保护的意识，开发森林产品过程中实施清洁性的生产，最大限度减少生产周期对人的健康和自然生态环境的损害。

政治性延展　指森林生态文明建设作为我国生态文明建设的重要组成部分，应得到党和政府的高度重视，把解决森林生态问题、建设森林生态文明作为构建和谐社会的重要内容。这必须从树立正确发展观和生态观入手，建立健全森林生态文明建设的法制，发挥政府引导者的行政效力和人民群众的主体效力，积极推动森林生态文明社区参与建设。

文化性延展　指一切森林的文化活动，即进行森林生态文明建设所必须的思想、方法、组织、规划等意识和行为都必须符合生态文明建设的要求。着重强调，树立森林生态文化意识，实现从征服自然、破坏自然到珍爱自然、与自然和谐共存的意识回归；注重森林生态道德教育，形成防止森林资源破环和保护森林生态环境的生态文明风尚；加强森林生态文化建设，摈弃以个人为中心的思想，尊重自然发展的规律。

社会性延展 重视和加强森林生态文明社会事业建设，推动人们生活方式的革新与转变。通过森林生态文明宣传和教育，提倡节约型消费，改变所谓"方便的一次性消费"观念和享乐性的挥霍铺张性消费观念，宣传与鼓励森林活动中的生态保护文化活动，逐渐形成以生态文化意识为主导的社会潮流和以文明、健康、科学、和谐旅游方式为主导的社会风气。

二、强化政府的引导、协调和监督作用

森林生态文明建设的实施涉及三个层次、四个延展的系统性概念，而且与社会行业、社会公众的配合行为密切相关，这既需要政府实施政策的支持与保证，发挥引导、协调和监督的作用。

(一)建立健全政策法规

政府需要在其中充当好引导者角色，通过制定政策法规、行业标准为森林生态文明建设全面铺开奠定基础。首先，政府应制定推进森林生态文明建设实施的相关政策，如鼓励旅游企业参与森林旅游生态文明建设的活动。其次，在政府统筹管理中，加大对森林规划设计等活动的环境审批力度，把握森林生态文明建设的建设源头；再次，会同地方环境保护部门建立森林经营企业的环境保护管理措施和成效的审查制度，实施奖罚分明的生态文明建设奖惩制度。

(二)强化社会责任和环境共赢意识

森林生态文明建设涉及行业和众多企业的多个环节，需要充分考虑生态文明建设的内外部因素影响。因此，有必要通过政府统一宣传和意识协调活动，如标语、宣传单、公益广告窗灯、网络和多媒体显示屏等多种媒介，或者环境主体的研讨会、公益活动等充分进行环境知识宣传，达成各方面与森林生态文明建设意识上的共识，尤其要取得具体企业高层管理人员、员工、旅游者和社区居民"生态文明建设是社会责任"和"生态共赢"的环境效益共识，从而有效实现同一目标下的良性沟通，推进森林生态文明建设效益的最大化。

(三)加强对建设资源的整合利用

政府在森林生态文明建设实施过程中应发挥宏观指导作用，站在整体经

济、社会和环境综合效应最大化的高度，同时尊重旅游经济活动的市场规律，运用经济杠杆作用，合理引导资源的流动，提高资源利用率。此外，凭借政府的权威和组织协调能力，协调人力优势资源，进行绿色科技支持下的森林生态文明建设技术研发，联合环境教育机构，对行业、企业、旅游者、社区居民开展不同层次的环境保护宣讲活动，组织定期的环境保护主体社会公益活动等。

(四)优化生态文明建设监督管理

由于森林生态文明的建设是一个长期的事业，建设参与者对方针政策的落实需要长期坚持不懈的努力，当森林生态文明建设初见成效，给行业、企业、旅游者和社区居民带来实惠时，森林生态文明建设要进入自觉意识引导下的良性循环和效益扩大化阶段。政策要针对具体情况，实施不同的严格的奖惩政策：对于自觉参与生态文明建设活动，环境保护管理成效显著的企业，则积极给予相应奖励作为激励；对于轻视环境管理，营运形成区域环境负面影响的企业，责令改进，仍不引起重视的，执行政策规定下的对企业的惩罚。

(五)促成生态文明建设的合作联盟

森林生态文明建设是一项系统工程，建设参与者涉及多个行业、企业，有必要在政府引导下，形成建设的合作联盟，在森林生态文明建设中"承上启下""协调内外"和"沟通左右"。

"承上启下"就是合作联盟应促进各级政府的有关生态文明建设方针政策的贯彻和实行，并将在具体建设环节遇到的障碍向对应的政府相关职能部门反馈，以保证政府政策的落实和生态文明建设措施的顺利实施；"协调内外"就是合作联盟从森林旅游可持续发展角度出发，强化森林旅游资源开发、森林旅游产品设计、供应、销售等各环节的联系，将有利于生态文明建设的有效资源，通过合作洽谈会、森林旅游产品博览会等形式进行链接，实现森林经营行业内外生态文明建设信息交流；"沟通左右"就是营造行业内沟通机会和良好合作氛围，有效实现森林生态文明建设行业同仁协同合作，促进围绕环境保护主题开展生态文明建设实践的经验沟通，以有效带动森林生态文明整体建设。

三、强调旅游企业主导实施

(一)树立生态文明建设理念

森林生态文明建设对旅游企业和全社会都具有重大意义。加之森林旅游以其自然和谐的旅游资源吸引来自各地的旅游者，帮助旅游者释怀回归自然的心境之外，更重要的是传递生态文明精神，这要求森林旅游企业首先树立企业自身的生态文明理念，将生态文明建设理念与企业环境保护管理本身工作进行融合，并以这种理念为核心，系统组织企业生态文明建设具体环节工作。对于大型旅游企业还应在企业发展规划中融入环境保护建设的内容，尤其强调企业从社会责任出发的生态文明理念建设。

(二)建立健全生态文明建设组织制度

倡导建立由旅游企业各个部门有关人员组成的生态文明建设委员会，全面负责森林旅游生态文明建设各项管理工作的实施、协调、检查和监控活动；在企业现有规范工作流程和标准基础上，融合生态文明建设的因素，制定环境保护的工作操作程序，以新程序标准为依据，开展操作培训；倡导企业员工主动参与生态文明建设工作，在企业文化中建立起担负社会环境保护责任的道德规范，约束员工非环保行为；建立岗位环境保护服务考核标准，为定期进行考核提供考核依据；定期开展对员工环境意识与服务操作的培训，对主动自觉参与生态文明建设实施的部门和员工予以表彰和奖励，使森林旅游生态文明建设实施成为企业员工的自觉行为。

(三)打造生态文明建设的企业文化

企业文化是企业的灵魂，是推动企业发展的不竭动力。它包含着非常丰富的内容，其核心是企业的精神和价值观。这里的价值观不是泛指企业管理中的各种文化现象，而是企业或企业中的员工在从事商品生产与经营中所持有的价值观念。

森林旅游是以森林生态环境为依托的生态旅游，具有人工可塑性和脆弱敏感性的特点。对森林旅游资源开发使用得当，可以保障它的可持续利用；否则会对自然生态造成破坏。同时，森林旅游业作为一种产业形式，也应追求效益最大化，这里说的效益不单是指经济效益，还包含生态效益、社会效益。生态效益好，使森林生态环境更加优美，能引来更多的游客观览，自然能提升经济效益；社会效益好，让从业人员素质提高，能使森林旅游资源持续利用，也有利于提升经济效益；注重协调性和统一性，能有效促进森林旅游的健康开展。

企业建立以生态文明为核心的企业文化，能将企业文化的管理与生态文明建设有机融合起来，把保护森林旅游生态文明建设作为企业文化核心，将旅游资源保护和合理开发作为各项工作的立足点和出发点，保护了森林旅游资源也就是保护了森林旅游业。对于可再生性旅游资源，如植物、动物等，进行保护可以保障它们的绵延不绝、可持续地被利用；对于不可再生性旅游资源，如山石、溶洞等，进行保护可以防止它们的毁坏、不能长久地被人使用。在生态文明精神的引导下，遵循森林旅游资源产生发展的客观规律，坚持正确的科学建设方法，实施对森林旅游资源的保护和开发利用。

（四）加强森林公园建设，保护森林资源

自然环境是由各类的生态系统组成的，必须保持其相对平衡。森林是陆地最大的生态系统，是自然界物质和能量交换的重要枢纽，对于地上、地面、地下环境有多方面的影响，切实维护好森林植被极为重要的防止环境恶化功能（涵养水源、保护水土、防风固沙、调节气候、维护生态平衡等），破坏森林植被的恶果将成为人类自身的灾难。

森林公园是在生态文明建设重要载体，它形成的一个相对独立的生态经济系统，是以人类、生物和环境的协同发展为原则的，以自然资源的持续利用和生态环境的改善为宗旨，我们所追求的目标是：即满足当代人的生活需求，自身得到发展，又要保护生态环境，不对后人的发展构成危害。1982年，我国建立了第一个森林公园——张家界国家森林公园，为我国的生态旅游开创了一个成功的范例。随着森林公园旅游人数的增加，旅游活动与生态环境的保护必然产生矛盾，引发诸如土壤、植被、水质和野生动植物的环境问题。另外我国森林公园大都是在国有林场的基础上建立和发展起来的，经营方式的转变，带来了需转变经营观念、提高对森林价值和对生态环境的再认识问题。因此，有效地保护生态环境、加强森林公园建设是保证生态旅游持续发展的一项重要措施。

（五）统一规划，有序开发

做好旅游开发规划，贯彻资源和环境保护的思想，是森林旅游生态文明建设取得成功的保障，也是预防资源和环境遭到破坏的重要措施。因此，在编制旅游区总体规划时，必须对旅游区的地质资源、生物资源和涉及环境质量的各类资源进行认真的调查，以便针对开展旅游活动对环境所带来的不良影响做好充分的准备，并采取积极措施，消除或减少污染源；加强对环境质量的监测，为保证生态旅游的环境质量的高品位，旅游区的有关建设必须遵循"适度、有序、分层次"开发的原则，不允许任何有损于自然环境的开发行

为。每个项目都必须进行环境影响评估，要从生态角度严设施也要尽量放到风景区外围去建设。应注重研究旅游区的环境容量问题，在旅游区的环境容量未确定之前，必须控制旅游业的发展速度与游人数量，以免造成对景区的破坏。

四、培育高素养旅游者

利用传播人与自然和谐的发展观、道德观、以人为本的价值观等，在以国家公园为代表的自然保护地内外组织各种森林文化节和保护日、"爱鸟宣传周"、植树节等活动，加强推广宣传活动的参与性，如在保护区内认领守护树，开展森林保护、生态文明等主题知识竞赛，充分发挥保护地自然教育功能，我国的生态旅游在生态规划和生态教育方面都很薄弱，旅游业主要以盈利创收为目的，不少旅游区根本不进行环境影响评价就开始营业。在旅游景点，很少设立宣传保护生态环境的宣传栏，导游的导游词中也很少触及生态道德教育等问题，旅游业的大多数员工未接受过系统的生态保护教育和生态道德教育。因此，我们在倡导生态旅游时，必须树立生态保护第一的思想，加强宣传教育，树立保护生态环境的观念。一要把对旅游区的环境保护宣传教育真正落实到每一个景点，要对所有的旅游管理人员、导游都进行系统的生态教育。要搞好对旅游区环境影响的评估，改变那种对旅游开发的环境效应评估认识不足的现象，真正把旅游环境当成旅游业的生存基础来对待。二是把生态教育和生态道德教育纳入国家教育计划，在小学、中学和大学国情教育中增设这方面的教育内容，使我们的子孙后代从小就开始重视自然资源的持续利用；爱护自然景观、保护野生动物和植物；了解大自然、热爱大自然，树立正确的生态观、生态正义、生态义务，使自觉保护生态环境成为青年的自觉行为和道德规范。三是充分利用旅游这一生动活泼的大学校，使生态旅游的全过程成为生态教育和生态道德教育的大课堂，使旅游者在大自然中唤起绿色的激情，深入在大自然中接受生态保护教育和生态道德教育。结合各种全民义务活动，让绿色环保理念与其结合起来。使森林生态文明沁入民心，为构建和谐社会发挥重要的积极作用。

五、增强环保意识，强化法制观念

森林生态文明建设要加强生态环境保护和管理。要严格执行和遵守我国的《环境保护法》《森林法》《文物保护法》《野生动植物保护法》等与生态旅游密切相关的环境保护法律和法规，并针对旅游业对环境有潜在性、持续性和积累性影响的特点，应适当增加相关补充规定，如增加对旅游的环境保护税收，用于修复被破坏的环境支出。地方政府和有关部门应依法开发生态保护区，要明确规定哪些部分严禁开发，哪些部分可以开发以及开发的规模、开放的季节和可接待的人数等；又如规定哪些地区禁止带火种，禁止狩猎和毁坏林木，禁止遗弃垃圾；对破坏自然环境、自然资源者，要依法查处。

参考文献

A.R. 拉德克利夫-布朗. 原始社会结构与功能[M]. 南昌：江西教育出版社，2014.
E. 霍布斯鲍姆，T. 兰格. 传统的发明[M]. 南京：译林出版社，2004.
H.G. 伽达默尔，王才勇. 真理与方法[M]. 沈阳：辽宁人民出版社，1987.
埃里克·霍布斯鲍姆. 民族与民族主义[M]. 上海：上海人民出版社，2006.
爱弥尔·涂尔干. 宗教生活的基本形式[M]. 上海：上海人民出版社，2006.
白庚胜. 民间文化保护前沿话语[M]. 北京：学苑出版社，2006.
包永全. 政治、国家、民族之"三重认同"研究初探[M]. 北京：社会科学文献出版社，2013.
本杰明·史华兹. 古代中国的思想世界[M]. 南京：江苏人民出版社，2004.
曹书杰. 后稷传说与稷祀文化[M]. 北京：社会科学文献出版社，2006.
陈传席. 汉文化的分裂、重心转移及与森林的关系[J]. 南通师范学院学报（哲学社会科学版），（1）：84-93.
陈广忠. 淮南子[M]. 北京：中华书局，2014.
陈鹏舟. 温州永嘉书院森林养生基地[J]. 浙江林业，2019.
陈忆戎. 节庆产业与城市发展[M]. 北京：中央编译出版社，2011.
陈泳超. 尧舜传说研究[M]. 南京：南京师范大学出版社，2016.
戴光全. 节庆、节事及事件旅游理论·案例·策划[M]. 北京：科学出版社. 2005.
邓洪波. 中国书院的起源及其初期形态[J]. 湖南大学学报：社会科学版，1995（01）：45-48.
邓玉梅. 千年酒文化[M]. 北京：清华大学出版社，2013.
丁山. 中国古代宗教与神话考[M]. 上海：上海书店出版社，2011.
杜莉. 中国饮食文化（第2版）[M]. 北京：旅游教育出版社，2016.
恩伯. 文化的变异[M]. 沈阳：辽宁人民出版社，1988.
樊树云. 《诗经》与酒文化[J]. 诗经研究丛刊，2004(1).
费孝通. 中华民族多元一体格局[M]. 北京：中央民族学院出版社，1989.
付华顺. 祭祀空间与宗族认同——政和县禾洋村东平尊王祭祀的民俗考察[J]. 闽江学院学报，2007(03).
高亨，董治安. 上古神话[M]. 北京：中华书局，1963.
龚若栋. 试论中国酒文化的"礼"与"德"[J]. 民俗研究，1993(2).
郭静云. 天神与天地之道[M]. 上海：上海古籍出版社，2015.

郭泮溪．中国饮酒习俗[M]．西安：陕西人民出版社，2002．
国家民族事务委员会文化宣传司．中国少数民族文化发展报告[M]．北京：社会科学文献出版社，2015．
韩荣．中国古代饮食器具设计考略[M]．北京：人民日报出版社，2015．
韩森．变迁之神[M]．杭州：浙江人民出版社，1999．
郝时远．世界民族[M]．北京：中国社会科学出版社，2014．
郝时远．中国民族发展报告[M]．北京：社会科学文献出版社，2015．
何新．诸神的起源[M]．北京：三联书店，1986．
何星亮．中国图腾文化[M]．北京：中国社会科学出版社，1992．
侯云章，王鸿宾．中华酒典[M]．哈尔滨：黑龙江人民出版社，1990．
黄光学．当代中国的民族工作[M]．北京：当代中国出版社，1993．
黄亦锡．酒，酒器与传统文化——中国古代酒文化研究[D]．厦门：厦门大学，2008．
金炳镐．民族关系理论通论[M]．北京：中央民族大学出版社，2007．
金炳镐．民族理论通论[M]．北京：中央民族大学出版社，2007．
瞿明安，郑萍．沟通人神[M]．成都：四川人民出版社，2005．
卡西尔．人论[M]．上海：上海译文出版社，2013．
康纳顿．社会如何记忆[M]．上海：上海人民出版社，2000．
拉法格．宗教与科学[M]．北京：商务印书馆，1982．
黎福清．中国酒器文化[M]．天津：天津百花文艺出版社，2003．
廖明君．生殖崇拜的文化解读[M]．南宁：广西人民出版社，2006．
林富士．礼俗与宗教[M]．北京：中国大百科全书出版社，2005．
林奇·凯文．城市意象[M]．北京：华夏出版社，2001．
林耀华．民族学通论[M]．北京：中央民族大学出版社，1997．
绫部恒雄．文化人类学的十五种理论[M]．北京：国际文化出版公司，1988．
刘城淮．中国上古神话[M]．上海：上海文艺出版社，1988．
刘晖．旅游民族学[M]．北京：民族出版社，2006．
刘普伟，刘云．说酒[M]．北京：中国轻工业出版社，2004．
刘庆柱，李毓芳．陵寝史话[M]．北京：中国大百科全书出版社，2000．
刘向集．战国策[M]．上海：上海古籍出版社，1985．
刘毅．中国古代陵墓[M]．天津：南开大学出版社，2010．
刘源．商周祭祖礼研究[M]．北京：商务印书馆，2004．
刘征．山地人居环境建设简史[D]．重庆大学，2002．
刘竹．中国少数民族节会大观[M]．南昌：江西教育出版社，1989．
陆思贤．神话考古[M]．北京：文物出版社，1995．
罗开玉．中国科学神话宗教的协合[M]．成都：巴蜀书社，1990．
罗哲文．中国名陵[M]．天津：百花文艺出版社，2003．

马克思,恩格斯. 马克思恩格斯全集[M]. 北京:人民出版社,1960.
马林诺夫斯基. 文化论[M]. 北京:中国民间文艺出版社,1987.
麦格. 族群社会学[M]. 北京:华夏出版社,2007.
孟慧英. 西方民俗学史[M]. 北京:中国社会科学出版社,2006.
米勒. 论民族性[M]. 南京:译林出版社,2010.
米勒. 文明的共存[M]. 北京:新华出版社,2002.
潜明兹. 中国神源[M]. 重庆:重庆出版社,1999.
全国导游资格考试统编教材专家组. 全国导游基础知识[M]. 北京:中国旅游出版社,2018.
塞缪尔·亨廷顿,劳伦斯·哈里斯. 文化的重要作用[M]. 北京:新华出版社,2010.
色音. 民俗文化研究[M]. 北京:知识产权出版社,2010.
时文静. 沈周山水诗意象——兼谈提画诗与山水画[D]. 安徽大学,2019.
司马迁. 史记[M]. 北京:中华书局,1982.
孙家洲. 酒史与酒文化研究[M]. 北京:社会科学文献出版社,2012.
孙全胜. 列斐伏尔"空间生产"的理论形态研究[M]. 北京:中国社会科学出版社,2017.
陶立璠. 民俗学[M]. 北京:学苑出版社,2003.
田明扬. 酒史与酒诗[M]. 长春树书坊,1984.
田晓岫. 中国民俗学概论[M]. 北京:华夏出版社,2003.
田兆元. 神话与中国社会[M]. 上海:上海人民出版社,1998.
万国光. 中国的酒[M]. 北京:人民出版社,1986.
王春瑜. 明朝酒文化[M]. 台北:台湾东大图书公司,1990.
王焕然. 汉代士风与赋风研究[M]. 北京:中国社会科学出版社,2006.
王可可. 国家公园自然教育设计研究[D]. 广州大学,2019.
王念石. 中国历代酒具鉴赏图典[M]. 天津:天津古籍出版社,2009.
王赛时. 中国酒史[M]. 济南:山东大学出版社,2010.
王少良. 从《诗经》饮酒诗看周代的酒礼及酒德[J]. 重庆师范大学学报(哲学社会科学版),2014(3):5-10.
王树民,沈长云. 国语集解[M]. 北京:中华书局,2002.
王希恩. 马克思、恩格斯、列宁、斯大林论民族[M]. 北京:中国社会科学出版社,2013.
王晓毅. 血缘与地缘[M]. 杭州:浙江人民出版社,1993.
王孝廉. 中国的神话世界[M]. 北京:作家出版社,1991.
王原. 湖南省森林资源保护资源研究[D]. 中南林业科技大学,2019.
王志芳.《诗经》中的酒文化[J]. 滨州学院学报,2010(2).
乌丙安. 中国民间信仰[M]. 上海:上海人民出版社,1996.
巫端书. 巫风与神话[M]. 长沙:湖南文艺出版社,1988.
希尔斯. E. 论传统[M]. 上海:上海人民出版社,2014.

徐万邦. 中国少数民族节日与风情[M]. 北京：中央民族大学出版社, 1999.
徐旭生. 中国古史的传说时代[M]. 北京：科学出版社, 1960.
许慎. 说文解字注[M]. 郑州：中州古籍出版社, 2006.
亚当·斯密. 道德情操论[M]. 北京：中国社会科学出版社, 2003.
杨昌国. 论"苗族古歌"的原始文化心理[J]. 贵州文史丛刊, 1988(02)：94-100.
杨利慧. 女娲溯源[M]. 北京：北京师范大学出版社, 1999.
姚周辉. 宗族村落文化的范本[M]. 杭州：杭州出版社, 2011.
叶舒宪. 中国神话哲学[M]. 北京：中国社会科学出版社, 1992.
叶舒宪. 中国神话哲学[M]. 西安：陕西人民出版社, 2005.
叶涛. 中国民俗[M]. 北京：中国社会出版社, 2006.
应劭, 王利器. 风俗通义校注[M]. 北京：中华书局, 2010.
于冬璇. 森林文化视域下的森林旅游开发研究[D]. 沈阳师范大学, 2011.
于希贤. 中国古代风水的理论与实践[M]. 北京：光明日报出版社, 2005.
喻大翔. 从山水、山水文学到文学山水[N]. 光明日报, 2016.
袁珂. 山海经校注[M]. 北京：北京联合出版公司, 2013.
袁珂. 中国神话史[M]. 上海：上海文艺出版社, 1988.
袁立泽. 饮酒史话[M]. 台北：台湾国家出版社, 2003.
苑利. 二十世纪中国民俗学经典[M]. 北京：社会科学文献出版社, 2002.
翟学伟. 全球化与民族认同[M]. 南京：南京大学出版社, 2009.
张桂荣. 中国传统文化中和谐生态的思想精髓[J]. 陕西社会主义学院学报, 2013(3)：9-11.
张清俐. 解读中国古代山水文学[N]. 中国社会科学报, 2018.
张树国. 宗教伦理与中国上古祭歌形态研究[M]. 北京：人民出版社, 2007.
张欣欣. 中国古代山水画中的人文情怀[D]. 哈尔滨师范大学, 2016.
张远芬. 中国酒典[M]. 贵阳：贵州人民出版社, 1991.
赵东玉. 中华传统节庆文化研究[M]. 北京：人民出版社, 2002.
郑师渠. 中华民族精神研究[M]. 北京：北京师范大学出版社, 2009.
钟敬文. 民俗学概论[M]. 上海：上海文艺出版社, 1998.
仲富兰. 中国民俗文化学导论[M]. 上海：上海辞书出版社, 2007.
周星. 民俗学的历史、理论与方法[M]. 北京：商务印书馆, 2006.
周怡书, 周强. 中国当代节庆[M]. 北京：新世界出版社, 2004.
朱翼中. 北山酒经[M]. 台北：台湾商务印书馆, 1983.